把对的事"慢慢"做好！

郭平

LANGPING

网络空间

CYBERSPACE

国际治理与博弈

郎平 著

中国社会科学出版社

图书在版编目（CIP）数据

网络空间国际治理与博弈 / 郎平著. —北京：中国社会科学出版社，2022.7（2023.1 重印）

ISBN 978 - 7 - 5227 - 0003 - 8

Ⅰ.①网… Ⅱ.①郎… Ⅲ.①互联网络—治理—研究 Ⅳ.①TP393.4

中国版本图书馆 CIP 数据核字（2022）第 054863 号

出 版 人 赵剑英
策划编辑 白天舒
责任编辑 刘凯琳 白天舒
责任校对 师敏革
责任印制 王 超

出　　版 中国社会科学出版社
社　　址 北京鼓楼西大街甲 158 号
邮　　编 100720
网　　址 http://www.csspw.cn
发 行 部 010 - 84083685
门 市 部 010 - 84029450
经　　销 新华书店及其他书店

印　　刷 北京明恒达印务有限公司
装　　订 廊坊市广阳区广增装订厂
版　　次 2022 年 7 月第 1 版
印　　次 2023 年 1 月第 2 次印刷

开　　本 650 × 960 1/16
印　　张 20.5
字　　数 268 千字
定　　价 108.00 元

凡购买中国社会科学出版社图书，如有质量问题请与本社营销中心联系调换
电话：010 - 84083683

前　言

自硕士研究生毕业进入中国社会科学院世界经济与政治研究所，我主要研究了两个问题：一是贸易如何促进国家间的和平；二是国际关系视域下的网络空间国际治理，它们分别占据了我十年的时间。前一项研究以我2016年将博士学位论文出版（《区域贸易制度和平效应的路径分析：发展中国家的视角》，中国社会科学出版社2016年版）为节点暂告一段落，后一项研究则因为互联网对当下社会和世界影响的不断深入而持续激发我的研究兴趣。这本书是我的第二本专著，也是我近十年来对网络空间国际治理研究的一个小结。

最早开始接触网络的议题是在2011年，我参加了法国高等防务研究所与法国外交部联合举办的第七届亚洲和中东地区国际研讨班，主题是“网络空间：战略问题和新挑战”。参会的一个深切的感受是，欧盟各国对网络空间安全非常重视，已经开始大力推动全球范围内的网络空间安全谈判，谈判焦点集中于网络犯罪、网络攻击和网络战，而网络空间治理有可能继气候变化之后成为联合国框架内又一项重要的全球谈判议题。

其后，我对网络空间国际治理的研究主要从三个维度展开：一是全球治理的逻辑，即各行为体之间如何通过协调与合作来达成规则，实现集体行动，或促进国际互联网的安全有效运行，或规制互联网发展给国际社会带来的各种外部性；二是国家安全的维度，探讨网络空间给国家安全带来的新风险，或是新的安全威胁，或是传统安全威胁的新形式；三是大国博弈的维度，探讨国家之间围绕网络空间展开的竞争与合作，或将网络空间看作一个博弈领域，或将其当作实现其现实目标的博弈工具。不论在哪个维度上，都可以看到随着技术的创新和应用，互联网自身的虚拟属性正在逐渐与现实空间深度融合，融合的力量正对现实世界产生广泛而深远的影响，推动世界从网络时代迈入数字时代。

一　全球治理之维：从网络空间治理到数字空间治理

随着大数据、云存储、人工智能、量子计算等数字技术的迅猛发展，当今世界正在从网络时代迈向数字时代。如果说网络时代的“网络空间”是指一种基于泛在分布、互联互通技术的人造空间，那么数字时代的“数字空间”则有着更加广泛的数字技术作为人类活动的根基。与网络时代相比，数字时代既延续了前者的发展脉络，又有着不同的演进动力和核心问题。在数字时代浪潮扑面而来的当下，重新审视网络空间国际规则的制定进程，展望其未来发展的特点与趋势，有助于我们在历史的长河中加深对这一进程的理解与把握。

首先要思考的是，近年来，当我们开始更多地使用“数字时代”和“数字空间”取代“网络时代”和“网络空间”，我们赋予这两对词的内涵究竟有何不同？从概念上看，随着网络空间的内涵和外延不断扩大，网络空间的概念界定被逐渐泛化，这两对词也常常被互换使用，但同时，当我们选择其中之一时，背后又有着明显不同的侧重和逻辑。韩国“互联网之父”、国际互联网名人堂入选者全吉南认为，和网络空间相比，数字空间是一个更加中性的词语，前者常常与网络安全和网络战争联系在一起，后者则更多与数字经济和数字社会的语境相适应；数字空间是一个以互联网和其他网络为基础设施，涵盖人工智能、数据、物联网、网络安全和社交媒体等不同层面的数字经济和社会空间。

接下来，回到治理的三个基本问题——治理什么？由谁治理？在哪里治理？——从这三个问题可以更清楚地看到网络空间治理到数字空间治理的时代变迁。从20世纪90年代到21世纪10年代中期，网络空间国际治理从域名和IP地址等基础资源层的治理逐渐向社会、经济和安全领域扩展，例如个人信息保护、网络攻击、网络犯罪、网络空间负责任国家行为规范，治理框架主要包括互联网工程任务组（IETF）、互联网名称与数字地址分配机构（ICANN）、互联网治理论坛（IGF）、联合国信息安全政府专家组（UNGGE）等；治理模式主要遵循多利益相关方框架由政府、私营部门、非政府组织、技术社群等共同参与治理，但随着议题的政治性和安全性逐渐增加，政府在多利益相关方框架中的主导地位也随之升高，政府间双边和多边合作机制发挥着越来越大的作用。

21世纪10年代中期之后，以美国特朗普政府上台为标志性节点，网络空间不仅是大国竞争的重要领域，更成为大国谋求其战略目标的重要工具，特别是数字科技的技术标准、人工智能伦理、数据和数字贸易、供应链安全、信息操纵等问题正在成为大国博弈的焦点，亟待制定相应的国际规则用来规范国家间的互动。上述问题的治理模式是以国家行为体为主导、非国家行为体参与的多边、多方治理模式，但是相比较前一阶段，私营部门和技术社群等非国家行为体基于其自身掌控的资源和权力正有了越来越大的话语权。

那么，回到当下数字时代的起点上再来审视网络空间国际规则的制定进程，我们可以看到两类进程：一类是技术社群主导的互联网基础资源层的治理进程，这类进程具有较为确定和稳定的治理机制和模式；另一类主要是政府间围绕经济和安全规则的谈判进程，由于大国之间利益的冲突，在治理机制和路径上还存在很大的不确定性，尚未达成较为普遍的全球规则。从国际关系的视角看，第二类规则制定进程无疑更值得关注和研究，其中又可分为三种情况：一是联合国框架下有关维护国际安全与和平的议程，如联合国信息安全政府专家组（UNGGE）、开放工作组（OWEG）以及联合国网络犯罪政府间专家组（UNIEG）。这些治理机制已经持续较长的时间，具有较强的稳定性，在规则制定方面已经形成了某种共识，未来的进程走势有较强的可预期性；二是数字经济规则制定进程，如世界贸易组织（WTO）、亚太经合组织（APEC）、二十国集团（G20）等。这些治理进程都具有“老平台”“新议题”的特征，机制具有稳定性，但是成员国之间的博弈还具有很大的不确定性，结果如何还不可预期；三是有关新兴技术标准、供应链安全、数据安全等新议题，到哪里去制定规则目前还在争议之中。这些新议题的谈判进展与中美两国的竞争态势直接相关，最终走向取决于双方在全球治理理念和实施路径层面的博弈。

在国际秩序构建的理念上，中美两国目前围绕什么是真正的多边主义正展开激烈交锋：与特朗普政府更多依靠单边和双边机制不同，拜登政府上台后美国虽然宣布回归多边主义，但其更强调要依靠盟友和民主价值观相同的国家来制定多边规则，而中国则主张以联合国为核心的多边主义，认为以联合国宪章和原则为基础的、平等相待、合作共赢才是真正的多边主义。这种理念和路径差异将会直接影响到网络空间国际规则的制定。2021 年 9 月，美国总统拜登在联合国大会上发表演讲，表示美国正在加强关键基础设施以抵御网络攻击、破坏勒索软件网络，并努力制定适用于所有国家的明确的网络空间规则；美国不能再继续打过去的战争，而是要将目光集中并将资源全部投入对未来具有关键意义的挑战上，包括在贸易、网络和新兴技术等关键问题上塑造世界规则；同月，美欧贸易和技术委员会（TTC）发表首份联合声明，宣布达成六项共同承诺，涉及投资审查、出口管制、人工智能系统、半导体供应链伙伴关系、全球贸易政策等内容，都与和中国展开科技竞争直接相关。

进入数字时代，科技与网络空间成为数字空间国际治理的两条轨道，而这里的“网络空间”又重新回归文初的狭义界定。全球治理的本质是为了应对共同挑战，通过相互协商来达成集体行动，从而实现共同发展或维护国际安全与和平。网络空间国际规则的制定也是遵循同样的逻辑，由解决问题或避免冲突的动机所驱动，一方面是由于网络空间的虚拟属性而带来的安全威胁如何应对的问题，其核心是网络空间安全问题；另一方面是大国竞争背景下数字科技创新所带来的利益分配和秩序重塑，其核心是科技创新和发展问题。从规则制定的进程来看，这两个轨道目前呈现出既相对独立又彼此关联的态势：因为解决问题的性质不同而相互独立，同时又因为两个空间的元素存在相互交叉而彼此关联，例如数据之于前者是互联网平台治理的重要一环，之于后者则是数字经济竞争的重要内容。

展望未来，数字空间的规则博弈将成为大国博弈的焦点。与其他领域相比，数字空间仍然在快速发展之中，一方面，数字技术的发展和应用前景具有很大的不确定性，政策制定者对技术应用所蕴含风险的把握和认知还不成熟，在不存在迫在眉睫的重大安全风险的前提下，大国对达成具有约束力的国际规则通常会比较谨慎；另一方面，数字技术对国家经济和社会发展具有全局性和战略性意义，而国际规则具有非中性的特征，为尽可能维护本国利益，大国间围绕数字经济领域的规则制定将会进行长期的博弈。特别是美国将中国界定为“最严峻的竞争对手”，采用出口管控等多种制裁措施遏压中国科技企业，并且拉拢盟友以民主价值观为旗帜建立民主国家技术联盟。在世界处于百年未有之大变局的当下，网络空间国际规则的制定将会在很大程度上成为未来国际秩序重塑的关键推动力。

二　国家安全之维：从网络空间安全到数字时代的国家安全

随着数字技术发展的日新月异，网络安全问题的内涵和外延在不断扩大和演进。网络安全与政治安全、科技安全、经济安全、文化安全、社会安全、军事安全等领域逐渐实现深度融合，网络空间安全形势更加复杂多变，而网络空间国际规范的制定进程仍然任重道远。

从国际关系研究视角来看，网络空间安全威胁的演变大致可以划分为两个阶段：第一个阶段是2013—2018年，网络安全问题更多关注的是个人隐私保护、网络犯罪、网络监听、网络攻击、网络恐怖主义和网络战等全球公害问题，是各个国家普遍面临的网络空间安全威胁；第二个阶段是2018年至今，地缘政治和大国竞争逐渐延伸至网络空间，供应链安全、数据安全、信息操纵等“新议题”成为网络空间大国竞争和博弈的新议题。

如果说第一个阶段国际社会的关注重心还在全球治理层面，即通过国家间协调共同应对网络空间带来的安全威胁，那么第二个阶段则以中美关系迈入全面战略竞争新阶段为背景，国际政治语境下的网络安全不仅源于数字技术发展的逻辑，而且受到大国权力博弈逻辑的推动。这两种逻辑共同作用，相互交织，使得网络空间国际安全规范的制定不仅面临着技术不确定性的挑战，而且受制于大国竞争的国际大环境。

与以往相比，数字时代的国家安全威胁主要呈现出以下新变化。

一是网络攻击活动持续肆虐，攻击手段不断翻新，防不胜防。网络空间是一个人造的技术空间，在其发展过程中始终伴随着安全风险。首先，借助高危漏洞、黑客入侵、病毒木马等工具进行的恶意网络攻击事件频发，新冠肺炎疫情期间各种在线活动增加更是助长了网络攻击等犯罪活动，例如路由器劫持、分布式拒绝服务（DDoS）攻击、零日漏洞、勒索软件攻击等恶意网络活动，给国家安全，特别是关键基础设施安全带来了极大的威胁。其次，智能化、自动化、武器化的网络攻击手段层出不穷，网络攻击正在逐步由传统的单兵作战、单点突破向有组织的网络犯罪和国家级网络攻击模式演变，电力、能源、金融、工业等关键基础设施成为网络攻防对抗的重要战场。最后，人工智能、区块链、物联网等新一代信息技术快速发展，还可能与网络攻击技术融合催生出新型攻击手段。未来一段时间，随着数字产业化和产业数字化进程在世界范围内广泛推进，5G、物联网等技术的发展和应用引领世界进入万物互联时代，但由于普遍缺乏足够安全措施或缺乏及时的安全漏洞升级机制，这些设备很容易沦为网络攻击的新载体。

二是网络空间军备竞赛不断加剧，信息和数据被武器化，国家间对抗日趋显化。由于网络攻击的匿名性、低门槛、低成本的技术特性以及缺少具有约束力的国际规范，低烈度的网络攻击正在成为一些国家打击对手、实现其政治、经济和军事目标的重要手段，特别是具有国家背景的供应链攻击和网络攻击行动正与日俱增。面对网络空间安全困境的不断加剧，一些大国更是推出了“持续交手”、“前置防御”、“分层威慑”和“前沿追捕”的进攻性网络空间安全战略，并且公然承认对他国发动网络攻击，将网络空间作战看作是国家间政治和军事对抗的合法手段。此外，与网络攻击将代码作为武器不同，网络空间的内容也会被一国利用或操纵来实现其针对他国的地缘政治目标。随着大数据和人工智能等新技术的发展和应用，以国家为主导、多种行为体参与、智能算法驱动、利用政治机器人散播虚假信息的计算政治宣传，正在越来越多地被应用在政治战中。如不能尽快达成某些具有约束力的国际规则，网络空间引发国家间政治和军事冲突的风险将空前增加。

三是人工智能等颠覆性技术发展及应用所带来的潜在安全风险。随着互联网应用和服务逐步向大智移云 、万物互联和天地一体的方向演进，颠覆性技术正在成为引领科技创新、维护国家安全的关键力量，但是这些颠覆性技术在应用过程中很容易引发新的安全风险，特别是应用或恶意利用颠覆性技术超高的计算、传输和存储能力，实施更为高效、有针对性、难以防守和溯源的网络攻击。例如，利用人工智能技术，攻击者可以高准确度猜测、模仿、学习甚至是欺骗检测规则，挑战网络防御的核心规则；与既有攻击手段融合在网络攻击效率、网络攻击范围、网络攻击手段等方面加剧网络攻防长期存在的不对等局面；人工智能与区块链、虚拟现实等技术结合还可催生出新型有害信息，形成有针对性的传播目标，衍生有害信息传播新模式，并加大数据和用户隐私全面泄露的风险。颠覆性技术发展的不确定性及其在军事领域的应用大大增加了网络战争的风险和破坏力，由于某种“未知的未知”（unknown unknowns），其蕴含的巨大风险和不确定性往往使行为主体倾向于追求对抗的、单边的行为策略，极大增加了网络空间的军备竞赛风险。

可以看到，数字时代的国家安全威胁来源更加复杂化、多元化，内部安全与外部安全相互交织，技术性与安全领域相互融合，国家安全风险的总体性特征更为突出。从发展趋势看，数字时代的国家安全风险呈现出一些显著特点，对提升国家的治理能力、维护数字时代的国家安全提出了如下挑战。

第一，绝对安全无法实现，而网络空间安全风险的不确定性增加了趋近绝对安全的倾向。由于互联网在设计之初仅考虑了通信功能而没有顾及安全性，它所采用的全球通用技术体系和标准化的协议虽然保证了异构设备和接入环境的互联互通，但这种开放性也使得安全漏洞更容易被利用，而联通性也为攻击带来了更大的便利。从技术角度而言，网络空间的安全漏洞永远无法彻底根除，因而在网络空间不可能实现绝对的安全。然而，由于颠覆性技术快速发展带来的“未知的未知”风险，不确定性带来的不安全感会促使国家持续增加安全投入；由于安全的维护是需要付出成本的，因而存在一个安全成本与收益之间的平衡点，在超过这个点之后安全投入的边际效用会出现下降的趋势。但是，在决策过程中，安全成本和收益往往很难简单量化、计算和被感知，因而在维护网络空间安全的过程中常常会以安全可控为目标，忽视成本与收益之间的效率问题。

第二，无意安全风险与有意安全风险相互交织，增加了维护国家安全的难度。从无意安全风险看，互联网是一个去中心化、多节点的网络结构，采用多利益相关方的治理模式，表现为缺少中央权威、由下至上、共识驱动的特点，这种模式固然有利于创新的发展，但也暴露出各节点安全风险分散、难以统筹应对的弊端；从有意安全风险看，互联网和颠覆性技术的融合不仅为犯罪分子提供了新的工具，而且为国家实现其战略目标提供了新的空间和手段，在无政府状态的世界里，利用网络空间获取相对收益的驱动力持续存在。两者相互交织叠加，加大了安全风险治理的难度，国家安全的维护不仅要考虑技术路径，更要考虑行为体之间博弈的因素，特别是与数字技术革命和大国秩序变迁二次叠加，国家之间的竞争性和敌意上升，也会增加构建网络空间安全共同体的难度。

第三，安全风险与创新发展相伴相生，增加了平衡发展利益与安全利益的难度。数字时代给国家安全带来的一个重要驱动力就是领域之间的融合性，由于数字治理的目的是规制技术发展带来的安全外部性，很多治理问题既是经济问题，也是安全问题，在治理的过程中需要兼顾安全与发展两方面的利益，实现高质量发展与高水平安全的动态平衡。以数据治理为例，数据是数字经济发展和产业创新的核心要素，具有无限性、共享性、开放性的特征，共享性和开放性越高，它所体现的价值就越大；但是，大规模数据的共享和开放也会带来安全风险，事关个人信息保护和国家经济政治安全，安全治理的举措一方面加大了安全维护的力度；另一方面也可能会成为产业创新的约束条件。因此，在制定相关立法和政策的同时，如何确保安全利益与发展利益之间的平衡，设置安全治理推进的“红绿灯”，特别是明确“踩刹车”的红线，还需要综合运用多种政策工具，在战略层面加以统筹和协调。

总之，数字时代国家面临着更加复杂和多变的安全环境，需要在坚持总体国家安全观的基础上，汇聚和融合各领域、各部门的力量加以应对。如习近平总书记在 2016 年 4 月 19 日的网信工作座谈会上所指出的“网络安全是整体的而不是割裂的；网络安全是动态的而不是静态的；网络安全是开放的而不是封闭的；网络安全是相对的而不是绝对的；网络安全是共同的而不是孤立的”。[①] 只有树立正确的网络安全观，才能更有效应对数字时代国家面临的安全风险和挑战。

三　大国博弈之维：超越综合国力，迈向“融合国力”

当今世界正处于“百年未有之大变局”，而尚不知何时结束的全球新冠肺炎疫情加速了世界政治经济格局的演进，“东升西降”态势显著，中美战略竞争日趋加剧。尽管信息技术的发展带来了又一轮全球权力的转移，信息技术推动权力从国家向非国家行为体和全球力量转移，但对于仍然被国家行为体主导的国际舞台，大国间的竞争只会由于政府权力的相对收缩而变得更加激烈，以便于后者去追求更大的权力。中美欧三方凭借各自的综合

① 《习近平总书记在网络安全和信息化工作座谈会上的讲话》，中共中央网络安全和信息化委员会办公室官网，2016 年 4 月 25 日，http：//www. cac. gov. cn/2016-04/25/c_ 1118731366. htm。

国力和科技实力，在中美科技冷战和中欧寻求合作的大势下，初现三足鼎立的全球数字地缘格局。

如同现实空间一样，数字空间的地缘格局也是由国家实力所决定的，美国仍然占据绝对领先优势，中欧则各有所长，但在整体实力上仍然与美国有着明显差距。2020 年 9 月，哈佛大学贝尔弗科学与国际事务研究中心发布了国家网络能力指数（NCPI）排名，基于对 30 个国家的网络综合能力进行评估，排名前十位的国家依次是美国、中国、英国、俄罗斯、荷兰、法国、德国、加拿大、日本和澳大利亚。在数字经济规模上，美国达到 13.1 万亿美元，中国位居第二，规模 5.2 万亿美元，德、日、英、法则紧随其后，分别为 2.44 万亿美元、2.39 万亿美元、1.76 万亿美元和 1.17 万亿美元。[①]有报告评估了中美在半导体集成电路、软件互联网云计算、通信和智能手机等 ICT 领域的地位，认为中国在通信和智能手机终端市场已处于世界领先水平，半导体集成电路领域取得积极进展但仍难以撼动美国的垄断地位，软件互联网云计算等领域最为薄弱；美国则是半导体集成电路、软件互联网云计算和高端智能手机市场的绝对霸主，而华为已经在通信、芯片设计等数个领域撕开了美国构筑的高科技垄断壁垒。

首先，科技领域将成为未来很长一段时期内中美博弈的重要领域。在数字空间的全球地缘格局中，对全局影响最大的变量是美国对华科技遏压和中美关系走向。以特朗普政府时期的打压华为和“清洁网络计划”为标志，美国对华技术“脱钩”的政策意图目前还只是围绕供应链安全和数据安全两个焦点，但很可能随之扩散蔓延至数字空间的基础设施、互联网服务以及相关的贸易、金融和人员交流等领域。中美博弈是一盘 3D 棋局，拜登政府上台后，以加大国内创新、“小院高墙”和构建民主国家技术

① Belfer Center, “National Cyber Power Index 2020”, USA: Belfer Center for Science and International Affairs, 2020, pp. 7-12.

联盟为抓手与中国展开科技战略竞争，两国在数字空间的博弈也会更加复杂化。

其次，欧盟强势推出“数字主权”，美欧在数字空间的利益分歧扩大。从欧洲对“数字主权”的表述——促进欧洲在数字领域提升其领导力和捍卫其战略自治的一种途径来看，一些欧洲国家对于抓住数字时代的发展机遇、重振欧洲的国际地位抱有强烈的期待。美欧在数据保护以及数字税方面的根本分歧在于美国希望保护本国科技企业的竞争力，而没有充分考虑欧洲自身的利益诉求。美国拜登政府上台后的首要外交政策目标就是修复与盟友的关系，但是如果结盟主要是为了与中国展开全球竞争而不充分考虑欧洲的地缘利益的话，美欧在数字空间的合作还将面临挑战。

最后，中欧关系的战略意义凸显，中欧两国在数字空间面临着新的合作空间和发展机遇。2020 年是中欧建交 45 周年，自新冠肺炎疫情发生以来，中国与欧洲国家领导人就双边合作进行了多次在线会晤，均表达了深化科技与数字经济合作的愿望。欧盟倡导数字主权，中国呼吁尊重网络主权，双方都强调国家应在数字空间的治理中发挥更多的作用；尽管双方仍然存在很多竞争和分歧，但中欧合作的潜力仍然是巨大的。

数字时代的大国关系正在迈入一个新阶段。围绕科技主导权、数字经贸规则以及网络空间安全规范的大国博弈将更加激烈，赋予大国竞争新的内涵。但是，数字时代不会改变国家的政治地理学本质，不会改变国际政治以实力为基础的权力博弈逻辑，它改变的是国家的组织和行动方式以及大国竞争的内容和手段。如果说数字技术的力量正在安静而汹涌地冲击着一片片固有的边界和堤坝，国际规则和秩序的重塑也将会在国际舞台上推进和展开；大国竞争日趋扩大和复杂化，因而更需要精细化应对。

当前，数字技术作为时代的底色正在渗透至国家政治、经济和社会生活的方方面面，或早或晚国家以及国际体系的各个节点都会进行新的调试以适应新的现实，而最终呈现的结果将是数字力量与传统力量的融合。国家行为体与非国家行为体会重新调试原有的权责边界，特别是非国家行为体将在数字空间治理中承担更多的社会责任和义务；网络空间冲突正在成为大国在战争与和平之间较量的“灰色地带”，而胜负的结果在某种程度上仍然有赖于国家实力在网络空间的投射。国家必须在新的时代背景中通过竞争与合作以谋求自身的发展和安全，此时大国格局的基础不仅有赖于传统的国家实力，还有赖于国家在数字空间的力量，特别是两者力量的有机融合以及是否能够彼此促进和强化，大国竞争正在超越综合国力迈向“融合国力”竞争的新时代。

在“融合国力”时代，大国竞争需要依赖国家各种战略资源的总和，而且更加突出不同领域之间的边界“消融”，强调不同领域、不同主体、不同层次之间战略资源的共享、协作和融合。这种“融合性”主要体现在以下三个方面：一是国家地缘边界在网络空间的消融。传统意义上的国家主权管辖以属地划界为主，政府对本国境内的活动享有管辖权，对来自境外的安全威胁享有防卫权，但在互联互通的虚拟空间，信息的传递和网络活动往往会超越国家地理边界，内部事务与外部事务的界限在网络空间逐渐消融，原本属于国家内政的活动与政策常常具有天然的溢出属性；二是数字技术加持下低级政治与高级政治之间层级的消融。数字技术对于不同主体活动的影响具有贯通属性，人们使用它改变生活方式，企业使用它进行生产活动，国家使用它更好地维护国家安全。例如，作为人们使用数字技术的“产品”，数据具有“一物三性”的特质，数据治理同时关乎个人信息保护、企业创新以及国家安全三个层面，需要将多行为主体纳入同一个系统框架中加以协调；三是数字治理活动中政治、经济、安全等传统领域划分的消融。新时代的国家安全逐渐体现出安全与经济社会发展紧密融合的发展态势，技术、经济和政治议题彼此关联，这在数字时代表现得尤为突出。无论是数据安全还是网络攻击或者网络窃密行为，往往同时涉及国家在意识形态、经济、政治、安全和战略层面的多重利益和博弈，发展利益与安全利益之间的平衡变得更为重要。

未来的大国竞争将聚焦于数字空间。由于信息技术在各领域的应用以及地缘政治因素的强力介入，大国对数字空间话语权的争夺将在多领域多节点展开，在客观上对一国政府融合、调配各领域资源的能力提出了更高的要求。首先，未来的大国竞争将更多是全政府、全社会模式的博弈。数字技术的发展不仅使得国家主权向新的虚拟空间延伸，而且赋权私营企业等非国家行为体，使得后者在国家经济社会发展和安全维护中的作用大大提升。其次，大国竞争将更多综合运用政治、经济等多种外交工具。由于数字技术所体现出的上至国家安全、下至人权的贯通性影响以及拜登政府对西方价值观的回归，意识形态因素再度回到大国竞争的舞台中心，并且成为美西方国家拉拢其盟友对华战略竞争的重要抓手。最后，软实力在大国竞争中的重要性更加凸显。价值观是国际秩序构建和演进的重要推动力，国际规则博弈的背后归根结底是价值观和认知的博弈。数字时代的国际秩序正面临着变革和重塑，一方面旧的国际秩序需要变革以适应新的现实；另一方面网络空间的国际秩序仍亟待确立。在中美战略竞争的大背景下，国际规则的博弈将更加激烈，而未来的国际秩序走势将取决于什么样的价值观和理念能够得到国际社会的普遍认同。

数字技术不会从根本上改变世界，而是与世界既冲突又融合，在无政府世界的丛林中推动构建新的国际秩序。拜登政府上台后试图重建自由主义的国际秩序，恢复美国的全球领导力，然而数字时代的大国关系已不可能回到美国独领风骚的过去，一次全球权力的重新分配已然开始。与冷战后时代技术、经济和安全议题的竞争进程相对独立不同，“政经分离”的现象在数字时代会变得稀缺，数字时代的“融合国力”竞争比拼的不是各领域实力的综合相加，而是国家在不同领域实力的聚合，这需要各部门之间更有效地相互协调与配合，而这最终取决于国家的治理能力、变革能力以及国际领导力。

以史为鉴，面向未来，回看过去十年的网络空间国际治理进程可以发现，随着地缘政治和大国博弈在网络空间国际治理进程中的作用逐渐凸显，互联网和数字技术的力量正在成为这个时代的底色，反过来对国际关系带来深远的影响，而这也将成为我未来的研究方向。

目录
CONTENTS

总　论

全球治理之维

国家安全之维

大国博弈之维

结论与展望

总　论

第一章

网络空间安全：一项新的全球议程

进入21世纪，互联网在全球迅猛发展。互联网在推动世界经济、政治、文化和社会发展的同时，也产生了新的安全问题。网络犯罪、网络恐怖主义、黑客攻击以及网络战对国家安全的威胁凸显。由于网络的隐蔽性、快捷性和难以追踪特点，网络可以轻易跨越传统的国家边界。一个位于遥远国度的个体借助互联网就可以轻易地对某国重要部门的网站发动攻击，而却很难追踪威胁的来源，这给国家安全带来了极大的威胁。网络空间安全作为一项新的全球治理议程，未来要达成全球性国际规范还面临着很多困难和挑战。

一　概述

“网络空间”（Cyberspace）一词最早出现在1984年美国科幻作家威廉·吉布森（William Gibson）出版的长篇小说《神经漫游者》（*Neuromancer*）。小说的主人公叫凯斯，性格叛逆，是一名网络独行侠，他受雇于某跨国公司，被派往全球电脑网络构成的空间里，执行一项极具冒险性的任务。凯斯只需在大脑神经中植入插座，然后接通电极，电脑网络便被他感知。他的思想意识可以与网络合为一体，并在网络中遨游。在这个广袤的空间，既没有高山海洋，也没有人流如织，高速流动的只有庞大的三维信息库和各种各样的信息。吉布森将这个空间命名为“赛伯空间”（Cyberspace），也就是我们现在说的网络空间。

什么是网络空间？根据联合国国际电信联盟（ITU）的定义，网络空间是指，“由以下所有或部分要素创建或组成的物理或非物理的领域，这些要素包括计算机、计算机系统、网络及其软件支持、计算机数据、内容数据、流量数据以及用户”。[①] 这些要素分属于三个独立的层面：用户层面（计算机和互联网用户）、逻辑层面（软件和数据）和物理层面（计算机硬件设备、移动设备等互联网硬件设施）。

迄今为止，联合国对网络空间的界定是最为全面的，其他国家的定义则更多地侧重其中的某一个或几个方面。例如，在美国军方的文件中，网络空间被界定为“一个在由相互依存的信息技术设施网络组成的信息环境下存在的全球性的领域，这些信息技术设施包括互联网、电信网络、计算机系统以及嵌入的处理器和控制器”。[②] 这个界定只涉及网络空间的逻辑和物理两个层面，它认为互联网将成为继陆、海、空和空间之外的第五个战争域，但是这个战争域并非与其他域互不相关，而是在物理上亦存在于其他域之中，将这些域联系起来并使其能力得以放大，其活动则表现于网络空间。[③] 英国内阁在一份《英国网络空间战略》的文件中将网络空间界定在逻辑层面，它认为“网络空间包含了所有形

① “ITU Toolkit for Cybercrime Legislation”，p. 12，http：//www. itu. int/cybersecurity，访问时间：2012 年 12 月 21 日。

② *The United States Army's Cyberspace Operations Concept Capability Plan 2016－2028*，February 22，2010，p. 6.

③ 目前还有一种观点认为，网络空间是陆、海、空、空间、电磁、人类之外的第七域，它是以电磁域为手段、通过传感器和效应器与其他物理域接口的一个人造域。因此，网络空间只是强化了民用和军事系统在其他各域的功能，但同时也使它们面临着受到网络攻击的威胁。参见 Amos Granit，“Cyberspace as a Military Domain － In What Sense?”，Institute for Intelligence Studies at IDF Military Intelligence，March 2010。

式的网络化和数字化的活动；包括通过数字网络所进行的行动以及内容”。[①]德国联邦内政部在一份名为《德国新网络安全战略》的文件中，将网络空间聚焦为“所有互联网系统在数据层面相连接的一个全球性的虚拟空间。互联网是网络空间的基础，作为一个普遍和公开访问的连接和传输网络，它可以容纳任意数量的额外数据并无限扩大。在一个孤立的虚拟空间中，信息技术（IT）系统并不属于网络空间的一部分”。[②]

从上述各方对网络空间的界定来看，它们对网络空间逻辑层面的侧重是共同的。相比较而言，联合国的界定更具有技术性和科学性，它涵盖了用户、物理和逻辑三个层面的构成要素。美国、英国和德国对网络空间定义的表述有所不同，美国同时强调了硬件和软件数据两个层面的安全威胁，英国侧重逻辑层面的应用软件和数据交换、管理，德国则把系统也排除在外，仅将焦点对准网络空间的数据处理。但是，这并不是说美、英、德不认同联合国的上述定义，而只是反映了这些国家不同的政策倾向，凸显了它们在应对网络空间威胁并制定对策方面的不同侧重。

信息技术和网络空间的迅速发展悄然改变了现代战争的性质。首先也是最直接的效果是战场手段更加先进，例如情报系统、信息共享和扩散系统、卫星的使用、目标搜寻与火力系统的实时整合等手段都运用了先进的网络通信技术。另外，网络空间的发展也使得平民有更多的机会来影响战争的进程，他们可以利用手中的移动通信设备来记录甚至是操控战争的信息，一旦这些信息被上传至互联网并在社区网络中扩散，就会引发广泛的争论，影响社会舆论。从这个意义上说，广大民众在互联网时代能

---

① U. K. Cabinet Office, *Cyber Security Strategy of the United Kingdom: Safety, Security and Resilience in Cyber Space*, London: Cabinet Office, June 2009, p. 7.

② Federal Ministry of the Interior, *The New Cyber Security Strategy for Germany*, Berlin, February 2011, p. 14.

够对政府的战争决策发挥更核心的影响力。对于政府而言，它就像是一把双刃剑，经网络而汇聚、放大的民意既可能阻止一场战争的发生，也可能更快地推进战争的进程。总的来看，在网络化时代，战争正在以一种新的形式出现，它改变了传统的战争手段和组织方式，也给国家安全带来了新的冲击和威胁。

然而，在20世纪90年代以前，网络安全从来就不是一项重要的国际安全议题，直到1991年冷战结束后爆发了海湾战争。这场冲突被美国军事战略家看作是现代战争的一个重要分水岭，强大的军事力量不再是战场获胜的唯一法宝，更重要的是要具备赢得信息战和确保信息主导权的能力。1993年，美国兰德公司的两位研究员约翰·阿奎拉和戴维·龙费尔特在一份研究报告中首先警告称“网络战即将到来”。① 一时间，有关计算机、国家安全和网络空间的争论甚嚣尘上，网络战争成了最热门的流行语。虽然这一时期的争论多少带有些虚幻的色彩，但却实实在在地引发了国际社会和决策者们对网络安全问题的关注。战略家们担心，美国作为当今世界的超级军事大国，那些在美国炮火下偃旗息鼓的国家或敌对力量很有可能利用网络对美国国内依靠软件系统管理控制的关键设施，如信息和电子通信、金融业、能源和交通等部门发动攻击，给美国经济和社会带来重大的损失。②尽管如此，网络战在大多数人眼中仍然是一个不真实的“幻想”，是好莱坞的作品，毕竟在互联网出现以来的十多年时间里，还从来没有出现或发生过一个国家因网络攻击而致使国家安全遭受威胁的案例。因此，在没有看到现实的威胁、没有感受到威胁的迫切性之前，网络安全问题对国家安全的影响始终被认为是十分有限的。

---

① John Arquilla and David F. Ronfeldt, “Cyberwar is Coming!”, *Comparative Strategy*, Vol. 12, No. 2, 1993, pp. 141-165.

② Myriam Dunn Cavelty, *Cyber-Security and Threat Politics: US Efforts to Secure the Information Age*, London: Routledge, 2008.

2007年是网络安全进入国家安全议程的转折点，因为网络战自此之后开始一而再、再而三地变成现实。2007年4月，爱沙尼亚遭到不明来源的大规模网络攻击，整个经济和社会秩序完全瘫痪，这也是国际社会出现的第一次针对整个国家发动的网络攻击。网络攻击从4月27日开始，共持续21天。攻击分为前奏和主攻两个阶段：第一个阶段是27日至29日，这其间的攻击主要是一种不满情绪的宣泄，攻击手段是简单的DOS攻击和抹黑网站；真正的主攻出现在4月30日，攻击者运用“僵尸网络”对爱沙尼亚的互联网系统发动了分布式拒绝服务攻击（DDoS攻击）。[①] 爱沙尼亚虽然是一个小国，但信息化程度很高，99%的银行业、95%的税收、身份证管理、选举以及警察部门都依靠互联网运转，因而此次攻击对爱沙尼亚的相关部门造成了严重的经济损失，尤其是银行业和为公共部门提供服务的公司。

从技术上讲，此次网络攻击并没有什么创新，但是攻击的节奏、数量和持续的时间之长却是之前从未出现过的。此次攻击的意义在于，它加深了美国对网络空间威胁的认知，网络战开始进入整个国际社会的视野。爱沙尼亚的案例表明，在网络化时代，网络攻击和获取机密信息将成为未来国家间冲突的新范式，网络战在不久的将来恐难以避免。

2010年，伊朗核设施遭受代号为“震网”（Stuxnet）的蠕虫病毒攻击，标志着网络战进入了一个新时代。2010年9月26日，伊朗向外界证实，伊朗布什尔核电站数名员工的个人电脑感染了一种复杂的“震网”蠕虫病毒，这种病毒可以将计算机储存数据

---

① DDoS是英文Distributed Denial of Service的缩写，意思是“分布式拒绝服务”。DDoS和DOS虽然同样是拒绝服务攻击，但是DDoS攻击策略侧重于通过很多“僵尸主机”（被攻击者入侵过或可间接利用的主机）向受害主机发送大量看似合法的网络包，造成网络阻塞或服务器资源耗尽，最终导致拒绝服务。分布式拒绝服务攻击一旦被实施，攻击网络包就会犹如洪水般涌向受害主机，从而把合法用户的网络包淹没，导致合法用户无法正常访问服务器的网络资源，因此，拒绝服务攻击又被称为“洪水式攻击”。

传输到伊朗境外的 IP 地址，伊朗全国有多达 3 万台电脑 IP 地址被这种蠕虫病毒感染，核电站的计算机系统受到“震网”蠕虫病毒的攻击。① 此次攻击在当时似乎并没有给布什尔核电站造成重大的损失，伊朗称核电站主计算机系统仍运转安全，并未出现故障。伊朗总统内贾德也表示，伊朗有关方面已经妥善做了应对，对核设施的影响并不大。2010 年 11 月 30 日，内贾德证实位于布什尔和纳坦兹的伊朗核设施浓缩铀离心机被病毒破坏，数千台离心机近期因技术故障“停工”。事实表明，这是一场针对伊朗的电子网络战。

伊朗遭受的网络攻击可谓前所未有，被认为是网络空间安全的一个重要的里程碑事件。首先，伊朗遭受的是一种新型的网络进攻，“震网”蠕虫病毒更加复杂，而且针对特定的工业或军事目标，其攻击性和破坏性堪比“网络导弹”。其次，它首次实现了以网络空间为手段对网络以外的系统发动攻击，将网络攻击的触角延伸到与网络相关的其他行业和领域；最后，“震网”病毒破坏力极强，在入侵一台个人电脑后，它就可以寻找广泛用于控制工业系统如工厂、发电站自动运行的一种西门子软件，通过对机器编一个新程序，或输入潜伏极大风险的指令软件实施攻击；病毒能控制关键过程并开启一连串执行程序，最终导致整个系统的自我毁灭。这种网络武器一旦被恐怖主义分子或犯罪集团掌握，对国家安全的威胁可想而知。

伊朗事件发生之后，国际社会和公众对于网络空间安全威胁的认知顿时鲜明起来，随即引起国际安全决策者们对网络空间安全的高度警惕和关注。网络战不仅可以独立发生，而且可能与其他军事对抗行为一起出现。网络攻击的目标不仅可以是计算机系统，更可以是实体经济的操作系统。似乎，在今后的任何军事对

---

① 《新蠕虫病毒专攻伊朗工业系统 疑背后有国家支持》，《新民晚报》2010 年 9 月 27 日，http：//news. sohu. com/20100927/n275297514. shtml。

抗中，网络战都已经是不可避免了。许多战略家相信，网络空间的先发制人已经出现，“网络战”的潘多拉盒子已经开启。[①] 美国国防部长利昂·帕内塔（Leon Panetta）甚至警告说，美国面临遭遇“网络珍珠港”袭击的危险。约瑟夫·奈认为，人们刚刚开始看到网络战的样子，与国家行为体相比，非国家行为体更有可能发动网络攻击，“网络9·11”的威胁恐怕要比“网络珍珠港”事件的重演更可能发生，现在是各个国家坐下来探讨如何防范网络威胁、维持世界和平的时候了。[②]

二　网络空间对国家安全的威胁

与海、陆、空、太空等其他领域相比，网络空间的安全威胁也有其无可比拟的特点。第一，它可以无视地缘因素，跨越高山、海洋和传统国家的边界，从遥远的地方对目标瞬时发动攻击，而不必与敌人战场对峙。第二，互联网具有极强的隐蔽性，发动者可以藏身在地球上一个无人知晓的地方发动网络攻击，而不留下任何被追踪的痕迹。第三，它的打击目标更广，一国的基础设施、金融和银行业、物流和运输系统、国家数据中心等这些传统军事打击很难奏效的目标都在网络攻击的“火力”之下。第四，网络空间中军用和民用设施安全相互融合，很难将二者完全区分开来。第五，网络武器（如病毒）一旦发明出来，极容易扩散和复制，发动网络攻击的门槛相对于发动武装冲突要低得多。

基于网络空间的上述特征，网络空间对一个国家安全的威胁也有不同的表现。一种普遍的观点是将网络安全的威胁笼统的归结于“网络战”，但这种概括并不能细致地描述网络空间对国家

---

① Myriam Dunn Cavelty, “Unraveling the Stuxnet Effect: Of Much Persistence and Little Change in the Cyber Threats Debate”, *Military and Strategic Affairs*, Vol. 3, No. 3, 2011.

② Joseph S. Nye, “Cyber War and Peace”, *Today's Zaman*, April 10, 2012.

安全威胁的不同类型，也不利于国家做出政策判断和回应。美国信息安全专家和作家布鲁斯·施奈尔（Bruce Schneier）按照网络安全威胁从低到高的顺序将其划分为：网络恶意破坏，例如，对网站的黑客攻击；网络犯罪，包括知识产权的窃取、通过 DDoS 攻击进行勒索、盗取身份信息的欺诈行为等；网络恐怖主义，例如，入侵计算机控制系统导致撞机、核燃料泄漏等恐怖事件；网络战，例如，通过计算机系统对敌对国家发起破坏性的攻击，尤其是对通信系统的攻击。[①] 但是，从近年来的实践发现，这种划分忽视了网络间谍和网络颠覆活动对国家安全的威胁。与施奈尔的分类不同，也有学者按照威胁的不同来源和程度将网络安全划分为个人行为的黑客攻击、非国家行为体的网络犯罪和恐怖主义活动以及国家行为体所支持的网络战。[②]

值得注意的是，不论是哪一种方式，这些划分之间的区别和界限都不是绝对的。例如，当网络攻击发生时，因为使用工具的相似，我们很难去区分此次事件究竟是一般的恶意破坏还是一次网络犯罪或者恐怖主义。又因为网络攻击的模糊性和难以追踪，我们很难判断一次黑客攻击究竟是否有恐怖组织或国家支持的背景。但是，这并不是否认区分的意义，正相反，对网络空间不同种类的威胁进行划分，有着很重要的政策意义。首先，它有助于决策者区分哪些攻击的破坏力和严重性会威胁到国家安全，哪些攻击只是一般的骚扰和破坏，而不必提升到国家安全的威胁。其次，从动机上看，哪些攻击是对国家安全的恶意攻击，哪些是由于个人疏忽而导致的。最后，对攻击来源的区分也有助于政府做

① Bruce Schneier, "Schneier on Security: A Blog Covering Security and Security Technology", *Post*: *Cyberwar*, June 4, 2007, http://www.schneier.com/blog/archives/2007/06/cyberwar.html.

② Paul Cornish, "Cyber Security and Politically, Socially and Religiously Motivated Cyber Attacks", European Parliament, February 2009, http://www.europarl.europa.eu/activities/committees/studies.do? language=EN.

出恰当的应对，比如，对于一个少年由于无知而发起的对政府网站的攻击也未必要全国动员。正如施奈尔所言："正如不是每一次射击都是战争行为一样，也不是每一次成功的网络攻击都必然是网络战，无论它的后果多么致命。例如对国家电网的网络攻击可能是一场网络战，也可能是一次恐怖主义活动、网络犯罪或者仅仅是一次无知的破坏。网络攻击的性质究竟是什么，它最终取决于网络攻击者的动机以及当时的具体情况"。①

按照行为主体的不同，笔者将网络空间对国家安全的威胁划分为黑客攻击、有组织的网络犯罪、网络恐怖主义以及国家支持的网络战这四种类型。一般来说，从个人到非国家行为体、再到国家行为体，它们对国家安全的威胁程度是逐渐增加的，但无论是哪一种网络安全威胁，它对国家安全的潜在危害都不容低估。

（一）黑客攻击

黑客攻击，即黑客破解或破坏某个程序、系统及网络安全，是网络攻击中最常见的现象。其攻击手段可分为非破坏性攻击和破坏性攻击两类，前者的目的通常是扰乱系统的运行，并不盗窃系统资料；后者是以侵入他人电脑系统、盗窃系统保密信息、破坏目标系统的数据为目的。

从已有的案例看，黑客攻击中非破坏性攻击的主要目的或动机之一是表达抗议和不满。黑客破坏性攻击的动机则不尽相同，有的是出于商业竞争，有的可能则仅仅是为了好玩儿。2002 年以来，包括索尼、谷歌、社交网站 LinkedIn 等多家公司遭到黑客入侵，客户资料泄露。2011 年 4 月，索尼旗下分布在美国、希腊、泰国、印度尼西亚等地的多家子公司的网站陆续遭到非法入侵。黑客窃取了大量重要个人信息，包括用户姓名、住址、生日、电

① Schneier，"Schneier on Security：A Blog Covering Security and Security Technology"，http：//www.schneier.com/blog/archives/2007/06/cyberwar.html.

子邮箱、电话号码甚至信用卡账号等，涉及的用户总数可能超过1亿，成为索尼有史以来最大规模的信息外泄事件。除了跨国企业，黑客的攻击目标还包括用户信息极其敏感、关乎金融安全的银行系统。2011年6月8日，美国花旗银行证实，黑客入侵了该行的网上银行客户账户，查阅或拷贝了大约21万份北美地区银行卡客户的信息；同年6月13日，美国国会参议院网站遭入侵，一个自称“狂笑”的黑客团伙承认发动了此次网络袭击，其目的只是为了“好玩”。对于黑客们几乎炫耀式地“认领”攻击，美国网络安全智库专家约翰·布姆加纳认为“这是件非常令人尴尬的事”。[①]

由此，对于黑客攻击后果的判断尚需一分为二。那些仅为了表达不满而未造成破坏性结果的黑客攻击，并不构成对国家安全的威胁，而那些窃取商业机密、扰乱国家政治经济秩序的黑客攻击会在不同程度上涉及国家经济或社会安全等非传统安全，对国家安全的威胁程度等级并不高。

（二）有组织的网络犯罪

有组织的网络犯罪是指犯罪分子借助计算机技术，在互联网平台上所进行的有组织犯罪活动。与传统的有组织犯罪有所不同，有组织的网络犯罪活动既包含了借助互联网而进行的传统的犯罪活动（如洗钱、贩卖人口、贩毒），也包含了互联网所独有的犯罪行为，如窃取信息、金融诈骗等。

许多互联网技术和软件的广泛应用，再加上互联网快捷、隐蔽和超越地缘等特征，都为有组织犯罪提供了绝好的组织工具和诱人的收益目标。网络犯罪分子最常用的技术工具是垃圾软件、钓鱼软件、木马病毒等，他们可以利用发送垃圾邮件传播病毒和

① 《黑客攻击成网络安全大患》，《人民日报》2011年6月17日。

木马，盗窃和倒卖个人信息，并从中牟利。根据2020年IBM发布的《X-Force威胁情报指数》，2019年针对网络运营技术的攻击事件数量增长了2000%，数据泄露高达85亿条，破坏性恶意软件攻击的数量大幅度增加，其造成的损失平均在2. 39亿美元左右，是数据泄露平均成本的60倍以上。①

欧盟网络和信息安全管理局（ENISA）发布的《2021年网络安全威胁报告》指出，前九大网络安全威胁分别为勒索软件、恶意软件、挖矿劫持（Cryptojacking）、电子邮件相关的威胁、威胁数据、对可用性和完整性的威胁、虚假信息和错误信息、无恶意的威胁以及供应链的攻击。② 欧盟刑警组织主管罗布·温赖特曾表示，相比纯粹基于计算机的犯罪，有组织犯罪“转战”互联网的数量激增，互联网犯罪成为“主流”。③

网络犯罪已经成为一个全球性问题，其跨国性、高科技和隐蔽性特征都给国家安全带来了前所未有的挑战，这些威胁主要集中在非传统安全领域。借助互联网，有组织犯罪行为的策划和组织通常跨越国界，并有着很强的技术能力作为支持，无论犯罪分子身处何处，只要动一动鼠标，他就可能在全球掀起一场网络风暴。2019年网络攻击发生了105起，比2009年增加了400%。根据DataProt的数据，74%的僵尸网络攻击是针对金融行业，预计2022年网络犯罪将造成6万亿美元的损失，到2023年将有330亿账户可能被网络攻击。④ 鉴于网络犯罪可能给国家带来的巨大潜在损失，打击网络犯罪应该被纳入国家安全战略统筹考虑。它既需要国家之间，也需要不同部门之间（如安全部门与技术部门）的合作，2011年7月成立的全球性非营利组织国际网络安全保护

---

① IBM Security：《X-Force威胁情报指数2020》报告，https：//s1. 51cto. com/oss/202006/18/efb8aa5b2b935dfef57b7d908a18a2da. pdf

② https：//www. enisa. europa. eu/topics/threat-risk-management/threats-and-trends

③ 《网络成有组织犯罪的主要工具》，新华网，2011年5月5日。

④ https：//dataprot. net/statistics/cybercrime-statistics/.

联盟（ICSPA）就是跨国合作的一个很好尝试。

（三）网络恐怖主义

提起互联网与恐怖主义的结合，笔者不由得首先想起了1990年布鲁斯·威利斯（Bruce Willis）主演的电影《虎胆龙威2》（Die Hard 2）。在好莱坞这部弘扬个人英雄主义的电影中，恐怖分子通过计算机控制了交通和空中通信系统，在计算机控制台输入错误的数据，试图诱使飞机在跑道上坠毁。国家安全人员束手无策，主人公麦卡伦凭借自身的勇敢和机智挽救了妻子和飞机，在漫天飞雪的跑道上两人终于拥抱在一起。人们总是习惯性地认为这些好莱坞英雄电影只不过是虚幻的文艺创作，但在9·11事件之后的互联网时代，一切都有可能发生。

2000年2月，英国《反恐怖主义法案》第一次以官方的方式明确提出了“网络恐怖主义”的概念，它将黑客作为打击对象，但只有影响到政府或者社会利益的黑客行动才能算作是网络恐怖主义。但是，网络恐怖主义的含义并不仅限于此，它包含了两层含义：一是针对信息及计算机系统、程序和数据发起的恐怖袭击。二是利用计算机和互联网为工具进行的恐怖主义活动，通过制造暴力和对公共设施的毁灭或破坏来制造恐慌和恐怖气氛，从而达到一定的政治目的。

就第一层含义而言，网络攻击的隐蔽性和力量不对称凸显了大国实力的局限性，无论该大国的军事实力多么强大，武器多么先进，核武器多么厉害，在不知“敌人”在哪里的情况下，也只能被动防御。从这个角度来说，网络攻击无疑先天就具备了恐怖主义的特质。

网络攻击还具有传统恐怖主义活动所没有的有利条件。第一，它可以通过网络远程控制对目标设施的通信和控制系统发动攻击，从而避免亲临现场的各种障碍和危险。第二，它的攻击范围更广，不仅可以对设施本身发动攻击，而且可以对设施的控制系统造成潜在的破坏，因此，相对于传统恐怖活动在时间和空间上的局限性，网络攻击能够带来的心理冲击面更广。第三，它更有利于隐藏攻击者的身份，甚至可以利用技术手段提供非真实的攻击来源。第四，它所需的成本和费用更低，不必花费大量金钱去购买武器，恐怖组织可以用更低的代价获得相同的收益。第五，网络恐怖主义可以是非致命性的，它可以通过干扰正常的秩序和恐吓来换取政治目的，但却不必付出平民的伤亡和流血的代价。但是，也有观点认为，这些所谓的“有利条件”对恐怖主义组织来说没有多大的吸引力，因为他们更喜欢“血腥”的视觉冲击，而且他们也暂时不具备发动网络攻击的技术能力。①

不过，目前的网络恐怖主义活动主要集中在第二个层面。通过黑客攻击和低级别犯罪等手段，借助互联网组织发起恐怖主义活动，互联网已经成为恐怖主义分子互通有无、相互交流的最重要的场所。此外，网络空间还更多是作为恐怖组织自我激进化的一个平台，他们鼓吹建立相互独立的恐怖组织“细胞”，彼此之间没有任何网络沟通或等级结构，但却可以随时自我发动，由点成面，最终形成大规模的恐怖袭击。目前，恐怖主义的网络攻击还未出现，但是，一旦恐怖组织通过互联网完成了培训和自我激进化，就很有可能将网络空间当作未来一个新的战场。正如美国军事战略家史蒂芬·梅斯所说：“如果信息领域仍是一块未治理的空间，暴乱分子必定会试图赢得这场‘观念的战斗’；20 世纪的战争是为了夺取国家的领土，当代的斗争则是对网络这块无管制空间的争夺。”②

① Yoram Schweitzer, Gabi Siboni, and Einav Yogev, “Cyberspace and Terrorist Organizations”, *Military and Strategic Affairs*, Vol. 3, No. 3, 2011, pp. 41–42.

② Steven Metz, *Rethinking Insurgency*, Carlisle: US Army War College Strategic Studies Institute, June 2007, pp. 11, 13–14.

(四)国家参与的网络战

国家支持的网络战对国家安全威胁的程度最高,涉及传统的军事安全领域,它既可以独立存在,也可以是当代战争中的一部分。网络战的主体既包括国家行为体,也包括以不同方式参与其中的非国家行为体。在网络战中,精准或相称的武力使用是极为困难的,它的攻击目标既可以是军事、工业或民用设施,也可以是机房里的其中一台服务器。与其他战争方式相比,网络战可以实现其政治或战略目的而不必诉诸武力。攻击力与国家实力没有必然联系,实力较弱的一方同样可能赢得战争。攻击者可以凭借假 IP 地址或者国外服务器完全隐身,至少在短期内难以追查其来源,军事与民用、实体与虚拟等领域之间的边界弱化,国家或非国家行为体,抑或是代理人都可以参与其中。①

根据网络战对国家安全的威胁程度由高至低,它主要表现为直接军事威胁、间接军事威胁、网络间谍和信息战。

网络战对国家安全最大的威胁是对军事设施的直接打击。由于网络技术首先被广泛应用于军事领域,从军事装备和武器系统、卫星和通信网络以及情报数据,一个国家的军事能力高度依赖信息和网络通信技术的发展。但这无疑也让它更加脆弱。一旦这些军事领域的网络系统遭到攻击,国家的军事力量就可能直接被削弱,甚至面临着部分或全部瘫痪的风险。

通过攻击金融系统、能源和交通这些重要的国家民用部门,网络战同样可以对国家军事安全带来间接地冲击和破坏。1982年,里根政府批准了一项针对苏联西伯利亚输油管线数据采集和监视控制系统的网络攻击,这是有记载的最早的一次网络战,它不仅破坏了苏联的军事工业基础,而且间接地削弱了苏联的军事

---

① Paul Cornish, David Livingstone, Dave Clemente and Claire Yorke, *On Cyber Warfare*, A Chatham House Report, Nov. 2010, http://www.chathamhouse.org.uk.

实力。2010年伊朗所遭受的“震网”病毒攻击也被认为是美国或者以色列对伊朗军事实力的一次间接打击。

网络间谍是国家所从事的最常见的一种网络战，一国利用互联网在有价值的网络系统中植入恶意软件，从而以最小的成本从敌方获取所需要的信息和情报。网络间谍的攻击对象并不仅限于国家政府部门，军工企业、商业公司以及非政府组织都有可能成为网络间谍获取情报的对象。网络间谍活动已经有很长时间的历史，它最早可以追溯至20世纪70年代。据《纽约时报》报道，1970年，俄罗斯成功入侵美国高级研究计划署的网络系统，获取了美国有关军事项目的信息。[①] 美国国防部副部长威廉·林恩表示，2008年国防部发现了一起重大的网络间谍活动，一家外国情报机构利用一个小小的U盘竟然入侵了国防部的计算机系统，这在当时看来无异于天方夜谭。然而，可怕的事实就这样发生了。“一个流氓软件被悄悄植入我们的系统窃取军事行动情报，这是我们最为担心的事情”。[②] 与普通间谍不同的是，网络间谍的破坏力更大。一旦植入目标系统的“木马”或“后门”在某个特殊的时期同时被激活，例如，政治局势紧张或常规战争爆发，这些情报会给国家安全带来巨大的威胁。

信息战是基于信息操控的一种软网络战，也是心理战的重要组成部分，它旨在通过信息披露来影响敌方的思想和行为，在外交领域也被称为公共外交。20世纪90年代，随着网络媒体的逐渐增多，网络信息战的使用也越来越多。美国对信息战非常重视，在伊拉克战争中对基地组织的信息战，在伊朗、巴基斯坦、

---

① John Markoff, “A Code for Chaos”, *New York Times*, October 2, 2010, based on Thomas C. Reed, *At the Abyss: An Insider's History of the Cold War*, New York: Ballantine Books, 2004.

② U. S. Department of Defense, Office of the Assistant Secretary of Defense, “Remarks on Cyber at the RSA Conference”, February 15, 2011, http://www.defense.gov/speeches/speech.aspx? speechid=1535.

阿富汗和中东，为了扭转美国在伊斯兰世界的不佳形象，美国也开始越来越多地使用了信息战。2011 年 3 月，美国驻阿富汗部队指挥官戴维・彼得雷乌斯（David Petraeus）在国会作证时披露，美国在阿富汗战争中利用一种软件控制社交论坛的舆论，操作者可以用多个显示不同地域的 IP 地址在论坛发言，以操纵网上舆论，对抗反美和反西方的宣传。① 除了舆论攻势之外，信息战也常常用来披露敌方的秘密信息，例如，行动计划、非法活动、领导人的错误言论等。

三　全球网络空间治理

网络空间没有地域界限，其外延可以向全球无限延伸。网络安全已经成为一个全球性威胁，全球性问题则需要全球共同应对。全球网络空间治理主要体现在国家、多边机制两个层面。在国家层面，包括美国、欧盟等西方主要大国均制定了本国的网络安全战略；在多边层面，联合国、欧盟、北约、经济合作与发展组织（简称“经合组织”）、八国集团、上海合作组织等多边合作组织也采取了应对网络安全威胁的举措。但迄今为止，国际法中仍没有一个专门针对网络空间治理的国际条约，在欧盟和联合国相关机构的大力推动下，全球网络空间谈判正在酝酿之中。

（一）国家对策

美国作为世界上综合国力、科技和军事实力最强的西方大国，是世界上最早制定网络空间安全战略的国家。2020 年美国国会下属机构“网络空间日光浴委员会”（Cyberspace Solarium Commission）（简称，日光浴委员会）的成立标志着网络安全议题已

① Yitzhak Ben-Horin, “War on the Web: Fictitious Bloggers Serving the US”, *Ynet*, March 18, 2011.

成为美国两党的共识，同时也显示出美国在21世纪捍卫其网络空间绝对优势的决心。据2021年12月FCW的报道，日光浴委员会将正式解散，之后将以非营利组织的形式重新启动Solarium 2.0的工作。[①] 在日光浴委员会成立以来的两年多时间里，推动了数十项建议和一系列立法改革，让立法者和决策者持续关注网络安全议题，是影响美国近年来网络空间战略、立法和政策制定实施的关键角色。它在2020年初出版的《网络空间日光浴委员会报告》，是一份详细关于美国网络安全能力建设战略报告，系统化地阐述了分层网络空间威慑战略（layered cyber deterrence），形成了“三层威慑，六大支柱”的核心战略。2021年初，该委员会发布的第五份白皮书《拜登政府过渡时期指南》（Transition Book for the Incoming Biden Administration）指出，新的国家网络战略应建立在一种新的行动架构之上，通过分层网络威慑成功地瓦解和阻止美国的对手进行重大网络攻击，并提出以下方法和手段：构建对手行为；抵消对手优势；增加对手成本。这份报告既强调通过国际规则来限制、约束和引导竞争对手的行为，也提到通过自身实力的加强消磨对手与美国竞争的意愿和能力。

与此同时，美国的网络安全政策框架也逐渐完善：设立了国家网络总监，担任总统在网络安全和相关新兴技术问题方面的首席顾问，监督和协调联邦政府在面对敌对网络行动时捍卫美国的活动；推动发布了以网络安全为核心的行政命令。2021年3月，美国拜登政府发布了《临时国家安全战略指南》（Interim National Security Strategic Guidance）强调了网络攻击构成的严峻威胁，将网络安全作为国家优先事项和战略方向。2021年5月，白宫发布《促进国家网络安全行政令》（Executive Order on Improving the Nation's Cybersecurity），强调联邦政府应该加强识别、威慑、防范、

---

① Lauren C. Williams：The legacy of the Cyberspace Solarium Commission. December 30, 2021. https：//fcw.com/security/2021/12/legacy-cyberspace-solarium-commission/360244/

发现和响应网络攻击的四大能力，并从加强公私合作、提升联邦政府网络现代化水平、确保供应链安全和建立网络审查机制四个方面重点推进；扩大了网络安全和基础设施安全局的权限；以及设立首个网络空间和数字政策局（CDP），该局强调联邦领域的数字现代化建设，重点关注国家网络安全、信息经济发展和数字技术三大领域。①

继美国之后，欧盟一些成员国家也开始日益关注国家信息设施的安全。德国是欧洲信息技术最发达的国家，向来重视网络空间的安全与发展，尤其注重国家网络安全行动的顶层设计。为有效应对网络空间的严峻挑战，构建安全的网络环境，促进国家的经济繁荣和社会稳定，德国已经于 2011 年、2016 年和 2021 年颁布了三份《国家网络安全战略》，实现了五年一次战略更新的目标，明确网络安全战略的总体目标和保障措施，用以指导和加强国家网络安全建设。在 2021 年国际电信联盟 ITU 发布的《全球网络安全指数 2020》GCI 报告中，德国排名全球第 13 名。

法国在 2015 年制定的《法国国家数字安全战略》（National Digital Security Strategy）指出，随着数字服务和产品的不断增长，法国社会的数字化正在不断加速。数字化转型有利于创新和经济增长，但同时也给国家、经济利益相关者以及公民带来了一定风险。网络犯罪、间谍活动以及对个人数据的过度利用威胁着数字信任和网络安全。基于此，法国国家数字安全战略列出了五项战略目标予以应对。近年来，以法国为代表的欧洲国家积极提倡“数字主权”的构想。2020 年 12 月，马克龙表示，欧洲必须维护其“数字主权”，以降低对美国科技巨头的依赖。马克龙指出，尽管新冠疫情暴发后，美国各大数字平台促成了社会“大变革”，但在科技方面，欧洲需要有“欧洲解决方案和欧洲主权”。

---

① https://www.whitehouse.gov/briefing-room/presidential-actions/2021/05/12/executive-order-on-improving-the-nations-cybersecurity/

俄罗斯于2015年首次颁布了《俄罗斯联邦国家安全战略》，六年之后，面对国内外网络安全形势发生的巨大变化，2021年7月俄罗斯总统普京签署批准了新版《俄罗斯联邦国家安全战略》（简称“新战略”），信息安全成为保障国家安全的九大优先方向之一。新战略评估俄罗斯当前面对的主要威胁西方针对性发起的军事威胁、经济制裁和政治施压。在新战略中着重强调了要应对信息技术被广泛应用于干涉别国内政、破坏国家主权和领土完整的威胁，并确定展开16项举措以确保信息安全，加强俄罗斯在信息领域的主权，提高关键信息通信基础设施的防护水平和稳定性。

（二）多边机制

除主权国家之外，网络空间安全近年来也逐渐成为多边安全合作的重要议题和容。目前，联合国、欧盟、经合组织、上海合作组织等国际或区域组织都加强了成员国间有关网络安全问题的合作，并设立了相关的机构以推动共同行为准则的制定。

1. 联合国

以2003年信息社会世界峰会（WSIS）召开为标志，联合国正式介入网络空间治理。近20年以来，联合国体系内逐渐形成了几个聚焦于网络空间治理专门平台和机构，陆续发起了WSIS、互联网治理论坛（IGF）、信息安全政府专家组（UNGGE）、网络犯罪政府专家组（UNIEG）以及新兴的数字合作高级别小组（HLP）等治理进程。随着信息技术越来越深度渗透到全球经济社会中，联合国在网络空间治理领域的作用日益凸显，正在从网络空间和平、网络犯罪、数字经济、信息内容、新兴技术等多个层面，搭建当下分裂割据的网络空间治理对话平台。在此前形成的工作轨道的基础上，联合国发起了关于打击网络犯罪全球公约谈判的进程，成立了数字合作高级别小组，发布了数字合作报告和合作路线图。此外，联合国秘书长还将于 2021 年任命技术特使，提升对网络空间治理议题的重视程度。

2. 欧盟

欧盟主要从整体战略部署和立法实践两大层面展开。战略制定上，欧盟委员会于 2013 年开始发布《网络安全战略》（The EU" s Cybersecurity Strategy），将网络安全提升至欧盟整个战略发展层面，提升欧盟各成员国的网络安全能力。2017 年发布第二版《网络安全战略》，2020 年 12 月，欧盟委员会发布第三版最新的《网络安全战略》作为欧盟“数字十年”计划（the Digital Decade）的顶层目标与基本路线。该战略延续了 2013 和 2017 年《网络安全战略》的基本框架，重点计划通过监管、投资和政策工具，解决网络安全领域较为突出的三个问题，第一打造有韧性、技术主权与领导力；第二建设预防、阻停与响应的实践能力；第三发展全球开放网络空间。通过该战略的实施，欧盟希望完善既有的网络安全制度与机构建设，整合欧盟内部资源，进一步巩固欧盟单一市场的地位。

立法方面，2016 年欧盟制定了《网络与信息安全指令》（Network and Information Security，NIS），指令要求欧盟各成员国须制定网络与信息系统安全的国家战略，以明确战略目标、合理政策以及相应监管措施提升本国网络安全能力。2018 年生效的《一般数据保护条例》（General Data Protection Regulation，GDPR）被称为当前最严格的一项隐私和数据保护法规。2019 年生效的《欧盟网络安全法案》（EU Cybersecurity Act）指定 ENISA 作为欧盟网络安全的常设机构，该机构的任务目标主要是为保障软件层面的网络安全，通过欧洲网络安全认证体系框架，确保欧盟 ICT 产品、ICT 服务或 ICT 流程的网络安全达到足够的水平。2020 年 12 月，欧盟委员会公布了两项针对所有数字服务的《数字市场法案》和《数字服务法案》，前者在 2021 年 11 月获得欧洲议会批准，后者在2022年4月通过，旨在为大型在线平台提供自由、公平竞争的规则体系以及确保消费者安全。作为数字空间领先的规则制定者，欧盟凭借长臂管辖获得了强大的规范性权利，与美国、中国构成了数字空间的三大力量中心。

3. 上海合作组织

2006年上合组织的成员国元首签署了第一份信息安全合作领域的文件《上海合作组织成员国元首关于国际信息安全的声明》，信息安全正式进入上合组织的国际议程中，各国也表示出合作共同应对信息完全威胁的意愿。2013年上合比什凯克峰会宣言中明确提出要以尊重国家主权、不干涉内政原则为基础，构建和平、安全、公正和开放的信息空间，主张制定统一的信息空间国家行为准则。2014年的杜尚别峰会宣言进一步指出，成员国支持所有国家平等管理互联网的权利，支持和保障各自互联网安全的主权权利。

在上合组织信息安全议题的子领域中，重点关注打击恐怖主义、极端主义和分裂主义等核心议题。2017年6月成员国元首在阿斯塔纳峰会上签署了《上海合作组织成员国元首关于共同打击国际恐怖主义的声明》，强调恐怖主义和极端主义利用互联网散播危险思想的风险，呼吁各国通过预防和打击利用互联网开展的一系列宣传、煽动恐怖主义的极端主义的活动。2020年的莫斯科峰会，成员国签署了《上海合作组织成员国元首理事会关于保障国际信息安全领域合作的声明》和《上海合作组织成员国元首理事会关于打击利用互联网等渠道传播恐怖主义、分裂主义和极端主义思想的声明》，呼吁国际社会在信息领域紧密协作，共同构建网络空间命运共同体。

（三）国际规范

目前，国际社会在网络空间治理方面还没有一项专门适用的国际法，只有国际人道主义法和布达佩斯网络犯罪公约可以援引。国际人道主义法是指出于人道原因，而设法将武装冲突带来的影响限制在一定范围内的一系列规则的总称；它保护没有参与或不再参与敌对行动的人，并对作战的手段和方法加以限制，因此也被称作战争法或武装冲突法。虽然网络战也可以看作是另一种类型的武装冲突，但二者还是有很大的差别，因此，国际人道主义法对网络战的约束有相当的局限性。布达佩斯《网络犯罪公约》（*Cyber-crime Convention*）是 2001 年 11 月由欧洲理事会的欧盟成员国以及美国、加拿大、日本和南非等 30 个国家①的政府官员在布达佩斯所共同签署的国际公约，也是全世界第一部、也是迄今为止唯一一部针对网络犯罪行为所制订的国际公约。但是，由于它的管辖范围主要针对网络犯罪方面国家间法律与合作的协调，因而也不足以应对网络空间的诸多威胁和挑战。

联合国框架下的国际电信联盟一直在积极推动达成一项网络空间治理的国际条约。2010 年 2 月，国际电信联盟主席呼吁各成员国要在网络战真的来临之前，加紧推动网络空间安全国际条约的谈判。同年 7 月，联合国制定了一项旨在削减计算机网络风险的条约草案，包括美国、中国和俄罗斯等在内的 15 个成员国签署了该项协议。协议建议由联合国起草一份网络空间的行为准则；成员国间交换彼此网络空间立法和安全战略的信息；强化不发达国家计算机系统保护的能力。② 目前，中、美、俄均向联合国提交了相关的文件。

但是，由于几个大国在条约的性质和实施上存有不同意见，该条约的进展十分缓慢。俄罗斯希望通过国际条约防止新一轮的军备竞赛，将网络空间作为一个攻击来源，像对待大规模杀伤性武器那样进行限制和监管。美国的立场完全不同，它反对单独设

① 中国是该条约的观察员，俄罗斯未加入。

② Ellen Nakashima, "15 Nations Agree to Start Working Together to Reduce Cyberwarfare Threat", *Washington Post*, July 17, 2010.

立一个限制网络战的机构，认为缔结一个专门的国际条约没有意义。美国认为更有效的办法是通过国家间有效的合作和国际法。作为在网络空间占有绝对优势的大国，美国考虑更多的是不要限制自己的网络技术优势，而不是如何避免遭受网络攻击。

相比之下，欧盟在推动网络空间治理全球性谈判的问题上非常积极。欧盟目前可谓内忧外患，债务危机导致经济长期低迷、社会不稳，而外部中国和印度等新兴国家的快速发展给欧盟带来了很大的压力。体现在网络安全领域，欧盟从中感受到的更多的是来自新兴国家和外部世界的挑战。因此，在全球范围内展开谈判，将潜在的不安全因素纳入全球谈判框架，对欧盟来说无疑是一个现实的选择。2011 年由英国外交部组织、60 多个国家和地区代表参加的“伦敦网络会议”（又称“伦敦进程”），此后又在布达佩斯（2012 年）、首尔（2013 年）、海牙（2015 年）召开了三次网络空间会议，虽然该会议在制定国际条约方面尚无共识，当它是当时第一个专门围绕网络空间秩序构建开展的多边对话和辩论进程，也体现出欧盟希望能够在未来的全球网络空间治理中发挥主导作用的雄心。

四　小结

有学者将网络空间目前的规范真空类比第一次世界大战末期空中力量刚出现时的情形。[①] 1908 年，怀特兄弟与美国军方签约为其制造战斗机，空中力量由此开始进入战争领域。1917 年，美国参战并建立了美国空军，负责战争防御和地面部队的供给，在空中作战中大获全胜；次年，英国皇家空军成立。第二次世界大

① “Cyber Warfare: Concepts and Strategic Trends,” Institute for National Security Studies Memorandum No. 117, May 2012, https://www.files.ethz.ch/isn/152953/INSS%20Memorandum_MAY2012_Nr117.pdf.

战期间，英国皇家空军在对德国的作战中发挥出色，由于能够迅速深入敌人腹地，空中力量开始成为战争的一个重要战略组成部分。与其相似，网络空间的出现也是科技进步的结果，它逐步由信息层面进入国家安全领域；它的出现同样会带来一种新的军事思想和行动的革命，其对国家安全和国际关系的潜在影响可能要比飞机进入战争更加深远。

目前，与网络安全相关的政策议题已经给国际关系带来了显著的影响，而且在未来几年中还可能会更快的增长。早在2012年美国著名中国问题专家李侃如撰写了一篇题为《网络安全与美中关系》的报告，认为如果不妥善处理与网络安全相关的议题，它们将成为国际关系尤其是美中冲突的一个主要源头。“这个领域的新兴性尤其增加了问题的复杂程度，使网络安全成了全球安全问题中最重要而最少被人掌握的燃点之一”。① 他认为，解决问题的一个有效办法就是通过国家间的讨论，最终建立国际规范并实施有效的措施。鉴于各国对网络空间安全的高度关切，它将很可能成为一项重要的全球谈判议题。国际规则的制定既有赖于各国网络空间安全战略的设施，也离不开广泛的国际合作。

但是，考虑到网络空间的特殊性、网络安全的敏感性以及大国之间立场的差异，这一议题要想继续向前推进还面临着很多挑战。首先，从技术上讲，网络安全领域的国际谈判还缺少必要的共同语言和基础，许多关键术语的定义尚未统一，而网络攻击的难以追踪也使得战争中对手的界定十分困难。其次，网络空间治理涵盖面很广，不仅涉及国家行为体，更涉及企业、个人等非国家行为体，统筹安排纳入治理框架也不是件易事。再次，网络空间治理涉及前沿信息技术，各国在该领域的研究大多处于保密状态，国家之间的技术合作和共享恐怕十分有限。最后，该议题固

① Kenneth Lieberthal and Peter W. Singer, “Cybersecurity and US-China Relations”, 21st Century Defense Initiative at Brookings, February 12, 2012.

然对处于国际政治经济优势地位的大国十分重要和迫切，但是对很多信息技术相对落后的不发达国家来说，发展问题恐怕要远比网络安全更加重要。

2010 年，联合国信息安全政府专家组（UNGGE）首次发布共识性报告，标志着联合国框架下的网络空间规范治理正式有效启动。2012 年，约瑟夫·奈在《北约评论》（*NATO Review*）发表文章称，“对于网络安全这个新兴的议题，当前的安全专家们也正处于初始的学习和探索阶段，就如同核问题专家在核武器刚发明时一样；如何推动国际合作应对网络安全威胁，所有的国家都还在并且需要慢慢学习。要制定出国际规范，还有很长的路要走”。[①]随后 2013 年和 2015 年的 UNGGE 专家组连续发布了两份实质性的共识报告，也印证了主权国家在努力探索建立网络空间的新规范。

然而，被国际社会给予厚望的 2017 年 UNGGE 专家组因各国分歧未能最终发布共识性报告。美国互联网治理领域的著名学者弥尔顿·穆勒（Milton Mueller）发表名为《永别了，规范》的博文，认为“现实”已经挫败了网络规范行动的希望。主要是由于规范的约束性较弱，国家会随时基于事态演变和国家利益改变他们对规范的立场甚至叛变。[②]穆勒的失望并非没有道理，大国地缘政治的冲突已经成为国际规范达成的最大挑战。2021 年，步入双轨制的 UNGGE 和 OEWG 均达成了共识性报告，虽然尚未明确处理 2017 年核心争议的议题，但对 2015 年报告中的 11 项负责任的国家规范作出了更加细致的说明，也再次说明国际社会依然在推进网络规范进程的努力，但要想达成一个各利益相关方都能接受的国际规范还有很长的路要走。

---

① Joseph S. Nye，“E-Power to rise up the security agenda”，NATO Review.

② Milton Mueller：A Farewell to Norms. September 4，2018. https：//www. internetgovernance. org/2018/09/04/a-farewell-to-norms/

全球治理之维

第二章

国际互联网治理：挑战与应对

“斯诺登事件”之后，国际互联网治理进程进入了一个分化重组的调整期，新的治理平台不断涌现，原有的治理机构面临着变革的需求，既出现了一些值得关注的新动向，也面临诸多的挑战和困境。2010 年之后，随着网络空间的大国博弈更加激烈，国际治理进程进入深水区，特别是在 2015 年前后，大国力量开始分化重组，网络空间的国际治理进程进入一段较为混乱的时期。中国应对国际互联网治理的进程有一个清醒的认识，从前瞻性和战略性的高度采取积极的举措应对当前治理进程中的诸多问题和挑战。

一　国际互联网治理的进程

互联网治理是当前全球治理的一项重要内容。按照 2005 年联合国互联网治理工作组的界定，互联网治理是指“政府、私营部门和民间团体根据各自的职能，制定并应用影响互联网发展与使用的共同原则、规范、条例、决策流程和纲领”，治理内容包括互联网的关键资源①、互联网安全、确保使用互联网促进

① 互联网关键资源主要包括三类：一是根服务器、根区文件和根区文件系统，它们共同支撑着域名解析服务器的运转；二是包括海底光缆-电缆、互联网交换节点在内的互联网骨干设备；三是包括域名、IP 地址、顶级域名在内的软性资源。其中，对第一类关键资源的管辖是国际互联网治理的根基。

发展等。[①]联合国的界定首次承认了主权国家政府在互联网治理中的合法地位，也由此开启了国际社会对于全球网络空间规则制定的博弈进程。

尽管国际互联网治理的议程是在2003年之后才出现的，但是自互联网于1960年代肇始于美国，国际互联网治理的进程也随之启动。根据互联网治理主体的不同，国际互联网治理的发展大致可分为三个阶段。第一阶段是从1960年代至1980年代中期，互联网是一个服务于科学研究和军事服务的网络，其治理大权仍然归属于那些伟大的技术专家们，他们关注的核心问题是如何制定规则以建立互联网。1962年8月，美国麻省理工学院的利克立德（Lickerlider）提出了建立"超大规模网络"的设想，通过相互链接的计算机网络实现社交互动，实现"人们能够在全球相互链接的网络里从各个站点获得对数据和程序的访问"[②]。随后，美国的技术专家们相继提出了分组交换理论、TCP/IP协议以及树状结构的域名解析系统，为当前互联网的前身、美国国防部阿帕网（ARPANet）的建立奠定了技术基础，同时也为互联网从军用转向民用网络做好了技术准备。

第二阶段是从1980年代中期至1990年代末。1990年6月，美国国家科学基金会建立的网络（NSFNet）取代阿帕网，成为国际互联网的骨干网。冷战结束之后，国际安全环境大大缓和，互联网开始进入商业化应用。为了确保互联网在全球的安全、有效运转，一系列非营利的国际私营机构成立并成为国际互联网治理的主体，其中最具代表性的是互联网工程任务组（IETF）（1985年）、互联网协会（1992年）、区域互联网注册管理机构（RIR）

---

① UN, *Report of the Working Group on Internet Governance*, 2005, http://www.wgig.org/docs/WGIGREPORT.pdf.

② "Brief History of the Internet", http://www.internetsociety.org/internet/what-internet/history-internet/brief-history-internet.

（1992 年）以及互联网名称与数字地址分配机构（ICANN）（1998 年）。直到今天，这些私营机构在互联网的技术层面仍然发挥着至关重要的作用。

然而，在这些私营机构的背后，互联网的核心关键资源均直接或间接受到美国政府的控制，因此，在这一时期，国际互联网治理主要表现为美国政府与技术专家之间的主导权之争。为了抗议美国政府对互联网的垄断，协议发明大师乔恩·波斯托（Jon Postel）曾经在 1998 年 1 月 28 日发动了互联网空间的第一次反美"政变"，将维持互联网世界运转的 12 台根服务器中的 8 台不再认定美国政府的电脑为主机，以实际行动向美国政府宣示："美国无法从在过去 30 年里建立并维持互联网运转的专家们手中掠夺互联网的控制权"。[①] 然而，此次"试验"仅维持了一周的时间就在美国政府施加的压力下停止。1998 年 6 月，美国政府发布了互联网白皮书，决定成立一个由全球网络各领域专家组成的非营利私营机构 ICANN 来接管互联网域名和数字地址分配的权力，但是美国商务部仍然对其具有监管权。

第三个阶段是从 21 世纪初至今，随着互联网在全球迅速普及，互联网开始进入国家政治、经济和社会发展的方方面面，政府、企业、非政府组织、商业团体等都成为互联网治理的利益攸关方。国际互联网治理机构日益多元化，除 ICANN 等上述私营机构之外，互联网治理论坛、信息社会世界峰会（WSIS）、全球互联网治理联盟等机构相继成立，而一些原有的国际组织也在各自的职能范围内增加了与互联网有关的议题。在这一时期，国际互联网治理的焦点问题从技术转向内容层面，围绕主权国家政府的地位和作用，出现了"多利益相关方"和"多边主义"两种治理模式之争。互联网治理进入国际关系的视野，凸显了美国与欧洲

① P. W. Singer and Allan Friedman, *Cybersecurity and Cyberwar: What Everyone Needs to Know*, New York: Oxford University Press, 2014, p. 182.

国家、发达国家与发展中国家之间的利益冲突。

国际社会对互联网治理的关注经历了一个从无到有、再由弱至强的过程。2000年，有识之士曾明确指出："互联网在全球已是风起云涌，蓄成不可逆转之势，仅仅从人们获取各种事件和变化的主要媒介已在不知不觉当中转向互联网这个事实就不言而喻了。"[①] 互联网最早引起国际经济学界的关注，是从1999年开始，《经济学家》杂志相继刊发了有关互联网经济不下百篇的评论文章，探讨了互联网对于经济、科技、消费者、政府、民主、文化、个人隐私所带来的冲击和变化。然而，这一轮热潮在两年后就开始逐渐降温，甚至冷却。直到2003年联合国授权国际电信联盟（ITU）召开了"信息社会世界峰会"，正式将互联网治理纳入国际议程，并首次明确了政府在互联网公共政策制定方面的参与权。但是，这一时期的互联网治理仍然属于"低级政治"议题，并没有得到国际社会的普遍重视，尤其是大国的关注。

然而，一系列事件的发生迅速将互联网议题推向了高级政治的舞台，将互联网与国家安全联系起来。2007年4月，爱沙尼亚遭到不明来源的大规模网络攻击，整个经济和社会秩序完全瘫痪，这是首次出现的针对整个国家发动的网络攻击；2008年7月，格鲁吉亚同样遭受了一次大规模的网络攻击，造成包括媒体、通信和交通运输系统在内的官方网站全部瘫痪，直接影响到了格鲁吉亚的战争动员与支援能力；2010年9月，伊朗核设施遭受了代号为"震网"（Stuxnet）的蠕虫病毒攻击，伊朗总统内贾德随后证实位于布什尔和纳坦兹的伊朗核设施浓缩铀离心机被病毒破坏，数千台离心机因技术故障"停工"。这些事件涉及国家的军事安全层面，直接提升了国际社会对互联网治理议题的关注程度。

---

① 中国金融博物馆理事长王巍为《从疯狂到理智》撰写的后记"网络的滋味"，未发表。

从国际关系的视角来看，随着主权国家对互联网治理重要性的认知逐渐加深，围绕国际互联网治理的合作与博弈才真正开始。作为互联网的发源地，美国在很长的一段时间内独自掌控着维持全球互联网运行的关键资源，2003 年信息社会世界峰会之后，国际社会开始着力推进互联网治理的国际化，但是并没有取得明显的进展。直到十年之后，2013 年的斯诺登事件直接点燃了国际社会推进国际互联网治理改革的热情和决心，围绕主权国家在国际互联网治理中的地位和作用、ICANN 的国际化改革以及“多利益相关方”和“多边主义”两种治理模式的争论日趋白热化。这些争论从表面上看是关于国际互联网治理的规则之争，但在更深层面上却体现出冷战之后国际政治经济秩序的权力再分配和秩序的重建，网络空间成为国际社会、特别是大国之间利益争夺和博弈的又一个新战场。

二　国际互联网治理面临的挑战

进入 21 世纪第二个十年，国际互联网治理进程进入了一个力量分化重组的新阶段。2014 年 2 月，欧盟和巴西决定共同铺设直接连接拉丁美洲和欧洲的海底光纤电缆；2014 年 3 月，美国同意移交 ICANN 的管理权；新兴国家中国和巴西在互联网治理平台上日趋活跃；2015 年 6 月，制定全球互联网治理联盟章程并开始运作；2015 年 5 月，中国领导人和俄罗斯领导人签署“互不黑客攻击协定”；2004 年成立的联合国信息安全政府专家组（UN GGE）分别在 2010、2013、2015、2021 四次组会上达成四份共识性报告，对网络空间负责任的国家行为规范、国际法在网络空间的适用性、国家网络安全能力建设等议题进行愈发深入的探讨并逐渐形成共识。这一系列事件折射出当今世界和地区主要大国在网络空间不同的利益关切和诉求，凸显出国际互联网治理的主要矛盾：一方面，美国试图凭借强大的技术优势和影响力，巩固自身在全球网络空间的绝对主导权；另一方面，以新兴经济体为代表的发展中大国希望能够在平等的基础上享有网络主权，打破美国在网络空间的霸权。在这样的利益冲突背景下，国际互联网治理进程出现了一些新的动向和新的挑战。

（一）传统阵营的分化重组

在互联网治理问题上，国际社会常被划分为两大阵营：一方是以欧美国家为代表的发达国家，坚持“多利益相关方”的治理模式，主张由非营利机构如 ICANN 来管理互联网；另一方是中国、俄罗斯、巴西等新兴国家，提倡政府主导的“多边主义”治理模式和“网络边界”“网络主权”的概念。这种阵营的划分是基于国家间信息技术发展水平的差距和治理理念的不同。前者作为既得利益者希望维护现有的治理模式，而后者则希望打破发达国家的垄断，争取更大的话语权。这两大阵营对峙的典型事件是 2012 年国际电信联盟《国际电信规则》的重新审定，巴西、俄罗斯等发展中国家希望扩大国际电信联盟在互联网治理中的权力，但美国、欧盟等 55 个国家以“威胁互联网的开放性”为由拒绝签署新规则，使得新规则大打折扣。①

但事实上，对于一个涵盖内容极为广泛的新兴议题而言，阵营的划分从来不会是铁板一块，“斯诺登事件”发生之后，国际社会掀起新一轮的治理浪潮，在利益的冲撞之下，各阵营内部均出现了离心倾向。首先是欧美之间的传统盟友关系，欧委会明确提出网络安全的重要性，力争分享互联网治理权，并将未来两年

---

① 按照国际电信联盟的规定，签署了新规则的成员国将遵守新的规则，而美国、欧盟等 55 个国家仍只需履行原有的规则。

视为重新划定互联网版图的关键期。[1] 2014 年 2 月，德国总理默克尔与法国总统奥朗德在巴黎会晤，倡议建设独立的欧洲互联网，取代当前由美国主导的互联网基础设施；[2] 2 月 24 日，在第七届欧盟与巴西峰会上，欧盟和巴西决定加强互联网合作，共同铺设直接连接拉丁美洲和欧洲的海底光纤电缆，避免互联网信息遭到美国监控。美国希望继续决定互联网游戏规则，将互联网视作数据自由传输的电子商务平台；但欧洲却希望建设独立的欧洲互联网，夺回部分信息技术（IT）主权并减少对外国供应商的依赖。2015 年 6 月，欧盟各国司法部长就欧盟数据保护监管草案的基本方法达成一致，其中包括在欧洲建立统一的数据保护法案、强化公民"被遗忘权"等内容，从而有效推进欧盟单一数字市场建设。

与此同时，美国政府还遭到了俄罗斯、印度等其他国家的严厉指责和外交抗议。2013 年 10 月，包括 ICANN、互联网工程任务组、互联网协会、万维网协会以及五大区域性互联网地址注册机构等在内的互联网治理机构，联合发布了"蒙得维的亚声明"，共同谴责美国国家安全局（NSA）的监听做法，呼吁实现 ICANN 国际化，刻意拉开与美国政府之间的距离。[3] 在 2014 年 4 月的巴西圣保罗"互联网治理的未来——全球多利益相关方会议"上，俄罗斯对美国"独掌"互联网编址系统提出了尖锐的批评，认为"斯诺登事件"充分表明互联网世界的"安全与控制完全缺失"。

在新兴国家或发展中国家阵营中，最明显的分化现象莫过于巴西正在向现有的互联网治理体系以及发达国家的立场接近和靠

① "Commission to Pursue Role as Honest Broker in Future? Global Negotiations on Internet Governance", http：//europa. eu/rapid/press-release_ IP-14-142_ en. htm.

② 王芳、郑虹：《法德探讨建立欧洲独立互联网》，《人民日报》2014 年 2 月 21 日，第 21 版。

③ "Montevideo Statement on the Future of Internet Cooperation", http：//www. icann. org/news/announcement-2013-10-07-en.

拢。2014年4月，在巴西互联网大会之后，由ICANN、巴西互联网指导委员会和世界经济论坛联合发起，成立了一个新的互联网治理机构——全球互联网治理联盟（NETmundial），明确了多利益相关方的治理组织模式。ICANN主席法迪·切哈德（Fadi Chehadé）对该联盟的成立给予了很高的评价，认为它将改变互联网治理“空谈”的现状，而ICANN的角色也将从领导者转变为一个参与者。[①] 2015年6月30日，巴西总统罗塞夫到访华盛顿，与美国总统奥巴马就“统一和非分裂”的互联网的重要性达成共识，共同商讨了如何推动国际互联网的自由化以及ICANN的国际化等问题。巴西在向发达国家靠拢的同时，也有意识地拉开了与新兴国家的距离，在2015年7月俄罗斯的金砖峰会准备会议上，主席国俄罗斯希望能够就互联网治理问题发表共同声明，但因巴西的反对而未能实现。

在两大传统阵营之外，还游离着一些处于中间地带的国家，有学者将其称为“摇摆国家”。这些国家中既有韩国、新加坡这些经济发展水平较高的国家，也有土耳其、秘鲁、阿根廷这些地区大国，其影响力不容忽视。它们一方面支持网络主权的概念；另一方面也更加重视非国家行为体。随着互联网治理进程的推进，它们的最后立场很有可能会成为互联网治理格局走向何方的重要推手。

由此可见，在互联网治理领域，传统的发达国家与发展中国家或新兴国家的阵营划分正在日渐模糊，一些新的利益共同体或结盟正在出现。首先，只要美国不愿放弃对互联网的绝对控制

---

① 按照“全球互联网治理委员会”在2014年6月对国际电信联盟新规则投票的统计，这些中间地带国家大约有30个，包括阿尔巴尼亚、阿根廷、亚美尼亚、白俄罗斯、博茨瓦纳、巴西、哥伦比亚、哥斯达黎加、马来西亚、秘鲁、菲律宾、新加坡、南非共和国、韩国、土耳其、印度、印度尼西亚等。Tim Maurer and Robert Morgus，“Tipping the Scale：an Analysis of Global Swing States in the Internet Governance Debate”，http：//www.cigionline.org/publications/tipping-scale-analysis-of-global-swing-states-internet-governance-debate.

权，美国和欧盟之间对互联网治理权的争夺必然会长期存在，但是欧盟在对现有治理机制的态度上始终秉持 2005 年 10 月欧委会《关于互联网治理立场的声明》，并不追求取代现有机制；其次，美国政府也很难再对 ICANN、互联网治理协会和互联网工程任务组等互联网治理机构保持绝对的掌控和影响力，随着 ICANN 国际化改革的推进，美国政府在这些机构中的角色必然会受到一定的限制和约束；再次，新兴国家阵营在互联网治理领域的凝聚力受到很大程度的削弱，巴西政府在互联网治理模式和机构的立场上明确向欧美等发达国家靠拢，很有可能脱离新兴国家的阵营，而新兴国家的结盟可能会更多体现在发展议程和基础设施建设等共同利益层面。各国治理权意识的增强和立场的分散化无疑使国际互联网治理的协调难度进一步加大。

（二）阻力重重的 ICANN 国际化改革

在国际互联网治理的前两个阶段，受到互联网“网络化治理模式”的影响，国际互联网治理机制呈现出以技术专家为主导、私营机构为治理主体的治理模式。在 2003 年的突尼斯峰会上，以巴西为代表的发展中国家对以美国为中心的互联网治理模式发起了挑战，指出美国应该放弃对 ICANN 的单边统治权，并改革原有的非政府政策制定机制，承认政府在互联网公共政策制定方面的权力。作为回应，2005 年 6 月 30 日，美国商务部下属的“国家电信和信息管理局”（NTIA）发表了一份《美国有关互联网域名和地址系统的原则性声明》，断然重申美国的单方面监管是互联网治理的永久特征。[①] 这次对峙的最终结果体现在 2005 年的《信息社会突尼斯议程》：它一方面称赞了“现有的治理安排”；另一方面，将互联网治理分为两部分：“技术管理”或“日程运营”

---

① ［美］弥尔顿·L. 穆勒：《网络与国家：互联网治理的全球政治学》，周程等译，上海交通大学出版社 2015 年版，第 84 页。

留给私营部门和民间团体，“公共政策制定”则应该由政府管理，为 ICANN 的改革打开了大门。

ICANN 成立于 1998 年，是美国政府为了平息国际社会对美国独自掌控互联网管理权的不满而作出的妥协之举。根据 ICANN 的章程，全球划分为非洲、欧洲、亚太、拉美以及北美五个地理区块，每个地区内部推选出不超过 5 名代表进入董事会，以行使 ICANN 的权力，支配其财产，管理或指导其业务与事务；采用自下而上的决策程序，由各个社群提出建议，经章程组织通过后最后提交董事会；各国政府的代表组成“政府咨询委员会”，只有建议权而没有决策权。美国商务部下属的 NTIA 虽然不再直接行使管理权限，但会以招标的形式将管理权委托给某个管理机构进行管辖；管理机构负责制定对顶级域名解析系统的管理政策，接受对根区文件和文件系统的更改要求，但必须得到 NTIA 的书面许可，因此美国政府仍然牢牢把握着互联网关键资源的实际控制权。

由于它背离了传统上政府间组织为主导的治理模式，削弱了国家政府和政府间组织的权力，它的治理模式被国际社会广为诟病，即使是欧盟也质疑“只让一个政府来监督这么重要的系统构架是否合适”。[①] “斯诺登事件”之后，国际社会深刻感受到实现民主、公平的网络资源决策与分配的迫切性和重要性，ICANN 的国际化呼声再创新高。2014 年的“中美二轨对话”中，中国明确提出应彻底解除 ICANN 与美国政府的合同；英国建议将 ICANN 总部迁出美国；欧盟制定了 ICANN 国际化的“时间表”。[②] 在国际社会的压力下，美国在 2014 年 3 月同意转让对 ICANN 的核心机构互联网数字分配机构（IANA）的管理权限，并将其转交给

---

① Viviane Reding, “Internet Governance – the European Perspective”, http://nipc.law.blogspot.com/2005/10/viviance-reding-internet-governance.html.

② “Commission to Pursue Role as Honest Broker in Future? Global Negotiations on Internet Governance”, http://europa.eu/rapid/press-release_ IP-14-142_ en.htm.

一个多利益相关方的私营机构，由此启动了 ICANN 的改革进程。

2015 年 6 月 21 日至 25 日，ICANN 第 53 届会议在阿根廷布宜诺斯艾利斯召开，会议围绕 IANA 职能管理权移交、ICANN 问责制等问题进行了审议，并提出了在 2016 年 7 月底之前完成改革的时间表。从改革进程来看，ICANN 国际化改革的目标是改变由美国政府独家管理互联网关键资源的情况，但美国政府显然不会轻易放弃对 ICANN 的掌控和影响力。2015 年 6 月 23 日，美国众议院通过了《2015 年持续审视域名公开事务法案》，将国会对法案批准程序的介入合法化，以便确保美国的国家利益不受损害；7 月 8 日，美国众议院召开了关于“ICANN 第 53 届会议之后的互联网治理进展”的听证会，要求确保 ICANN 的改革符合美国政府的利益，确保美国的话语权。2016 年美国商务部国家电信与信息管理局（NTIA）同意了 2014 年 ICANN 提出的互联网根服务器（IANA）管理权将移交给利益相关各方的全球社群的方案，于 2016 年 10 月，将管理权移交给 ICANN 建立的运行 IANA 功能的新机构“PTI”。同时，ICANN 修订了其宪章与章程，建立新的问责制度，保障有关社群拥有监督与制约 ICANN 组织机构与政策决策的权力。

作为全球网络空间的主导者，很显然美国并不情愿放弃其现有的利益和优势地位。美国的设想是名义上放弃对 ICANN 的管辖权，但事实上将其控制权交付于一个排除各主权国家政府在外的私营机构手中。这在一定程度上又倒退至美国商务部 1998 年的政策立场，即“确保私营机构在域名管理中处于领导地位”。① 在维持全球互联网运转的 13 个根服务器中，有 10 个处于美国政府部门、高校、公司以及非营利机构的实际控制之下。即使美国政府

① “Statement of Policy on the Management of Internet Names and Addresses”, June 5, 1998, http: //www. nita. doc. gov/federal-register-notice/1998/statement-policy-management-internet-names-and-addresses.

交出了 IANA 的管理权，只要互联网得以运转的根服务器依然置于美国的单一司法管辖之下，美国仍然可以凭借美国高校和公司在互联网领域的绝对优势，间接维持对互联网关键资源事实上的管辖权和影响力。

对于美国事实上巩固其主导权的意图，巴西、欧盟、印度等经济体也提出了体现各自国家利益诉求的改革方案。[①] 2014 年 4 月，巴西在圣保罗会议上提出了对 ICANN 架构进行温和改进的方案，其要旨是有限度提升政府咨询委员会的作用；将 ICANN 制定网络治理政策的职能与直接管理配置根服务器的权限分离；将 ICANN 对根服务器的管辖局限在其直接控制的三台服务器上。巴西的方案试图对 ICANN 多利益相关方模式进行有限的改良，而不再谋求革命性的重建网络空间新秩序。相比较而言，欧盟推崇的改革方案也同样不希望彻底改变现有的互联网治理架构。在 2014 年柏林网络空间合作峰会上，美国传统的温和派智库东西方研究所提出的改革方案获得了德国等欧洲国家的认同，其核心内容是对多利益相关方模式进行重新界定，在制度设计上赋予主权国家政府相应的实质性管理权限，打破美国政府独享霸权的局面。与上述改良方案完全不同的是印度在 2014 年 ICANN 釜山会议上提出的颠覆性方案，它建议由 ITU 接管互联网治理的主要职能，将互联网治理重新导入主权国家政府间的多边制度框架，由主权国家来发挥主导作用。

上述四种方案体现了不同国家群体之间的利益诉求和博弈。美国固守着先占的优势试图将网络空间置于本国的单一司法管辖之下；巴西在很大程度上接受了美国治下的互联网治理框架和原则，以此在政治上换取美国对巴西立场的支持；欧盟的利益诉求是分享美国对网络空间的治理权，尽可能摆脱受制于美的局面；

---

① 参见沈逸《全球网络空间治理原则之争与中国的战略选择》，《外交评论》2015 年第 2 期，第 65—79 页。

印度则希望利用自身在ITU中的话语权对现有的治理框架进行革命性变革。从目前的形势来看，美国政府想要独揽互联网的主导权也并不容易，它既需要面对国际社会的广泛压力，同时也难以实现对掌控互联网关键资源的技术专家、公司、非营利机构的绝对控制权；在当前多利益相关方治理模式已经得到国际社会普遍认同的情况下，印度方案虽然代表了广大发展中国家的诉求，但从现实来看很难实现；巴西和欧盟的方案相对来说可能更容易被各方接受，因此有可能成为互联网治理改革更现实的预期目标，最终的结果如何还要取决于各主要大国之间的利益博弈。

（三）议题泛化和行动力缺失的制度困境

随着国际社会掀起新一轮的治理浪潮，2015年前后成为开启互联网治理机制的蓬勃发展年，例如，2013年12月，时任爱沙尼亚总统伊尔韦斯领导成立了“全球互联网合作与治理机制高层论坛”，2014年1月，瑞典前外长卡尔·比尔特领导成立了“全球互联网治理委员会”；2014年4月，由巴西政府和ICANN共同举办的“互联网治理未来——全球多利益相关方大会”在巴西召开；2014年11月，中国倡导并主办了“世界互联网大会”乌镇峰会。一时间，互联网后发国家纷纷开启了本国主导的互联网治理进程。然而，越来越多的互联网治理论坛和机构并不意味着成果的简单叠加，而国际组织总是倾向于从自身的立场出发，尽可能扩大其管辖范围和影响力。从目前的状况来看，这些机构之间缺乏必要的协调，存在着议题重复和泛化的现象，对话平台虽多，但却难以产生合力和行动力，从而成为当前阶段国际互联网治理向前推进的制度难题。

与此同时，国际互联网治理机构的议题出现了明显的泛化趋势。2005年世界峰会信息社会（WSIS）突尼斯进程设立的互联网治理论坛（IGF）已经成为国际互联网议程汇聚的最重要场所之一，从2013年开始IGF的议题就不再局限于互联网治理的技术和公共政策层面，而是将安全、人权、部门间合作等议题都纳入进来。2021年的IGF论坛议题囊括了经济和社会包容性和人权、互联网普及和有意义的连接、新兴领域监管、环境可持续性与气候变化、包容的互联网治理生态系统和数字合作，以及信任、安全和稳定。议题泛化的结果直接导致国际机构职能界限的模糊，并且很容易造成国际互联网治理机构职能范围上的重合现象。例如，世界贸易组织和国际电信联盟的管辖范围都涉及主权国家间的信息通信技术（ICT）产品和服务的贸易，其决策影响力也大致重叠，分别涵盖了发展援助、政策协调、标准和法律法规四个方面；国际电信联盟与ICANN的管辖范围也有重叠，都涉及ICT共同资源的使用和相关法律法规的制定。

导致上述现象的原因主要在于“网络空间”“全球治理”“安全”这三个概念本身就难以进行清晰的定义，从而使得互联网治理的领域和议题具有广泛的延展性。根据国际电信联盟对网络空间的界定，网络空间是指“由以下所有或部分要素创建或组成的物理或非物理的领域，这些要素包括计算机、计算机系统、网络及其软件支持、计算机数据、内容数据、流量数据以及用户”①。简言之，凡是与计算机用户、逻辑以及物理相关的问题都可以被纳入互联网治理的范畴中。而“全球治理”概念本身也是一个“大筐”，只要是一国政府难以通过自上而下的方式解决的跨国问题，都可以被纳入这一框架下进行解决。从不同的视角出发，互联网治理可以涵盖从信息通信技术发展、电子商务和政务、可持续发展到网络犯罪甚至是网络安全等各项议题。除此之外，安全的概念也同样有狭义和广义之分，它既可以指ICT技术层面的安全，也可以指政策层面的国家安全或者国际安全，信息

① “ITU Toolkit for Cybercrime Legislation”, p. 12, http://www.itu.int/cybersecurity.

安全、人权、贸易、犯罪、国家安全都可以被划入网络空间治理的范畴，根据治理领域不同，谓之为互联网治理、网络经济治理、网络安全治理等。

国际互联网治理机构的职能界定并没有设定严格的边界。治理领域和议题的限定取决于该机构成立之时的法定文件约束，体现出成员国的利益诉求，但很多时候，机构成立的法定文件并不会对机构的议题设置设立明确的边界。例如，“全球互联网治理联盟”在2015年6月通过组织章程，明确了机构的主要任务是推动ICANN国际化和全球网络空间治理，成为推动各利益方切实合作的平台，对议题的边界并无明确规定。此外，机构的职能也不是固定不变的，它可以根据成员国的要求，纳入新的议题来适应新的形势和挑战。最典型的例子就是国际电信联盟管辖范围的扩大，从最初的电报扩展至无线电通信，再到如今的信息通信技术。正是由于职能边界的发展特性，国际机构总是会倾向于扩大自身的管辖范围和治理领域。因此，有学者指出，互联网治理问题讨论的质量取决于议题如何界定以及应对举措是否能够精确地制定，而问题的实质和对结果的预期也会界定哪些国际机构最适合管理这个问题。①

如果上述问题得不到解决，会在很大程度上拖延全球网络空间治理的进程。首先，相同的议题在不同国际组织之间重复讨论，常常增加成员国以及国际组织人力、物力、财力等资源的负担和浪费，有时还会带来谈判疲劳，降低会谈的效率；其次，议题界限的不明确会影响国际组织的行动力以及决策影响力，不利于集中优势资源，逐项突破；再次，由于制度非中性的特征，国家总是会倾向于选择对自己最为有利的制度平台讨论问题。因此，议题的泛化和不同机构间管辖范围重复的现象，常常会削弱

---

① Eneken Tikk, *Cyber Security: Solutions of Tomorrow, Experience of Yesterday*, Tomas Reis, ed., Swedish National Defense College, 2012.

该国际机构的行动力和影响力。可以想象，当全球互联网治理联盟开始正式运作之后，因行动力缺失而广受诟病的互联网治理论坛的影响力会受到更大的挑战。

三　中国的应对

21 世纪第一个十年，由于国际互联网治理进程处于“提出规范”的早期阶段，大多数国家并没有形成成熟的网络安全战略以及明确的国际立场，国际互联网治理的格局仍然处于演变分化之中。2014 年以来，中国在多个国际场合阐述了基于主权平等的开放互联的网络空间治理原则和整体战略。2014 年 6 月，中国外交部副部长李保东在与联合国共同举办的信息和网络安全国际研讨会上，全面阐述了中国在网络安全问题上的立场与实践，提出了和平、主权、共治和普惠的四项基本原则；6 月 23 日，国家互联网信息办公室负责人在 ICANN 第 50 届会议开幕式上发表题为“共享的网络，共治的空间”的主旨演讲，强调了“平等开放、多方参与、安全可信以及合作共赢”四项基本的治理原则，呼吁国际社会共同推动互联网治理迈向全球共治时代。[①] 2015 年 12 月 16 日，在中国乌镇举行的第二届世界互联网大会上，国家主席习近平首次出席并发表主旨演讲，就构建网络空间命运共同体提出了四项原则和五点主张[②]，提出了中国版的国际互联网治理方案。

---

① 《共享的网络 共治的空间》，新华网，2014 年 6 月 23 日。http：//news. xinhuanet. com/world/2014-06/23/c_ 1111273912. htm。

② 四项原则：尊重网络主权、维护和平安全、促进开放合作、构建良好秩序；五点主张：第一，加快全球网络基础设施建设，促进互联互通；第二，打造网上文化交流共享平台，促进交流互鉴；第三，推动网络经济创新发展，促进共同繁荣；第四，保障网络安全，促进有序发展；第五，构建互联网治理体系，促进公平正义。参见《［新中国峥嵘岁月］推动构建网络空间命运共同体》，人民网，2019 年 12 月 9 日。

2017年，随着全球互联网治理体系变革进入关键时期，习近平主席在致第四届世界互联网大会的贺信中再次阐述了“构建网络空间命运共同体”的内涵：我们倡导“四项原则”“五点主张”，就是希望与国际社会一道，尊重网络主权，发扬伙伴精神，大家的事由大家商量着办，做到发展共同推进、安全共同维护、治理共同参与、成果共同分享。2019年，为进一步回应国际社会的关切，世界互联网大会组委会发布《携手构建网络空间命运共同体》概念文件，全面阐释“构建网络空间命运共同体”理念的时代背景、基本原则、实践路径和治理架构，倡议国际社会携手合作，共谋发展福祉，共迎安全挑战，把网络空间建设成造福全人类的发展共同体、安全共同体、责任共同体、利益共同体。

在网络空间的国家利益方面，中国应对国际互联网治理的大势具有清醒的认识和全面的把握，制定更加细化的互联网治理策略，争取在国际互联网治理格局中把握更大的话语权。

第一，淡化互联网治理模式之争，从具体议题出发确立相应的治理模式。从2003年信息社会世界峰会开始，发达国家与发展中国家就“多利益相关方”模式与主权国家主导的治理模式展开了交锋，直到今天，模式之争仍然横亘在国际互联网治理进程的前方。2014年前后，世界主要国家对“多利益相关方”的治理模式仍没有统一的解读，例如美国认为应将政府排除在外，巴西主张加强ICANN政府咨询委员会（GAC）的作用，印度主张采取国际电信联盟的模式，中国和俄罗斯则被认为站在了“多利益相关方”的对立面。但事态很快有了变化，2017年3月1日，中国外交部和国家互联网信息办公室共同发布《网络空间国际合作战略》，明确提出国际合作应遵守“共治原则”，坚持“多边参与”“多方参与”，以官方文件的方式表明了国家立场。然而，直到今天美国等西方国家仍然将治理模式之争当作与中俄对抗的旗帜。2022年4月28日，美国与60多个盟友伙伴联合发表了《关于互联网未来的宣言》，承诺宣言国家将继续坚守多利益相关方治理模式，而中俄并未签署国之列。

由于网络空间的虚拟特性，单靠政府自身不可能独立承担起国际互联网治理的重任。每一个行为主体在互联网治理领域都有其独特的优势和特长，例如政府的影响力在于发展援助和政策协调，在维护互联网运转方面还要有赖于企业、行业组织等私营部门；非政府组织的影响力也是政策层面，而不容忽视的外围人员（例如监管人员、律师、学术研究人员）则可以在法律法规的制定方面发挥作用。因此，互联网治理需要包括政府、企业、私营机构、公民社会等多方主体的相互协作已经成为国际社会的共识。鉴于互联网治理领域涵盖范围非常广，很难用一种固定的模式来适用所有的领域，因此，中国应该采取更加灵活、务实的态度，根据具体的问题和议题，制定不同的参与策略，确定不同主体为主导的治理模式。

第二，加强国际合作，全方位、多渠道拓展国际合作空间。近两年来，国际互联治理的一个显著特征是传统阵营划分界限的模糊，不仅欧美之间在数据自由流动、ICANN 国际化问题上立场不同，新兴国家阵营内部也难以形成共同的声音，而还有很多国家处于中间地带，并没有在两个阵营之间选边站队。在互联网治理领域，由于议题涉及的范围之广已远远超出了经济层面，从这个角度来看，依据经济发展水平划分阵营的做法已经不具有普遍的意义。

目前，按照治理领域的不同，国际互联网治理大致可以划分为技术层面、经济层面和安全层面，在不同的层面上，中国应采取具有不同针对性的国际合作策略。一是在技术层面，当前的主要矛盾是美国试图保持互联网的绝对控制权与其他国家要求参与权和话语权之间的斗争，中国应该积极开展同欧洲国家和其他地区大国的多渠道对话和沟通，例如中英、中欧二轨对话等。二是在经济层面，推动信息通信产业的良性健康发展和促进信息通信产业在就业、减贫、可持续发展方面的作用是当前的两大核心议程。中国作为一个新兴大国，应该积极维护自身的发展利益，并且尽可能在推动不发达国家的信息通信产业发展和消除贫困方面做出应有的贡献。三是在安全层面，中国除积极参与上海合作组织和联合国的相关议程之外，应着重加强双边对话和交流，中俄在2015年6月习近平主席访俄期间签署的“互不黑客攻击协定”就是一个积极的尝试。

第三，对国际互联网治理机构进行恰当评估，根据制度平台的不同制定相应的参与策略。目前，参与国际互联网治理的国际机构既有专门的治理机构，如ICANN、互联网治理论坛、全球互联网治理联盟，也有传统的国际组织依据自身授权而推行的举措，如国际电信联盟。这些机构中既有政府间组织也有私营机构，既有高峰会议也有多方参与的对话论坛，治理平台的选择对推进互联网空间规则的制定来说非常重要。

对于专门的国际互联网治理机构，多利益相关方的治理模式已经成为主流。在这些机构中，政府可以保持积极、适度的参与，例如支持ICANN政府咨询委员会发挥更大的监管作用，改革ICANN理事会的地区代表分配标准，增加亚太地区的代表性和话语权，推动联合国治理论坛向实际操作性方向的改革。同时，中国也应该积极鼓励政府之外的行为体更多地参与到这些机构的治理进程中，一方面推广和宣传中国的治网理念；另一方面也有助于推动中国私营企业走上国际舞台。此外，中国还特别应该采取切实举措，鼓励外围人员如律师、学术人员参与国际互联网治理，实现政府主体之外的多轨对话。

对于传统的主权国家间的国际机构，中国应依据机构的代表性和本国的影响力制定相应的对策。例如，在全球平台上，“信息社会世界峰会（WSIS）+10”无疑是一个代表性很强、整合了众多国际组织的制度平台；在地区层面上，亚太经合组织的代表性含金量颇高，它囊括了美国、东亚等全球和地区大国，领导人峰会的对话机制也有助于自上而下推动相关议题的落实，加强与东盟等亚太邻国经济合作是中国拓展国际合作的有力支点。在经济合作层面上，国家间的利益冲突相对较少，合作占据了主流，中国应该支持相关政府部门积极参与，发挥政府部门在政策制定和发展援助等方面的影响力优势。但是考虑到资源的局限性，应做到在国际、地区等不同层面上各有侧重。另外，联合国是涉及网络攻击、网络犯罪和网络恐怖主义的最具代表性的国际组织，尽管其进展十分缓慢，但还是应该对联合国的平台予以足够的重视。

第三章

互联网治理“多利益相关方”框架

在国际互联网治理过程中，有关“多利益相关方”模式的争论几乎贯穿了整个过程。自2003年联合国召开信息社会世界峰会开始，有关“多利益相关方”（multi-stakeholder）与“多边主义”的模式之争就成为国际社会的斗争焦点，这一分歧在2012年国际电信世界大会提出通过新的国际电信规则时达到顶峰，出现美欧发达国家与中俄等新兴和发展中国家激烈对峙的局面。2015年之后，“多利益相关方”逐渐得到了国际社会大多数国家的认同，并且日渐成为当前国际互联网治理的主流模式和理念，然而依然被美国等西方国家当作博弈的工具。那么，“多利益相关方”究竟是一种什么样的模式？应该如何对其解读和评价？

一　互联网治理与“多利益相关方”的缘起与历史沿革

互联网的诞生和普及是依靠众多技术专家的努力才得以实现的，互联网的治理也是从技术标准的制定起步的，因为如果没有统一的协议和标准，互联网也就失去了其全球开放性的根基。1985年，互联网工程任务组成立，这是一个由网络设计师、运营者、服务提供商等参与的非营利性的、开放的民间行业机构，负责互联网架构和运转等技术规范的研发和制定；随后，互联网架构委员会（IAB）、互联网研究专门任务组（IRTF）、互联网协会（ISOC）等I＊机构相继成立，成为支撑全球互联网有效运转的重要治理机构。这些机构有一个共同的特征，即都是松散的、自律的、自愿的、全球性、开放性、非营利性的民间机构，任何人都可以注册参加会议，通过讨论形成共识制定技术标准和相关政策。

“多利益相关方”的早期实践是从IETF开始的。20世纪80年代后期，互联网进入一个高速发展的时期，随之而来的工程技术问题也日趋复杂。为了更好地汇聚各方智慧，并对技术问题迅速做出反应，IETF采取了完全不同于同时期相关技术组织的治理模式。IETF向所有人开放，举行公开会议研讨技术问题；每年召开三四次会议，其规模不断扩大，从1987年的50人扩大到2012年的1200余人，为来自公司企业、研究机构、高校、标准组织的技术人员创造了交流的空间。作为一个庞大而成熟的标准化组织，IETF奉行——“我们反对总统、国王和投票；我们相信协商一致和运行的代码”——集中体现了将政府权威排除在外、没有集中规划也没有总体设计的自下而上、协商一致的治理模式，在很大程度上确立了早期互联网治理的自由主义精神和文化，为互联网的发展及其在全球的迅速普及奠定了基础。

20世纪90年代，随着互联网与政治、经济、社会的日益融合，私营企业、政府部门以及其他民间机构也成为利益相关方，积极要求参与到互联网治理中。ICANN的成立就是一个各方妥协的结果。作为一个私营的、非营利性国际机构，ICANN的职责是互联网域名系统管理、IP地址分配、协议参数配置以及根服务器系统管理，负责掌管互联网世界的关键资源——“地址簿”。与IETF的治理实践不同，ICANN模式的代表性更广，面向全球的互联网社群，从域名注册商等中小企业到普通的互联网用户，从技术人员、政府、学术界到民间机构，各相关方都能够参与其中，表达自身的利益诉求；特别是，政府代表也可以在咨询委员会内对董事会的决定提出质疑，但是没有否决的权力，是一种有限度的参与。2016年10月，美国对互联网数字分配机构（IANA）的监管权移交之后，ICANN从程序上得以彻底回归其自下而上、共识驱动的“多利益相关方”模式，而改革之后的权力分配则向赋权的社群加以倾斜，后者有监督和否决董事会决定、批准基本章程修改以及发起社群独立审核程序等多项重大权力。

进入21世纪，信息社会世界峰会正式将“多利益相关方”纳入国际社会的视野。2003年的日内瓦阶段会议之后，根据《日内瓦原则宣言》的要求，联合国秘书长授权成立了由40个成员组成的互联网治理工作组（WGIG），负责“形成关于互联网治理工作的定义”，“确定与互联网治理有关的公共政策问题”，“推动不同利益相关者群体对各自角色和责任形成共识”。[①] 2005年，在WGIG的报告中，“多利益相关方”一词首次出现在国际官方文件中，报告11次提到了这个术语，并且确认需要一个“全球的多利益相关方论坛来解决互联网有关的公共政策问题”。随后，在峰会的第二阶段突尼斯议程中，“多利益相关方”一词被继续沿用，并在会议的成果文件《突尼斯议程》中出现了18次之多，特别是拟成立的互联网治理论坛继续采用“多利益相关方”的治理模式。

此后，“多利益相关方”几乎等同于互联网治理的同义词，而ICANN在保障全球互联网运行方面的有效治理也令其成为“多利益相关方”的实践典范。但是，对于什么是“多利益相关方”，各方的解读并不一致。互联网协会（ISOC）认为，“多利益相关方”并不是一种单一的模式，也不是唯一的解决方案，而是一系列基本原则，例如包容和透明，共同承担责任，有效的决策

---

① *Geneva Plan of Action WSIS-03/GENEVA/DOC/*0005, para. 13b, http: //www. itu. int/wsis/documents/doc_ multi. asp? lang=en&id=1161/1160.

和执行，分布式和可互操作的治理合作。① ICANN 前总裁法迪于 2015 年 7 月在美国国会作证时指出，“多利益相关方”的特点是基于自愿的合作（voluntary cooperative efforts），参与群体多元化，并且过程对所有人开放。② 美国商务部国家电信和信息管理局（NTIA）负责人拉里·施特里克林（Larry Strickling）认为，“多利益相关方”的过程包括了各利益相关方的完全参与，在共识基础上的决策，以及通过开放、透明和问责的方式来运作。③

直到目前，“多利益相关方”的概念也尚未形成一个放之四海而皆准的标准答案。从最初由技术社群推而广之的一种治理实践，到如今由于美国政府的强力支持而被意识形态和西方化的治理模式，国际社会对于“多利益相关方”的解读也更多带上了具有政治色彩的利益研判。

二 从全球治理的视角理解互联网治理

在讨论互联网治理的模式之前，首先应该明确我们的研究对象——什么是互联网治理？为了更好地在全球化背景下理解互联网治理，我们将分层递进地解析两个概念：什么是治理？它和传统的管制有何不同？什么是全球治理？全球化背景下的互联网治理有何特征？

① Internet Society，“Internet Governance：Why the Multistakeholder Approach Works”，https：//www. internetsociety. org/doc/internet - governance - why - multistakeholder - approach - works.

② “Testimony of Fadi Chehade President and Chief Executive Officer”，http：//docs. house. gov/meetings/IF/IF16/20150708/103711/HHRG - 114 - IF16 - Wstate - ChehadeF - 20150708. pdf.

③ “NTIA Larry Strickling’s Remarks at the Internet Governance Forum USA”，http：//www. expvc. com/2015/07/ntia-larry-stricklings-remarks-at. html.

（一）“治理”的概念辨析

“治理”是一个很古老的政治学概念。在很长一段时期，“治理”一词常常与政府的概念和职能联系在一起，其基本释义主要包括：一是得到管理和统治；二是指理政的成绩；三是治理政务的道理；四是处理或整修（河道）。[①] 重要的转折出现在 20 世纪 90 年代，随着经济全球化进程的不断推进，治理概念的内涵和外延得到极大的发展，全球化时代的治理概念应运而生。虽然各方对治理的概念界定不同，但普遍的共识是：在全球化时代，政治权威正在向社会扩散，治理体系也正在从政府主导的体系转向多层次治理，乃至没有政府的治理。治理理论的创始人之一詹姆斯·N. 罗西瑙认为：“治理是通行于规制空隙之间的那些制度安排，或许更重要的是当两个或更多规制出现重叠、冲突时，或者在相互竞争的利益之间需要调解时，才发挥作用的原则、规范、规则和决策程序。”[②] 格里·斯托克指出：“治理的本质在于，它所偏重的统治机制并不依靠政府的权威和制裁……它所要创造的结构和秩序不能从外部强加；它的作用来自多种处于统治地位的并且互相发生影响的行为体的互动。”[③]

在治理的各种定义中，目前较为权威的是 1995 年全球治理委员会的表述：治理是或公或私的个人和机构经营管理相同事务的诸多方式的总和；它是使相互冲突或不同的利益得以调和并且采取联合行动的持续的过程；它包括有权迫使人们服从的正式机构和规章制度，以及种种非正式安排。而凡此种种均由人民和机构

① 《汉典》，http：//www. zdic. net/c/b/150/332730. htm。

② ［美］詹姆斯·N. 罗西瑙：《没有政府的治理》，张胜军、刘小林译，江西人民出版社 2001 年版，第 9 页。

③ ［英］格里·斯托克：《作为理论的治理：五个论点》，华夏风译，《国际社会科学（中文版）》1999 年第 1 期，第 19—30 页。

或者同意、或者认为符合他们的利益而授予其权力。[①] 根据这个定义，“治理”包含了四个特征：①治理不是一套规则条例，也不是一种活动，而是一个过程；②治理的建立不以支配为基础，而以调和为基础；③治理同时涉及公、私部门；④治理并不意味着一种正式制度，而确实有赖于持续的相互作用。

据此可以看出，治理完全不同于传统意义上的统治或管制。第一，治理是指多种行为体围绕共同的目标彼此协调的一种过程，治理的施政主体不局限于政府，而是包含了非政府组织、私营部门、个人等多种行为体。第二，统治和管制的权威主要来自政府，而治理虽然需要权威，但这个权威并不为政府所垄断，它需要政府与非政府组织、公共机构与私人机构之间的密切合作，而非政府行为体的作用和影响力有明显上升。第三，统治或管制的实现途径是一种自上而下的权力作用，通过发号施令、制定和实施政策，对公共事务实行单向的管理；治理则体现为一种扁平化或者网络化的互动关系，政府、非政府组织以及各种私人机构主要通过合作、协商来共同处理公共事务，所以其权力向度是多元化的。

在治理的过程中，政府的作用常常不可或缺，但其作用不再是自上而下地发号施令，而是体现在依靠其强大的动员能力，为共同行动提供服务和公共产品，营造有利于共同行动的大环境。例如，提供制度保障，对私营部门和其他社会力量能否进入以及怎样进入公共事务治理领域进行必要的资格审查和行为规范；制定政策激励，在行政、经济等方面采取相应的奖惩措施，引导和鼓励其他行为体采取共同行动；实现外部约束，做好公共事务治理的“裁判员”，依据相应的法律和规章制度，对其他治理主体的行为进行监督、仲裁甚至惩罚。

---

① ［瑞典］英瓦尔·卡尔松、［圭］什里达特·兰法尔主编：《天涯成比邻——全球治理委员会的报告》，赵仲强、李正凌译，中国对外翻译出版公司 1995 年版，第 2—9 页。

（二）全球化时代的互联网治理

作为相伴全球化时代发展起来的互联网，与其他新技术一样，互联网的发展不仅创造了新的生产力，为政治、经济和社会的发展注入了新的动力，也带来了新的问题和挑战，诸如恶意代码和垃圾邮件盛行，网络犯罪和违法行为等。但同时，互联网又具有开放性、全球性、交互性、匿名性和瞬时性等其他新技术无法比拟的特质，如何确保全球互联网的有效运转、保障不同利益主体的权利和明确其义务、推动互联网向前发展，这是在全球治理框架下探讨互联网治理的意义所在。

在互联网发展的早期实践中，互联网治理仅涉及技术层面的网络基础设施，例如域名系统、IP 地址和根服务器等，制定规则的主体主要是互联网业界的技术专家和非政府机构。此后，随着互联网日益融入国家政治经济社会生活的方方面面，关于互联网治理的争论就一直聚焦于政府在互联网治理中的角色问题。2005年，信息社会世界峰会在最终公报中正式提出了“互联网治理”的概念，这一概念随后被联合国互联网治理工作组采用并沿袭至今。根据其定义，互联网治理是指“政府、私营部门和民间团体根据各自的职能，制定并应用影响互联网发展与使用的共同原则、规范、条例、决策流程和纲领”,① 明确了政府与私营企业及公民社会共同的治理主体地位。

但是，对于“互联网治理”这个概念本身的外延和内涵，学界并没有达成一致的意见。柯巴里加（Jovan Kurbalija）认为，互联网治理至少应涉及基础设施、法律、经济、发展和社会文化五大领域，其治理内容的复杂性意味着，线性的单因果关系或“二

① UN,“Report of the Working Group on Internet Governance”, 2005, http://www.wgig.org/docs/WGIGREPORT.pdf.

选一”的思维方式不适合解决互联网治理问题。[①] 劳拉·德拉迪斯（Laura DeNardis）则认为，互联网治理的范围不能无限扩大，互联网治理不同于互联网应用研究，关注更加实用的实践架构，还应包括产业政策、国际条约等实践性研究和体系结构研究。[②]更重要的是，对于以何种方式来推进互联网治理，始终存在着“技术圈”与“政策圈”[③]、“网络化治理”与“国家主导”两种治理模式的对立。弥尔顿·穆勒（Milton L. Mueller）指出，将国家主权与国家不该拥有的全球权力结合起来是极其危险的，而网络化的全球主义治理模式则更具优势。[④]

与其他全球治理问题相比，互联网治理的特殊性主要表现在其复杂性与多元性。从“治理问题”、“治理主体”和“治理机制”三个维度观察，这种复杂的多元特性都可以得到展示。互联网治理的议题涵盖了基础设施、法律、经济、发展和社会文化多个领域，从技术层面的标准制定以及域名和地址分配，到个人信息和隐私的保护、数据的流动、知识产权保护，再到网络犯罪、网络恐怖主义、网络攻击和网络战，涉及国家政治经济生活的方方面面。因而，互联网治理的主体和利益相关方也是多元化的，从国家政府、私营机构、民间团体到互联网用户，几乎所有的问题都需要这些主体不同程度上的共同参与。同样，互联网治理的国际机制也包括国家、区域以及全球等多个层面，既有新成立的互联网治理机制，如ICANN、IGF、WSIS，也有传统的国际机制，例如世贸组织、北约、世界知识产权组织、上合组织等均在各自

---

① ［塞尔维亚］Jovan Kurbalija、［英］Eduardo Gelbstein：《互联网治理：问题　角色　分歧》，中国互联网协会译，人民邮电出版社2005年版，第9页。

② ［美］劳拉·德拉迪斯：《互联网治理全球博弈》，覃庆玲、陈慧慧等译，中国人民大学出版社2017年版，第22—23页。

③ 李艳：《域名——互联网上没有硝烟的战场》，《光明日报》2017年1月4日。

④ ［美］弥尔顿·穆勒：《网络与国家：互联网治理的全球政治学》，周程等译，上海交通大学出版社2015年版，第4页。

的框架内增设了与互联网相关的议题，更有一些松散的论坛机制。

其实，互联网治理应该采用什么样的治理模式，不可能有唯一的解决方案，而应遵循全球治理的理念和逻辑。所谓“全球治理”，是指在没有世界政府的情况下，国家和非国家行为体通过谈判协商，为解决各种全球性问题而建立的自我实施性质的国际规则或机制的总和。[①] 全球治理强调平等对话，调和冲突利益；全球治理不排斥权力关系，主张通过协调和运用权力赋予制度执行力；就实现形式来看，迄今为止全球治理并没有形成一种确定的组织形态或制度模式，而是在不同层面上，所有相关行为体（包括全球、国家和区域）共同协商形成的一种合作关系，它可能是正式或非正式的制度，也会根据情况采用自上而下或自下而上的制度。与第二次世界大战后的国际环境不同，当前全球治理的对象更加复杂化，主要表现为安全概念多元化、权力概念多元化、利益多元化和治理多层级化，[②] 因而全球化时代的治理进程从协商到落实都需要各方相关行为体的共同协作，否则有效的治理根本无法实现。

在全球化的背景下，互联网治理应该坚持平等、民主、合作、责任和规则这五项全球治理的关键词。平等是互联网治理的基础，政府、私营企业、民间社会、个人都是平等的参与者，享有同等的参与权力；民主是互联网治理的价值理念，规则制定的过程应体现公平和正义的原则；合作是互联网治理实现的主要途径，只有依靠不同国家和不同行为体之间的共同努力才能应对；责任是互联网治理的核心内容，每个行为体都需要承担各自不同

① 张宇燕：《构建以合作共赢为核心的新型国际关系——全球治理的中国视角》，《世界经济与政治》2016 年第 9 期，第 4—9 页。

② 张宇燕、任琳：《全球治理：一个理论分析框架》，《国际政治科学》2015 年第 3 期，第 1—26 页。

的责任；规则是互联网治理的实现手段，制定、完善和创新国际规则或机制是互联网治理目标得以实现的主要途径。“多利益相关方”正是契合了这一点，才成为当今互联网治理的主导方法和框架。

三 “多利益相关方”的解读和评价

“利益相关方”（stakeholders）这一概念并不是互联网治理的创举，它最早出现在公司治理领域。1984 年，美国公司伦理企业研究所所长爱德华·弗里曼出版了《战略管理：利益相关者管理的分析方法》一书，明确提出了“利益相关方”的概念和理论。在这本书中，“利益相关方”被定义为“能够影响一个组织目标的实现，或者受到一个组织实现其目标过程影响的所有个体和群体”。[①] 在公司治理中，利益相关方可以是任何一个影响公司目标完成或受其影响的团体或个人，包括雇员、顾客、供应商、股东、银行、政府，以及能够帮助或损害公司的其他团体；企业管理者不应仅仅关注企业自身利润最大化的单一目标，而应该更多关注企业自身的存在和发展与其他利益相关方利益的共赢。与传统的股东至上主义相比较，该理论认为任何一个公司的发展都离不开各利益相关方的投入或参与，企业追求的是利益相关方的整体利益，而不仅仅是某些主体的利益。

那么，如何解读互联网治理中所谓的“多利益相关方模式”？这里模式的含义是“pattern”，是一种认识论意义上的思维方式，指从生产经验和生活经验中经过抽象和升华提炼出来的核心知识体系，换言之，模式其实就是解决某一类问题的方法论。因此，在普遍意义上，“多利益相关方”是一种路径或方法（approach），

---

① 相关内容参见［美］弗里曼：《战略管理：利益相关者方法》，王彦华、梁豪译，上海译文出版社 2006 年版，第 1 章“动荡时代的管理”。

而在实践中，它可以有多种表现形式（model）。例如，在技术层面的互联网治理中，“多利益相关方”表现为商业机构主导的自下至上的治理模式，以 IETF 为代表；在关键资源领域，ICANN 的“多利益相关方”模式表现为一种自下而上、基于共识基础上的政府有限参与的治理；在公共政策领域，例如 IGF 平台上，“多利益相关方”模式是政府、私营机构、公民社会共同参与的治理；在安全治理中，例如联合国，“多利益相关方”则突出表现为政府占绝对的主导地位。值得一提的是，虽然 ICANN 版本的“多利益相关方”模式得到了国际社会的普遍认同，但是，它只是“多利益相关方”的一种具体实践形式，并不能据此认为，“多利益相关方”等同于 ICANN 模式。

作为一种治理路径，“多利益相关方”的核心要素是不同行为体在平等的基础上共同参与互联网治理，完全契合了互联网治理的多元化和复杂性。但在实践中，“多利益相关方”以何种形式表现出来，或者说，由哪个行为体来主导进程以及通过哪个机制来进行治理，还需要根据治理议题的性质做具体分析。一般来说，它取决于行为体的特性和行为体希望付出的交易成本。

首先，行为体特性决定了由哪个行为体来主导治理进程。不同行为体既有各自专长的领域，也各有鞭长莫及之处。政府的力量在于凭借其政治权威，能够集中整合不同资源并提供必需的公共物品，通过政策、法规、宣传等手段，为治理创建必要的环境和条件，但是在具体政策执行落实、技术创新等方面却必须依靠私营部门、研究机构以及个人的配合；私营企业是互联网发展和技术创新的主要推动力量，在制定技术标准方面有着其他行为体难以企及的优势，但它的优势领域相对有限，如果涉及整体规划和统筹，则离不开政府的支持；互联网技术赋予了非政府行为体“以弱制胜”的不对称优势，其发动的黑客攻击甚至会危及互联网的运行和安全。随着互联网治理内容逐渐由技术向经济、发展和政治领域拓展，随着政治性的水平由低至高，政府的主导作用将愈加显著，而其他行为体的参与也不可或缺。

其次，治理机制或平台的选择取决于行为体，特别是政府行为体希望付出的交易成本。从现有的治理机制来看，非政府间平台主要集中在互联网产业的资源管理与分配、标准制定和运行安全，而政府间平台既有联合国框架下的治理机制，也有区域治理机制，既涉及互联网特有规则的制定，也涵盖了传统商业和经济规则在互联网领域的延伸。一般来说，在没有替代机制的情况下，接受现有的治理机制远比创建新的治理机制更加节约成本；对于相同的治理目标，在具有可替代机制的情况下，机制的属性则是决定行为体交易成本的关键。

简言之，我们可以从两个层面来解读互联网治理的“多利益相关方”。从普遍意义上，作为一种治理路径或者方法，“多利益相关方”具有足够的灵活性和包容性，能够将互联网治理中政府、私营机构、民间组织等治理主体纳入一个框架中，体现出包容性（inclusiveness）、均衡责任（balanced responsibility）、动态参与（dynamic involvement）和有效实施（effective implementation）等互联网治理的核心原则。在实践中，“多利益相关方”不是唯一的解决方案，而是根据议题的不同以及行为体的特性，表现出不同的形式，特别是在涉及国家安全的时候，它就会表现为以政府为主导的治理模式。

据此，“多利益相关方”与政府为主导的“多边主义”模式相比，两者并不矛盾。第一，从概念来看，虽然我们常常将其统称为模式，但前者是指一种普遍意义上的治理路径和方法，后者则是一种具体的治理表现形式；前者强调了各利益相关方应在平等的基础上共同参与治理的一般原则，后者则强调了在某个政策领域，政府应发挥等级制体系管理的优势，在民主的基础上实现资源和决策的集中，以提升政策制定和实施的效率。角度不同，适用范围不同，将两者进行简单的对立比较是没有意义的。

第二，从实践层面来看，“多利益相关方”是指私营部门、政府、国际组织、学术机构等利益相关方之间的平等协作，不存在中央权威，而是一种自下而上的、包容性的、网络化的组织和决策模式；“多边主义”模式则更突出了政府行为体在各利益相关方中的主导地位，这种模式虽然不排斥其他利益相关方的参与，但是其前提仍然是在政府主导之下的多利益相关方的共同参与，因此在决策中更多表现的是政府自上而下的权威等级式管理，政府作为各利益方的代表发布相关政令、制定相关政策。

由此，“多利益相关方”与“多边主义”两种模式在实践中互有长短，各有利弊。前者更加灵活、开放、包容，具有广泛的代表性，更适于需要高度创新性和竞争力的技术和产业发展层面，但由于其网络化的分布式格局，在需要资源集中的高执行力领域会失去效率；而后者的优势恰恰体现在其能够有效集中各种资源并快速付诸实施，但在开放性、灵活性和包容性上则相对不足。因此，问题的核心不在于这两种实践孰优孰劣，而在于在特定的议题上，哪一种治理模式更为有效。

考虑到互联网治理内容的多元化和复杂性特性，上述两种治理实践可以互相补充，取长补短。例如在技术层面的互联网治理中，“多利益相关方”模式更为有效；而随着治理内容逐渐由低级政治向高级政治靠拢，政府的作用会逐渐加大，最后在国家安全领域的治理中完全实现多边主义的主导。正如 2015 年 12 月联合国“信息社会世界峰会成果落实十年审查进程高级别会议”的成果文件第 3 条和第 50 条所指出的：“我们再度重申坚持 WSIS 自启动以来所坚持的多利益相关方合作与参与的原则和价值观……我们认同政府在与国家安全有关的网络安全事务中的主导作用，同时我们进一步确认所有利益相关方在各自不同的角色以及责任中所发挥的重要作用和贡献”。[1]

四 几点建议

目前，“多利益相关方”已经成为互联网治理的核心理念，更是全球治理的大势所趋。这一认知已经得到国际社会的普遍认可。但是，也应该看到，“多利益相关方”正在被美国等一些国家利用，它们通过削弱政府作用、边缘化联合国作用、充分发挥其人才软实力的手段，以谋求更大的主导权和利益。因此，我们应客观和理性地评价互联网治理的“多利益相关方”模式，既看到它在普遍意义上积极的一面，也要清醒地认识到它在实践中表现形式的多样化甚至是看似对立的模式。

首先，应从坚持和发展的辩证视角来看待“多利益相关方”。一方面，作为一种路径的“多利益相关方”，它是中性的，具有普遍的适用性。但另一方面，在实践中，它同样具有“非中性”的特征，对具有不同优势和实力的国家而言，它所能带来的效果和影响是不同的。特别是对于中国这样在互联网发展中处于后来者的新兴国家，积极参与国际互联网治理进程，意味着我们一方面要接受现有的治理体系；另一方面又要谋求改善和应对现有体系中于己不利的部分。这就需要我们在坚持“多利益相关方”路径的同时，明确我们面临的挑战和机遇，在国家利益的基础上，做出灵活的应对。

其次，针对“多利益相关方”不同的治理实践，应根据各治理机制的特点，确定合理的目标和投入。对于 ICANN，其作为一个非政府的治理机构，中国只有顺应现有的治理模式，培育和鼓

---

① The UN General Assembly, “Outcome Document of the High-Level Meeting of the General Assembly on the Overall Review of the Implementation of WSIS Outcomes”, A/70/L. 33, December 13, 2015.

励我们的非政府行为体扎实地参与到具体的工作中，才能逐渐掌握更多的话语权，谋求更大的影响力。对于联合国框架下的治理机制，例如UNGGE，政府在加大资源投入的同时，也应考虑到联合国机制本身的特征，不必对短期内达成具有约束力的目标抱有过多期待，而应着眼于立场的碰撞和交流以及长期的引领和示范作用。对于如亚太经合组织、二十国集团、金砖组织等治理机制，同样是探讨数字经济的发展，但是，考虑到机制的代表性、程序正义性、机制化程度等因素的差别，治理的绩效也会有所不同，那么依据交易成本的大小，可以制定不同的参与和应对策略。

最后，应该看到，作为一种治理路径，“多利益相关方”不仅仅适用于互联网的国际治理，更是对国内治理提出了更高的要求。在全球化时代，内政与外交的界限日益模糊，对外政策既是内政的延伸，也会反过来推动国内治理理念和实践的改革；同时，国内政策的制定也会产生明显的外溢和扩散效应，不仅会在所在领域带来强烈的国际反响，而且会波及其他领域的国际影响力和国际形象。因而，在国内相关政策的制定中，一方面不应排斥权力的运用，通过协调和运用权力赋予制度执行力；另一方面，在政策制定的酝酿、起草、修改和决策各个环节，应听取和吸收多方的意见，进行多方探讨和论证。只有这样，才能顺应全球化时代的特征，提升中国在国际互联网治理中的话语权，引领全球网络空间规则的制定。

第四章

网络空间国际治理机制的比较与应对

对网络空间国际治理机制进行比较研究，是推进全球网络空间治理体系变革的重要支点。在传统的国际关系中，政府是国际规范制定的参与主体，国际规则的制定通常是在以主权国家为成员的国际组织中完成的，例如联合国和国际货币基金组织。随着气候变化等全球性问题日渐突出，全球治理的实现不仅需要政府间的协同与配合，越来越多的非政府行为体（例如私营机构、NGO 等）开始参加到全球治理的进程中，并且发挥着重要的作用，而这种趋势在全球网络空间治理中表现得尤为突出。治理方式和治理机制是网络空间治理的两大构成要素，前者是核心，后者是载体；网络空间治理的博弈不仅体现在治理方式上，也表现为治理机制的选择。

一　网络空间的缘起与概念界定

虽然我们常常将互联网与网络空间相提并论，有时甚至是等同起来，但二者的含义却有着明显的不同。一般来说，互联网分为三个层面：一是基础设施层，包括海底光缆、服务器、个人电脑、移动设备等互联网硬件设施；二是由域名、IP 地址等唯一识别符所构成的逻辑层；三是各种网站、服务、应用、数据以及互联网用户构成的用户层。相比较而言，网络空间则是一个具有社会属性的概念，它是指人类基于互联网的各种政治、经济和社会活动所形成的全方位、多维度空间。当信息技术逐渐深入国家政治、经济和社会生活的方方面面，网络空间开始与现实空间深度融合。因此，从这个意义上说，网络空间与海、陆、空、太空等全球域不同，并非独立于现实空间而存在。

对于究竟什么是“网络空间”，目前并没有统一的界定；视角不同，定义的内容也各有侧重。例如，按照国际电信联盟（ITU）的定义，网络空间是指“由以下所有或部分要素创建或组成的物理或非物理的领域，这些要素包括计算机、计算机系统、网络及其软件支持、计算机数据、内容数据、流量数据以及用户”。[①] 美国学者托马斯·里德在其著作《机器的崛起》一书中探讨了“网络”（cyber）的起源，认为它就像一条“变色龙”可以适用不同的环境，探求网络空间的真相应该从“研究电子机械和人脑工作的控制论”入手。[②] 在政策层面，不同国家政府对网络空间的界定则凸显了它们在应对网络空间威胁并制定对策方面的不同关注，例如美国同时强调了硬件和软件数据两个层面的安全威胁，英国侧重逻辑层面的应用软件和数据交换、管理，德国则把系统也排除在外，仅将焦点对准网络空间的数据处理。[③]

无论对网络空间的界定如何，必须看到，网络空间的内涵和外延仍在不断变化之中。一方面，随着信息技术的快速发展，新的技术不断涌现并不断深入国家的政治、经济和社会生活之中，扩大了网络空间的边界外延；另一方面，各种信息技术在实践中

---

① ITU, “ITU Toolkit for Cybercrime Legislation”, p. 12, http://www.itu.int/cybersecurity.

② Thomas Rid, *Rise of the Machines: A Cybernetic History*, NY & London: W. W. Norton & Company, 2016.

③ 郎平：《网络空间安全：一项新的全球议程》，《国际安全研究》2013年第1期，第129页。

的应用不断拓展和深化，不仅提高了生产效率，更是改变了社会的组织和运转方式，为社会生态增添了新的元素。从这个意义上说，或许很难在国际层面对网络空间给出一个普遍接受的统一界定，而随着网络空间与现实空间的深度融合，网络空间的国际治理将最终走向议题导向，应具体问题具体分析，避免将其简单化和一概而论。

二 网络空间国际治理机制的演进

与其他领域的全球治理不同，网络空间国际治理发端于技术层面，而后逐渐向社会、经济和安全等层面扩展，这与互联网在全球的普及和应用进程是完全一致的。以治理主体的多元化为特征和发展脉络，网络空间国际治理机制的发展大致经历了以下三个阶段。

第一个阶段是技术层面的互联网治理机制逐渐建立。20 世纪 80 年代中期至 90 年代中期，互联网刚刚开始在全球普及，以互联网技术和产业社群为治理主体，I * 等一系列相应的互联网治理机制建立，这些机制建立的主要目的是研发和制定互联网运转的标准，从而确保全球互联网在技术层面的有效、安全运行。这一时期的治理机制有一个共同的特征，那就是由私营机构主导，组织形式上是松散的、自律的、自愿的，具有全球性、开放性和非营利性的非政府机构。任何相关机构或者个人都可以注册参与相关的治理活动，通过社群讨论达成共识并形成相关政策。这一时期的互联网治理机制多采用自下而上、协商一致的治理模式，与传统上由政府进行集中规划和总体设计的治理模式形成了鲜明反差。这一时期是全球网络空间治理进程的开始，它所确立的互联网治理的自由主义精神和文化，给此后的网络空间治理进程带来了深远的影响。

第二个阶段是20世纪90年代后期到21世纪初，互联网的应用逐渐广泛，美国作为互联网发展的领头羊首先意识到掌控互联网基础资源的重要性。于是，围绕互联网域名和地址分配控制权，美国政府与技术社群之间的争夺日渐激烈，双方博弈的结果是互联网域名与地址分配机构（ICANN）的建立，由此拉开了关于政府在互联网治理中应发挥什么作用的大论战。这个时期，国际互联网治理的权力虽然从表面上看归属于一系列国际非政府机构，但其核心关键资源仍然处于美国商务部的管辖之下。一些传统的政府间组织也开始讨论与互联网相关的议题，例如世界知识产权组织从1996年开始制定一些涉及互联网的著作权、网络域名和商标问题的条例，国际电信联盟也尝试参与到网络域名的治理中，但只是个别的尝试，并没有产生较大的影响。

第三个阶段是21世纪初至今，随着网络空间与现实空间的加速融合，多层次、全方位的全球性网络空间治理体系得以初步确立。互联网在全球层面迅速普及，并深入影响到国家政治、经济和社会生活的方方面面，互联网治理的内容也逐渐从技术层面扩展至经济社会层面的公共政策和安全领域的治理。信息社会世界峰会（WSIS）、互联网治理论坛（IGF）等全球性的互联网治理机构相继成立，与此同时，越来越多的传统国际组织和机构开始将网络空间相关的议题纳入议程，例如G20、金砖国家等重要的多边治理机制都设置了网络相关的议程共同谱写出网络空间国际治理的制度蓝图。

目前，网络空间国际治理呈现出两个重要的发展趋势：一是治理内容开始从技术层面向经济、政治和安全等各个层面扩展；二是治理机制由技术专家主导的非政府机构向传统的政府间国际组织和平台渗透，形成了新旧两种治理机制相互交叉融合的态势。具体而言，网络空间治理与其他领域的全球治理有很大不同，主要体现在：第一，网络空间治理涉及多利益相关方，涵盖的领域更广、层次更多，涉及的治理机制更为复杂；第二，非政府行为体在网络空间的权力有了较大的提升，这不仅表现在其对网络工具的使用更加便捷、门槛更低，而且表现在私营部门在国际规则制定上获得了更大的发言权；第三，网络空间对国家安全的威胁同样是全方位和多层次的，网络空间安全的维护也需要不同行为体、不同领域、不同部门和不同国家之间的相互协作。

因此，就机制的演进来看，网络空间的国际治理已经形成了一个全方位、多层次、多形式的“机制复合体”①。随着互联网在各领域的无限渗透，网络空间治理的内涵和外延仍然在不断扩大；国际治理机制不仅包含了技术社群为治理主体的非政府机制，也包含了ICANN这样异质多元治理主体的机制，并且囊括了政府间主体和非政府间主体共同参与（如IGF）以及政府间主体（如联合国、北约）的国际机制。从治理模式看，网络化的多利益相关方模式与集权制的政府间多边模式之争虽然贯穿始终，但却在不同层次上共存共生。面对如此纷繁复杂的治理机制，对其进行分类和划分，并制定相应的对策和目标，极具现实意义。

三　网络空间国际治理机制的分类

从治理主体之间的互动关系来看，当前的网络空间的国际治理机制大致可以分为三类：一类是次私营部门为主导的治理机制，以IETF、ICANN等I*为代表，这些机制是伴随着互联网的发展而建立的，采用了多利益相关方的治理模式；第二类是互联网发展之后新成立的机制，以IGF、WSIS为代表，所有的利益相

① 约瑟夫·奈是最早开始将目光聚焦于信息技术和网络空间对国际关系影响的学者，结合对全球网络治理活动的观察，提出了一个由深度、宽度、组合体和履约度四个维度构成的规范性分析框架——机制复合体理论。Joseph Nye, “The Regime Complex for Managing Global Cyber Activities”, Belfer Center for Science and International Affairs, November 2014.

关方都在完全平等的基础上参与到治理进程中，政府相对于其他行为体并没有特权可以享受，是一种主导权缺位的形态；第三类是传统的政府间国际机制，例如联合国、世贸组织、上合组织、G20等，这些机制在各自的治理领域引入了网络相关的议题，是主权国家间的多边合作模式。

（一）私营部门主导的治理机制

这一类互联网治理机制的最大亮点是其“多利益相关方”模式。近几年来，有关多利益相关方与多边主义的争论成为国际社会斗争的焦点。“多利益相关方”这个词并非源于互联网治理，而是来自公司治理，“利益相关方”被定义为“能够影响一个组织目标的实现，或者受到一个组织实现其目标过程影响的所有个体和群体”①。在互联网治理领域，“多利益相关方”更多体现了西方文化中民主、开放、包容、自由的价值观，它主张各方平等参与到治理进程中，是一种扁平化的治理方式，与多边主义模式中政府作为治理主体形成了鲜明的对比。

作为一种治理路径或者方法，“多利益相关方”在实践中具有相当的灵活性。从治理主体的关系来看，目前多利益相关方存在两种不同的实践模式：

一种类型的治理实践以IETF为代表，I*等诸多技术性领域的治理机制均属于此类。这些治理机制的主体均是互联网领域的相关技术专家，奉行的是将政府权威排除在外、没有集中规划也没有总体设计的自下而上、协商一致、以共识为决策基础的治理模式；其治理的目标是解决互联网运行过程中出现的各种技术问题，包括关键资源的管理、传输标准的制定等。

另一种类型的治理实践以ICANN为代表。同样是奉行多利益

① ［美］弗里曼：《战略管理：利益相关者方法》，王彦华、梁豪译，上海译文出版社2006年版。

相关方的治理路径，它的治理主体由“同质”的技术专家向“异质”的多领域私营主体扩展，其代表性更广，面向全球的互联网社群，从域名注册商等中小企业到普通的互联网用户，从技术人员、政府、学术界到民间机构，各相关方都能够参与其中，表达自身的利益诉求。与前一种类型的治理机制相比，政府主体参与进来，他们可以在咨询委员会内对董事会的决定提出质疑，但是没有否决的权力，因而是一种有限度的参与。

（二）主导权缺位的治理机制

这一种类型治理实践的代表是 IGF 和 WSIS，其治理领域主要集中于社会公共政策层面，前者是探讨互联网治理公共政策问题的重要全球性平台，后者则是讨论互联网与发展问题的重要全球机制。在联合国的背景下，同样是多利益相关方的治理模式，它们模糊了政府在传统国际关系中的主导权，认为包含政府主体、私营机构、民间组织等不同的行为体在治理实践中享有平等的地位。但是，随着治理主体的多元化和异质化，决策的难度也在加大，到目前为止，它们在网络空间治理的实践中仅停留在对话和倡议的层面，尚未产生集体行动。

此外，还存在一种治理实践是以“伦敦进程”、“乌镇峰会”、印度互联网治理与网络安全论坛（CyFy，The India Conference on Cyber Security and Internet Governance）为代表的治理论坛或对话机制。这些治理机制既有发达国家主导的，也有发展中国家倡议的；它们涉及的议题范围较广，从互联网治理到网络安全议题均包含在其中，但其影响力相对较弱，主要目标是在国际范围内推广和交流治理的理念和实践，扩大主导国家在全球网络规则制定中的影响力和发言权。但就目前来看，这些国际机制仍然停留在对话层面，不具有执行力，因而也很难产生集体行动。

（三）国家主导的传统治理机制

近年来，随着网络空间与现实空间的深度融合，越来越多的政府间国际机制在原有的治理框架中纳入了有关网络空间规则的内容，例如联合国国际电信联盟（ITU）、世界贸易组织、G20、北约、金砖、上海合作组织等。从治理领域来划分，它分别涉及三个层面的规范制定。

在技术层面，ITU 主要负责互联网基础设施的治理，包括频谱资源、卫星轨道、运营商通信协议（例如光纤通信标准）等。在治理模式上，ITU 采取了传统的全球治理模式，通过达成政府间协议来协调各国行为，因此，虽然私营公司、非政府组织和学术机构都包含在程序中，但他们只能参与讨论，只有政府代表才有最终的决策和投票权。

在经济层面，数字经济已经被纳入许多国家的发展战略，与互联网有关的国际经贸规则谈判或对话在双边、区域和全球等多层面的国际机制中展开。从治理模式来看，这些国际机制均属于政府间组织，政府作为国家利益的代表参与谈判，通过政府间的“秘密”谈判来达成经贸协定，从而为网络空间治理的数字经济议题制定规则。对数字经济中其他利益相关方来说，获取信息和参与谈判的程度非常有限，而这在很大程度上招致了互联网业界的批评和反对。

在安全层面，联合国、北约、欧盟、上海合作组织等均在各自的机制内就网络安全问题展开了合作与对话。与经济领域不同，与网络空间有关的军事安全议题直接关系到国家的军事安全，因而在联合国这样的全球性机构中直接表现为发达国家与发展中国家之间的利益碰撞，在北约、上合组织这样的区域组织中则表现为协调立场，实现共同防御和寻求集体安全，而在双边层面上，对话机制的建立主要集中在彼此关切的领域，有较强的针对性和局限性。从规则制定的角度来看，目前最为重要的国际机制是联合国大会第一委员会的工作，而最值得关注的机制则是北约。

四 网络空间国际治理机制的比较分析

基于上述分类，我们可以看到网络空间治理的国际机制由技术层面开始，随后向公共政策、经济和安全领域扩展，在不同层面上呈现出各异的机制特征和治理模式，而不同领域的治理模式之间也存在明显的继承和发展关系。对网络空间治理国际机制的应对举措通常取决于四个要素：治理领域、治理模式、治理主体、治理实践的有效性（见表4-1）。其中，治理领域是国际治理机制采用何种治理模式的先决因素，议题的性质决定了治理的模式和治理的主体，从而最终影响到治理的有效性。因此，从上述四个维度的不同视角进行观察，可以更立体、全面地看到网络空间治理国际机制的变化和发展趋势。

表4-1　网络空间国际治理机制比较分析

机制类型	机制评价			
	治理领域	治理模式	治理主体	治理实践的有效性
技术社群主导（IETF）	互联网技术标准	多利益相关方	技术社群	高
私营社群主导（ICANN）	域名和地址分配	多利益相关方	互联网社群	高
主导权缺位（IGF）	社会公共政策	多利益相关方	多元化主体	低
政府主导（UN）	经济、安全领域	政府间多边主义	国家行为体	高

（一）治理领域的维度

从表面上看，网络空间治理的国际机制呈现出一种松散无序的状态，但是如果从治理领域的维度观察，由治理议题的性质所决定，相同层次上的治理机制在治理模式和制度安排上存在共性。

在技术层面，以 IETF、ICANN、I * 为代表的国际机制均属于技术社群主导的非政府机构，采用的是由下至上、共识为基础的多利益相关方模式，治理的目标是制定行业标准或维护互联网基础设施，从而确保互联网的安全、有效运行，结果是产生具有约束力的集体行动。这种机制的特点是：一方面，由于确定了私营部门的主导地位，在技术层面更利于快速做出决策，避免了政府间博弈带来的冲突和低效率；但另一方面，由于排除了政府的主导权，这也从客观上限定了 ICANN 的使命只能局限在标识符系统的管理，对其他公共政策领域的影响力将会非常有限。

在公共政策层面，以 IGF、WSIS 为代表的国际机制大多归属于论坛或者会议等机制化水平较低的形式，虽然采用了包括政府在内的多利益相关方治理模式，但是至今未能产生有约束力的集体行动。究其原因，这也是公共政策本身的性质所决定的。互联网领域的公共政策涉及技术、内容、网站管理、政治、人权、宗教等多个领域，其内涵和外延都具有无限延伸的属性，而由于国情不同，每个国家对于公共政策的制定必然有不同的立场和出发点，除了一般性的原则之外，很难在国际范围内达成一致的公共政策。此外，从组织模式来看，多利益相关方模式的弱点同样源于其分布式的网络化模式，它很难在需要资源高度集中的领域产生高效的集体行动。

在经贸和安全领域，传统的政府间治理机制（例如 WTO、UN、G20）占据了主导地位，其治理模式仍然是通过政府间谈判和合作的方式达成共识或者具有约束力的国际规则。然而，作为新生事物，传统国际机制中的网络议题的国际规则仍然处于规则制定的早期阶段，国家间的利益冲突和博弈意味着规则的制定将需要一个较长的时间。考虑到利益的复杂性，在这个传统机制仍然占主导的层面上，小多边（诸边）区域机制和双边机制要比全球机制例如 UN 更易于达成集体行动，这一方面是因为区域成员由于地缘相邻和区域内经济合作机制共享更多的利益关切；另一方面也是因为成员国数目较少，利益冲突更易于得到缓和，利益博弈的难度相对较低。

（二）治理模式的维度

超越“多利益相关方模式”与“多边主义”的模式之争，多利益相关方的治理理念和路径将会对网络空间治理甚至其他领域的治理带来深远的影响。

如前所述，随着治理领域的层次渐进，政府的作用逐渐强化，网络空间治理的模式也逐渐由“多利益相关方”模式向“多边主义”转变。前者是指私营部门、政府、国际组织、学术机构等利益相关方之间的平等协作，不存在中央权威，而是一种自下而上的、包容性的、网络化的组织和决策模式；后者则更突出了政府行为体在各利益相关方中的主导地位，这种模式虽然不排斥其他利益相关方的参与，但是其前提仍然是在政府主导之下的多利益相关方的共同参与，因此在决策中更多表现的是政府自上而下的等级式管理，政府作为各利益方的代表发布相关政令、制定相关政策。

自 2003 年联合国召开信息社会世界峰会开始，有关“多利益相关方”与“多边主义”的模式之争就成为国际社会的斗争焦点，这一分歧在 2012 年国际电信世界大会提出通过新的国际电信规则时达到顶峰。但是，这两种模式之间并不存在对立，而是一种相互补充的关系。正如 2015 年 12 月联合国“信息社会世界峰会成果落实十年审查进程高级别会议”的成果文件第 3 条和第 50 条所指出的：“我们再度重申坚持 WSIS 自启动以来所坚持的多利益相关方合作与参与的原则和价值观……我们认同政府在与国家安全有关的网络安全事务中的主导作用，同时我们进一步确认所有利益相关方在各自不同的角色以及责任中所发挥的重要作用和贡献”。①

治理模式的选择通常取决于机制所面临的任务和使命。对IETF来说，由技术专家主导的多利益相关方模式有助于更好地汇聚各方智慧，对日趋复杂的治理工程技术问题迅速做出反应。ICANN的任务是管理域名和地址分配，维护互联网唯一标识符的稳定，治理领域属于联系基础设施与内容的逻辑层，同时涉及技术治理和一部分公共政策，因而将政府行为体以咨询委员会的身份纳入进来，可以兼顾技术与政策两方面的利益。对于IGF和WSIS来说，虽然也采纳了多利益相关方模式，但政府的作用要更强一些，毕竟政策的制定是政府当仁不让的角色。网络安全层面涉及高级政治，是政府间国际机制的传统势力范围，多边主义的模式也是最恰当的。

事实上，“多利益相关方”与“多边主义”两种模式在实践中互有长短，各有利弊。前者更加灵活、开放、包容，具有广泛的代表性，更适于需要高度创新性和竞争力的技术和产业发展层面，但由于其网络化的分布式格局，在需要资源集中的高执行力领域会失去效率；反之，后者的优势则恰恰体现在其能够有效集中各种资源并快速付诸实施，但在开放性、灵活性和包容性上则相对不足。因此，问题的核心不在于这两种实践孰优孰劣，而在于特定的议题上，哪一种治理模式更为有效。

（三）治理主体的维度

网络空间治理主体间的互动有两个特征：一是非政府行为体

---

① The UN General Assembly, “Outcome Document of the High-Level Meeting of the General Assembly on the Overall Review of the Implementation of WSIS Outcomes”, A/70/L. 33, 13 December 2015.

的力量上升，对传统的国家主导的国际体系产生了深远的影响；二是传统的国家阵营划分不再壁垒分明，国家间的博弈更加复杂和多元化。

不同行为体的角色和作用体现在不同的方面，行为体特性决定了由哪个行为体来主导治理进程。每一类行为体既有各自专长的领域，也各有鞭长不及之处。政府的力量在于凭借其政治权威，能够集中整合不同资源并提供必需的公共物品，通过政策、法规、宣传等手段，为治理创建必要的环境和条件，但是在具体政策执行落实、技术创新等方面却必须依靠私营部门、研究机构以及个人的配合；私营企业是互联网发展和技术创新的主要推动力量，在制定技术标准方面有着其他行为体难以企及的优势，但它的优势领域相对有限，如果涉及整体规划和统筹，则离不开政府的支持；互联网技术赋予了非政府行为体“以弱制胜”的不对称优势，其发动的黑客攻击甚至会危及互联网的运行和安全。随着国际机制的治理内容由技术向经济、发展和政治领域拓展，涉及议题的政治性水平也由低级向高级过渡，政府的主导作用愈加显著。

然而，在网络空间治理的历史进程中，技术社群与政府之间主导权的争夺始终贯穿其中，特别是在多利益相关方机制中。ICANN 章程明确规定：“ICANN 采用由私营部门（包括含商业群体、民间社团、技术社群、学术界和终端用户）主导的公开透明的流程来鼓励竞争和开放；在政策制定中采用公开、透明、自下而上的多利益相关方模式，同时需要考虑来自政府和公共部门提出的公共政策建议。”在 2017 年 3 月丹麦哥本哈根 ICANN 第 58 届会议上，ICANN 董事会与政府咨询委员会就国家和地区代码二级域名的使用问题进行了激烈的交锋，凸显了私营企业与政府之间的利益冲突。即使在政府占主导的网络安全机制中，凭借其在互联网领域的技术和组织优势，私营机构的参与也必不可少。可以说，如何实现不同主体之间有效的协调和信息共享是当前网络空间治理机制中面临的普遍问题。

在治理领域由技术向经济、安全领域的层次递进过程中，政府主体之间的互动与博弈也越发突出。在早期的互联网治理中，国际社会常被划分为“两大阵营”：一方是以欧美国家为代表的发达国家，它们坚持“多利益相关方”的治理模式，主张由非营利机构（如ICANN）来管理互联网；另一方是中国、俄罗斯、巴西等新兴国家，它们提倡政府主导的治理模式和“网络边界”、“网络主权”的概念。这种阵营的划分是基于国家间信息技术发展水平的差距和治理理念的不同，前者作为既得利益者希望维护现有的治理模式，而后者则希望打破发达国家的垄断，争取更大的话语权。这两大阵营对峙的典型事件是2012年国际电信联盟对《国际电信规则》的重新审定①。

但事实上，对于一个涵盖内容极为广泛的新兴议题，阵营的划分从来不会是铁板一块。特别是“斯诺登事件”发生之后，国际社会掀起新一轮的治理浪潮，在利益的冲撞之下，各阵营内部均出现了离心倾向：美国和欧盟就隐私和数据保护问题各持己见；新兴经济体中巴西和印度都明确表示支持多利益相关方模式；另外还游离着一些处于中间地带的国家，它们一方面支持网络主权的概念；另一方面也更加重视非国家行为体，这些国家中既有韩国、新加坡这些经济发展水平较高的国家，也有土耳其、秘鲁、阿根廷这些地区大国，其影响力不容忽视。随着网络空间治理逐渐向深水区迈进，国家之间的利益博弈不仅会影响到国际机制治理议题的选择，也会成为左右网络空间治理格局走向何方的重要推手。

---

① 巴西、俄罗斯等发展中国家希望扩大国际电信联盟在互联网治理中的权力，但美国、欧盟等55个国家以“威胁互联网的开放性”为由拒绝签署新规则，使得新规则的通过大打折扣。

(四) 治理有效性的维度

对于网络空间治理这样的新兴议题而言，判断机制有效性的标准不应仅仅聚焦于是否产生集体行动，观点交流和发声的平台在规则制定的早期同样重要。

从全球治理的视角来看，人们总是倾向于将是否产生集体行动作为判断治理机制有效性的标准[①]。在技术层面，IETF 能够迅速高效地达成集体行动，拿出有效的技术解决方案，ICANN 也能够依靠自身政策制定流程在域名和地址分配领域确保竞争与开放；在经贸和安全层面，政府间的博弈常常导致联合国大会的谈判进程一波三折，但是其目标仍是达成具有约束力的规则；只有在公共政策领域，由于议题的复杂多元化，IGF 等论坛机制常常被诟病为“毫无意义的闲聊场所”。[②] 围绕议程的设置、顾问组和秘书处的代表权问题以及治理的根本原则等问题，IGF 始终未能找到有效的解决途径。2008 年 3 月，国际电信联盟秘书长在 ICANN 的一次会议中，明确表示互联网治理论坛是“浪费时间”。[③]

集体行动难题是指在集体行动中存在的合作难题，也是全球治理中面临的一个普遍困境。一般来说，集体行动的达成是源于共同利益；但后来更多的观点则认为，共同利益并不一定能带来集体行动，因为潜在集体行动的受益者都想不劳而获地“搭便车”，同时不情愿让别人搭自己的便车。当然，集体行动仍然可以通过制度安排的途径得以实现，例如所有重大决策均由一个独

---

① 这在政府层面尤为常见，IGF 因为缺乏集体行动而颇多被诟病，认为是资源和时间的浪费。

② Zittrain, *The Future of the Internet: And How to Stop It*, New Haven, CT: Yale University Press, 2008, p. 43.

③ “China Threatens to Leave IGF”, Internet Governance Project blog, December 5, 2008, http://blog.internetgovernance.org/blog/_archives/2008/12/5/4008174.html.

裁者做出或者每个行为体可以在高度分权的市场上自主决策等。对奉行由下至上的多利益相关方治理模式来说，建立在共识基础上的决策固然具有极强的代表性和合法性，但是多种行为体的平等参与、缺乏集中的决策流程必然会是一个漫长的过程。这也是多利益相关方政策流程具有的内生弱点。

然而，一个机制的重要性与否并不能仅仅寄托于其达成集体行动。如果将规范产生的生命周期划分为规范出现（norm emergence）、规范梯级（norm cascade）和规范内部化（internalization）三个阶段①，那么网络空间治理的进程仍然处于提出规范的第一阶段。网络空间规则的产生通常有赖于两个条件：一是规范推动者的宣传和劝说；二是规范推动者劝说行为的制度平台。从这个意义上说，作为一个以最具代表性的国际组织为依托的专门机构，IGF 作为一个具有广泛代表性的全球平台，即使很难达成集体行动，但它可以成为一个容纳广泛争论和利益冲突的宣传和劝说的重要平台，其存在的意义更多体现在对话而不是行动。

治理机制或平台的选择取决于行为体、特别是政府行为体希望付出的交易成本。从目前现有的治理机制来看，非政府间平台主要集中在互联网基础设施和逻辑层面的资源管理与分配、标准制定和运行安全，而政府间平台既有联合国框架下的治理机制，也有区域治理机制，既涉及互联网公共政策的制定，也涵盖了传统经贸规则和国际关系原则在互联网领域的延伸。一般来说，在没有替代机制的情况下，接受现有的治理机制要远比创建新的治理机制更加节约成本；对于相同的治理目标，在具有可替代机制的情况下，机制的属性则是决定行为体交易成本的关键。前者如 I*等，作为一个非政府的治理机构，只有顺应现有的治理路径，鼓励我们的非政府行为体扎实地参与到具体的工作中，才能逐渐

① Martha Finnemore and Kathryn Sikkink, "International Norm Dynamics and Political Change", *International Organization*, Vol. 52, No. 4, 1998, pp. 887-917.

掌握更多的话语权；后者如APEC、G20、金砖组织等，同样是探讨数字经济的发展，但考虑到机制的代表性、程序正义性、机制化程度等因素的差别，治理的绩效也会有所不同，那么考虑到交易成本的大小，也可以制定不同的参与和应对策略。

五　未来趋势与应对建议

从整体上看，网络空间治理的国际机制貌似无序而混杂，既有非营利的私营机构，也有政府间组织；既有部长和高峰会议，也有开放性的社群或者是多方参与的对话论坛，它们各自在本机制的使命范围内发挥作用，构成了全球网络空间国际治理的蓝图。尽管这份蓝图不是一个有序的生态系统，但是却与网络空间治理所呈现的多样化与复杂性相一致。网络空间治理涉及不同层次的多种议题，自然不可能用单一的机制或模式加以解决，统一的规则不适用于所有的领域，而政府也不可能主导所有的议题。

但是，如果分层来看，网络空间治理的国际机制具有明显的内在秩序和逻辑，而这与议题本身的性质直接相关。在技术层面上，为了确保互联网的安全有效运行，网络空间的治理机制大都采用了私营部门主导、多利益相关方的治理模式；在公共政策领域，政府行为体与其他行为体共同参与治理的多利益相关方模式成为主流，但这也导致了治理机制以论坛或会议的形式存在，很难克服集体行动的难题来达成一致或有约束力的决定；在经贸和安全领域，网络相关议题被纳入已有的机制和框架中，依靠政府间谈判获得共识。

由于在当今世界规则的重要性超过了以往任何时候，每个国家都希望通过适当的制度平台来参与规则的制定，并利用规则维护和拓展自身的利益。但同时制度具有非中性的特征，国际制度和规则对不同的国家和行为体而言往往有着不同的意义。因此，在当前的全球网络空间治理进程中，我方应保持开放、包容的心态，针对不同的国际制度平台进行客观和情形的评估并制定相应的对策，尽可能实现利益和效率的最大化：对 I * 等技术治理机制，我方应积极鼓励政府和私营企业相关技术部门的深度融入，在技术创新和管理上下功夫；对 IGF 和 WSIS 等“闲谈”机制，政府部门可以保持适度介入，在掌控大局的前提下采取切实举措大力支持私营部门、学术界等其他利益相关方的参与；对传统治理机制下的网络议题，政府应加强与相关私营部门等其他相关方的信息共享、咨询和沟通，建立以政府为中心的辐射式支持模式。

应该指出，中国一贯主张应积极主动地参与全球网络空间治理活动，推动建立公平合理的网络空间国际秩序，这不仅需要客观理性地评估不同机制的作用和角色，而且应对网络空间治理的大势有清醒的认识。随着网络空间与现实空间的深度融合，网络空间也因而兼具了虚拟与现实、技术与社会等多种属性；网络空间国际治理也因此涵盖了多个领域、多个层面，涉及多种行为体。从这个意义上说，网络空间固然具有虚拟特性的一面，但它并没有脱离现实空间的制约和影响，因而应合理评估网络空间虚拟特性对当前国际关系的影响，避免将其过于夸大。特别应明确以下几点。

第一，由于 ICT 技术的渗透和快速增长，网络空间的内涵和外延仍在不断变化和扩大之中。一方面，网络治理几乎涵盖了所有的现实空间的议题；另一方面，虚拟空间的特性改变了现实空间中行为体的力量结构和行为体互动的逻辑，给现实空间带来了更多的潜在危险和风险。网络空间治理的议题也因而涵盖了经济、政治、社会和军事等各个领域，而不同领域的议题由于性质不同，不同行为体的力量对比和治理机制都呈现出不同的特征。

第二，网络空间为非政府行为体赋予了不对称的权力增长，政府行为体的相对权力有所下降，但是，这并不意味着传统的权力互动机制和力量结构被彻底颠覆。在网络空间的国际治理中，私营机构在技术层面占有主导地位，在社会公共政策领域影响力有所上升，但在更广泛的安全层面，仍然是政府的绝对主导。特别是考虑到安全概念的日益泛化，政府主导的“安全议题”范围会逐渐扩大和深化。

第三，网络空间对传统国家间互动方式的冲击主要体现在权力、地缘政治、战略威慑、信息传递机制等不同方面；然而，源于虚拟特性的网络空间仍然受到传统现实空间的包围和约束。例如，网络空间模糊了地缘边界，技术上归因的难题导致威胁来源的难以确定，但事实上，确定威胁来源还往往可以通过网络之外途径实现；非政府行为体固然有了相对的力量增长，网络攻击有可能会给国家关键基础设施带来潜在的威胁，传统的威慑路径受到阻碍，但是仍然可以通过提高实施拒止和成本施加两种威慑手段的能力加以实现，包括网络和非网络的两种实现路径。

第四，考虑到网络空间治理的多元化、多层次和多主体，网络空间国际治理的模式将是多利益相关方与多边主义并行。其中，多利益相关方模式主要适用于低级政治议题，例如技术和社会公共政策；多边主义模式则将适用于高级政治议题，例如不同层面的网络安全问题。但是，这两种模式也并非相互孤立，而是存在着一定程度的相互融合、相互促进。例如，即使在政府主导的网络安全治理中，私营企业、行业组织和个人的参与和协作越发重要，不可或缺，网络安全的维护必须要实现多方位的军民融合；网络空间经贸规则的制定也需要私营企业更大的参与和建言献策。

第五，网络空间治理具有典型的跨域特征，需要诸多不同学科的知识和智慧聚合。网络空间治理常常涵盖众多学科，例如信息学、法律、经济学、政治学、传播学等社会科学以及信息通信等自然科学，并且具有典型的蝴蝶效应，在某个区域的微小变化可以在其他领域引发显著的后果。它一方面需要跨学科知识的共享，更需要跨学科人员的交流，在不同部门之间建立信息和协作机制；另一方面，也需要在制定某个领域的政策时，兼顾多项政策目标，在发展与安全目标之间寻求平衡。

第六，网络空间的国际治理与国内网络治理之间的联系日益紧密。外交作为内政的延伸，中国参与网络空间国际治理的立场必然会受到国内政策和理念的影响，而网络空间国际治理的形势、趋势和理念也会对国内层面的治理产生反作用，反过来带动和影响国内层面的治理绩效。因此，研究网络空间国际治理的基础性问题，目的既是为了使中国在网络空间的国际治理中获得更大的发言权，也是为了更好地推动中国自身的网络空间治理；网络空间治理既要充分考虑政策在其他领域的外部性，也要在不同政策目标之间做出取舍，而决策的依据则是国家利益的分析框架。内外统筹的根本目的是服务于中国的国家利益，早日实现网络强国和“两个一百年”的奋斗目标以及中华民族伟大复兴的中国梦。

第五章

网络空间国际秩序的形成机制

诚然，技术的确可以左右天下大势。以互联网为代表的信息技术逐渐渗透到国家政治、经济、社会活动的方方面面，它不仅改变了人们的生活方式，更引领了社会生产方式的变革。随着网络空间与现实空间的深度融合，网络空间不仅面临着现实空间针对虚拟空间的各种威胁，而且必须应对虚拟空间对现实空间原有国际秩序的冲击。建立网络空间的国际秩序已经成为当务之急，而其目标应包含两个层面：一是确保互联网本身的安全、有效运行，实现全球网络空间的互联互通；二是制定国际规范来抑制与网络有关的冲突升级，维持现实空间的和平与稳定。

目前，学界对于网络空间的研究主要集中于治理的模式选择和路径，探讨应采用何种方式对这个新兴的领域进行治理。由于互联网的技术属性，大部分学者是技术领域的学科背景，他们对网络空间治理的思路更多偏向于“去政府化”的跨国治理，其代表人物是美国学者弥尔顿·穆勒（Milton Mueller）。他从政治、公共政策和国际关系等方面集中探讨了互联网被民族国家管制而出现的“碎片化“，提出了从国家主权（national sovereignty）转向大众主权（popular sovereignty）的网络空间框架。① 随着网络空间逐渐成为国际关系和外交层面的核心议题，研究者开始将目光聚焦于信息技术和网络空间对国际关系的影响。约瑟夫·奈便是其中之一，他特别论述了信息技术发展所导致的传统权力的分散化；结合对全球网络治理活动的观察，提出了一个由深度、宽度、组合体和履约度四个维度构成的规范性分析框架——机制复合体理论。②美国外交关系委员会史国力（Adam Segal）是为数不多的从世界秩序的视角来关注网络空间治理的学者，他认为在数字时代，传统上国家主导的世界秩序已然发生了改变，而网络空间的世界秩序已然被黑客掌控，③ 其观点在很大程度上体现出其“捍卫开放、全球、安全、弹性互联网”的价值观。

一　网络空间国际秩序的界定

在现实空间，国际秩序是“国际体系中的国家依据国家规范、采取非暴力方式处理冲突的状态”，它包含了三个构成要素：价值观、制度安排和国际规范。④ 作为一个新生事物，网络空间尚没有形成以国际规范为核心要素的国际秩序。对于网络空间而言，建立国际秩序其实就是不同行为体通过确立相应的制度安排制定国际规范、解决不同层次的问题和冲突的过程，从而避免冲

① ［美］弥尔顿·穆勒：《网络与国家：互联网治理的全球政治学》，周程等译，上海交通大学出版社 2015 年版；Milton Mueller, *Will the Internet Fragment? Sovereignty, Globalization and Cyberspace*, Cambridge, UK: Polity Press, 2017.

② 2017 年 3 月，约瑟夫·奈在《国际安全》上发表了《网络空间威慑与劝阻》的论文，探讨了网络威慑的概念、手段及实现策略，并提出了网络空间威慑的四种途径。参见 Joseph S. Nye, Jr. , *The Future of Power*, NY: Public Affairs, 2011; *Is the American Century Over?*, Cambridge, UK: Polity Press, 2015; “Deterrence and Dissuasion in Cyberspace”, *International Security*, Vol. 41, No. 3, 2017。

③ Adam Segal, *The Hacked World Order: How Nations Fight, Trade, Maneuver, and Manipulate in the Digital Age*, NY: Public Affairs, 2016.

④ 阎学通：《无序体系中的国际秩序》，《国际政治科学》2016 年第 1 期，第 13 页。

突升级为不可控的状态。

一般来说，网络空间的冲突可以分为两类：一类是自然性的冲突，这类冲突的发生通常是源于非恶意的动机，例如治理体系的不完善或者缺失、管理机构的人事变动抑或某些不可控因素等；另一类冲突则更具暴力性，例如以人身、财产为侵害目标，通过非法手段，对被害人的身心健康、生命财产安全造成极大损害的行为，而国与国之间的武力冲突或战争则是最高级别的暴力冲突。特别是随着国家对互联网的依赖程度日渐增加，网络空间的脆弱性也越发凸显，安全威胁也更加复杂和多元化，它不仅包含了互联网技术和社会公共政策层面的挑战，也涉及经济层面的数字规则、安全层面的网络犯罪以及网络恐怖主义和网络战、社会层面的个人信息和隐私保护等。

由于冲突的性质不同，冲突的解决方式也有所差别。最为严峻和棘手的网络问题是网络空间对国家安全的威胁。2007 年的爱沙尼亚危机、2008 年的格鲁吉亚战争以及 2010 年伊朗核设施遭受蠕虫病毒攻击，使得国家安全的最高决策者们开始真正关注网络空间的安全问题。许多战略家相信，网络空间的先发制人已经出现，网络战的潘多拉盒子已经开启。[①] 约瑟夫·奈认为，与国家行为体相比，非国家行为体更有可能发动网络攻击，现在是各个国家坐下来探讨如何防范网络威胁、维持世界和平的时候了。[②] 在网络空间，如何通过非暴力手段抑制冲突的升级，才是建立网络空间秩序的意义所在。

然而，国际社会对于网络空间的认识正处于一个学习的阶段，围绕网络空间治理什么、由谁治理以及在哪里治理这些基本问题，政府、私营机构、民间组织等不同行为体之间展开了激烈的交锋。2012 年，国际电信联盟召开国际电信世界大会讨论《国际电信规则》的修改，国际社会第一次出现了明显的分裂。俄罗

① Myriam Dunn Cavelty, "Unraveling the Stuxnet Effect: Of Much Persistence and Little Change in the Cyber Threats Debate", *Military and Strategic Affairs*, Vol. 3, No. 3, 2011.

② Joseph S. Nye, "Cyber War and Peace", *Today's Zaman*, April 10, 2012.

斯和阿拉伯国家在提案中建议修改规则，使国际电信联盟能够在网络空间发挥更大的作用，但遭到美国及欧盟国家的强烈反对，认为这将改变互联网“无国界”的性质，赋予政府干预网络空间的权力，西方国家的私营部门以及非政府组织更是强烈抗议将互联网纳入联合国的管理之下。大会按照多数决原则，以政府表决方式通过了这份具有约束力的全球性条约。修订后的《国际电信规则》给予所有国家平等接触国际电信业务的权利及拦截垃圾邮件的能力，得到了89个成员国的签署，但是以美国、欧盟国家为首的55个成员国以“威胁互联网的开放性”为由拒绝签字。随着新规则在2015年1月1日生效，未签署的国家将仍然沿用原有规则[①]，这无疑使得新规则通过的意义大打折扣。

据此，有学者将2012年看作网络空间国际秩序之争的“元年”。[②] 在这一年，美国政府承认参与开发了蠕虫病毒等网络武器，参与了针对伊朗核设施的“奥运行动”（Olympic Games Operation）；美国政府大肆污蔑中国和俄罗斯利用网络间谍进行不正当商业竞争，并且起诉了五名中国军官，中美、俄美关系一度进入低谷。即使一些跨国主义者再不乐见，网络空间还是成了大国博弈的新“战场”。在过去数百年中，民族国家是国际秩序的缔造者，凭借自身的军事和经济实力以及外交手段来影响国际规范和制度安排。然而，在网络空间，安全威胁可能来自国家行为体，更可能源自难以追踪的非国家行为体，抑或是国家与非国家

---

① “原有规则”是指1988年版的《国际电信规则》，由于互联网尚未普及，信息通信技术并未包含在内。2012年版的新《规则》为确保全球信息自由流通设定了通用原则，并特别纳入了增加国际移动漫游资费和竞争的透明度、支持发展中国家电信发展、为残疾人获取电信服务提供便利、提高电信网络能源效率、处理电子废弃物等多项新内容，为在全球普及信息通信技术、实现信息的自由流通奠定了基础。由于在国际电信联盟是否应支持政府对互联网的监管、《国际电信规则》是否应涉及网络安全和允许对垃圾邮件进行监控等条款上存在不同意见，美国、英国等国拒绝接受修订后的规则，部分欧洲国家则持保留意见。参见《国际电信大会修订〈国际电信规则遭美英等抑制〉》，中国网，2012年12月15日，http：//news.163.com/12/1215/11/8IOVIBNC00014JB6.html。

② Adam Segal, *The Hacked World Order*, New York：Public Affairs, 2016.

行为体的结合；网络空间的关键基础设施大多掌控在私营部门、特别是某些互联网巨头手中，政府的权力在很大程度上被分散。

在这种背景下，网络空间的无序状态持续下去，很可能会导致难以估量的后果，网络空间国际秩序的建立已经迫在眉睫。在网络空间国际秩序的形成过程中，就国际规范而言，一方面，在技术层面已经建立了较为成熟的国际标准；另一方面，传统现实空间的国际规范和原则可以同样适用于网络空间，例如《联合国宪章》的基本原则，但是还有更多的新问题需要制定新的规范来加以约束。就制度安排来看，新机制和旧机制如何在纷繁复杂的治理体系中和谐共存，各自的使用范围如何划分，都是面临的重要挑战。

二　网络空间的治理体系：行为体与机制

网络空间治理体系的形成，特别是达成的一系列制度安排，是构建网络空间国际秩序的前提和基础。随着网络空间的不断发展和扩大，不同类型的行为体先后介入网络空间的国际治理，成为国际规范制定的主体；依托各自不同的利益诉求，各行为体在不同层面上展开了力量博弈，建立了相应的国际制度安排，以应对不同层次的冲突和挑战。回顾网络空间治理体系的发展进程，可以观察到不同行为体之间的互动以及国际制度特征。

（一）20世纪80年代中期至90年代中期：技术社群主导

这一时期以互联网技术和产业社群等私营部门为主导，互联网工程任务组（Internet Engineering Task Force，IETF）、区域互联网地址注册机构（Regional Internet Registries，RIR）等一系列互联网治理机制相继成立。这些机制成立的目的主要集中于技术层面，例如互联网技术标准的研发和制定，其目标是确保互联网在全球范围内的有效、安全运行。

20 世纪 80 年代中期，互联网开始商业化并进入一个快速发展的阶段，随之而来的技术问题也日趋复杂。1985 年，IETF 成立，这是一个由网络设计师、运营者、服务提供商等参与的非营利性、开放的民间行业机构，主要负责与互联网运转相关的标准和控制协议的制定。1992 年，国际互联网协会（Internet Society，ISOC）成立，其目标是为全球互联网的发展创造有益、开放的条件，并就互联网技术制定相应的标准、发布信息、进行培训等，并负责互联网工程任务组、互联网结构委员会（Internet Architecture Board，IAB）等组织的组织与协调工作；1994 年，万维网联盟（W3C）成立，作为互联网企业的业界同盟，它主要负责网页标准的制定与管理，也是网页标准制定方面最具权威和影响力的标准制定机构。

上述机制有一个共同特征：这些机制是松散的、自律的、自愿的、全球性的、开放性的、非营利性的非政府机构，任何人都可以注册参与机制的活动，通过讨论形成共识制定技术标准和相关政策。这种将政府权威排除在外、没有集中规划也没有总体设计的自下而上、协商一致的治理模式，在很大程度上体现了早期互联网先驱们所崇尚的自由主义精神和文化，也为后期互联网治理“多利益相关方”模式的发展奠定了基础。

（二）90 年代后期至 21 世纪初：技术社群与美国政府的博弈

这一时期的主要特征是美国政府由幕后走向台前，与技术社群之间就互联网域名和地址分配的控制权展开了激烈博弈。斗争的结果是民间非营利公司 ICANN 的建立，但也就此拉开了政府在互联网治理中应扮演何种角色的争论序幕。

IP 地址分配和域名管理的实际工作开始于 1972 年，一直由阿帕网的发明者之一、协议发明大师乔恩·波斯托（Jon Postel）

教授及其同事以民间身份负责。然而，随着互联网的日渐全球化，域名和地址分配系统的重要性日渐突出，美国政府不甘心将该领域的控制权让于“国际特设委员会”，1997年7月，美国商务部公开发表《关于互联网域名注册和管理的征求意见》，以实际行动宣示其对互联网域名和地址分配的实际控制权。[1] 1998年1月，乔恩·波斯托发动了互联网空间的第一次反美“政变”，他致信非美国政府根服务器的运营商，要求他们使用IANA（互联网数字分配机构）的服务器获取权威根区信息，以实际行动向美国政府宣示：“美国无法从在过去30年里建立并维持互联网运转的专家们手中掠夺互联网的控制权”。[2] 然而，此次“实验”仅维持了一周的时间就在美国政府的压力下停止。尽管波斯托将其称作一次“技术实验”，但却从事实上证明其可以有效地摆脱美国政府对域名系统的根区控制权，直接推动了美国政府对互联网域名系统管理进行改革的决心。

1998年2月，美国商务部公布了互联网域名和地址管理“绿皮书”，决定改善互联网域名和地址系统的技术管理，以“一种负责任的态度”终止美国政府对互联网数字地址与域名分配的控制权。经过广泛调研，1998年6月，美国商务部国家电信和信息管理局（National Telecommunications and Information Administration，NTIA）重新发布了互联网“白皮书”，决定成立一个由全球网络界商业、技术及学术各领域专家组成的ICANN，负责接管包括管理域名和IP地址分配等与互联网相关的任务，NTIA通过与IANA签订合同，对其行使监管权。至此，互联网域名与地址分配的主导权之争尘埃落定，ICANN的成立将其他国家的政府排除在决策圈之

① Joel Snyderetal et al.，“The History of IANA：An Extended Timeline with Citations and Commentary”，*Internet Society*，January 17，2017.

② P. W. Singer and Allan Friedman，*Cybersecurity and Cyberwar：What Everyone Needs to Know*，New York：Oxford University Press，2014，p. 182.

外，但是由于历史原因，美国政府仍然保持了幕后监管的特殊权力和地位。

由此，IETF、ISOC、RIR 以及 ICANN 构成了掌控全球互联网关键资源的一个有机的机构集群。它们伴随着互联网的成长而发展壮大，以私营部门的行为体为主导，制定了从标准到域名、IP 地址的分配这些使全球互联网得以有效运转的国际规范。更重要的是，它们实现了一次重大的权力转换，代表了政策和治理在方法与实质上的一次重要变革。[①] 与此同时，一些传统的政府间国际组织也开始触及互联网相关的议题，但只是零星的尝试，例如世界知识产权组织从 1996 年开始制定一些涉及互联网的著作权、网络域名和商标问题的条例；国际电信联盟也尝试参与到网络域名的治理中，但没有成功。值得一提的是，虽然这一时期互联网国际规范的制定权归属于这些非政府的私营机构，但美国政府仍然是一个独特的存在。这一方面是因为互联网的诞生固然离不开美国政府的支持，域名等关键资源的管理仍然处于美国商务部的监管之下；而另一方面，由于注册地在美国，这些机构仍须接受美国的司法管辖。

（三）21 世纪初至今：网络空间国际治理体系的形成

这一时期，互联网在全球层面迅速普及，并且融入国家政治、经济和社会生活的方方面面，网络空间治理的内容开始从技术层面向经济、社会层面的公共政策和安全领域扩展，逐渐形成了多层次、多元化、全方位的治理体系。信息社会世界峰会、互联网治理论坛等全球性的互联网治理机构相继成立，与此同时，一些原有的国际组织和机构也将网络空间相关的议题纳入议程，勾勒出一幅貌似混杂无序的网络空间国际治理的制度蓝图。

---

① ［美］弥尔顿·穆勒著：《网络与国家：互联网治理的全球政治学》，周程等译，上海交通大学出版社 2015 年版，第 260 页。

2003 年由联合国大会决议召开的 WSIS 是网络空间治理进程中的一个标志性事件。此次会议虽然没有能够就信息社会和发展问题展开深入讨论，但却对互联网治理的机制发展产生了深远的影响，它主要体现在：①明确了互联网治理的内容以及建立互联网治理论坛这一探讨全球互联网治理的重要机制；②明确了“行为体的不同角色与责任”，确认了主权国家政府在互联网公共政策制定领域的权力，而技术管理与日常运营则归属于私营部门等管理；③正式拉开了基于主权国家间的“多边主义”与基于私营部门的多利益相关方两种治理模式之争的序幕，凸显了美国、欧盟、发展中国家和民间组织这四种群体之间的利益博弈；④明确了 WSIS 的治理内容将聚焦于互联网发展问题，并且与国际电信联盟、经济合作与发展组织、联合国贸易和发展会议、世界银行、欧盟统计局、联合国经社委员建立伙伴关系，形成了“WSIS+10”的治理机制。

另一个突出的进展是网络安全治理机制的建立，网络安全治理的内容逐渐从技术层面的狭义“互联网安全”提升至国家战略层面的全方位的“网络安全”。早在 1998 年 9 月，俄罗斯就在联合国大会第一委员会提交了一份名为“从国家安全角度看信息和电信领域的发展”的决议草案，呼吁缔结一项网络军备控制的协定，但并没有得到其他国家的响应。直到 2004 年，联合国大会成立了信息安全政府专家小组（United Nations Governmental Group of Expert，UNGGE），授权其对该决议草案的内容进行研究；2005 年至 2009 年的五年间，该决议草案的发起国迅速增加到 30 个，而美国则坚持反对将其纳入联合国大会议程；2010 年之后，美国的立场发生转变，首次成为网络安全决议草案的共同提议国。自此，包括中、美、俄在内的主要大国都同意就网络安全问题进行研讨和对话。联合国大会及 UNGGE 也成为当前全球层次上网络安全治理的重要机制和平台。

与上一个阶段相比，当前的网络空间治理实现了两个维度的跨越：一是治理内容开始从技术层面向经济、政治和安全层面扩展；二是治理机制也由技术专家主导的非政府机构向传统的政府间国际组织和平台渗透，G20、金砖国家等重要的地区治理机制都将网络相关的议题纳入进来。此外，在网络空间治理机制向外扩展的同时，网络空间治理机制本身的改革也在不断深化，最突出的事例就是 2016 年 10 月 1 日，美国商务部与 ICANN 间的 IANA 职能合同如期失效，美国商务部正式放弃对互联网根域名服务器的监管权，将其移交给 ICANN 管理。

至此，经历了三十年的发展演变，网络空间已经形成了由私营部门、政府、民间组织和个人用户等多种行为体构成的互动体系。从行为体互动的角度观察，私营部门在技术层面的博弈中取得了主导权；政府行为体之间的博弈则主要体现在经济和安全等政治性相对较高的领域；在社会公共政策领域，政府行为体、私营部门等多个行为体的博弈正陷入一片混战。

国际体系所体现的是行为体之间互动的客观存在，行为体、国际格局和国际规范是国际体系构成的核心要素。就网络空间的现状而言，上述多种利益相关方均已参与到全球治理的体系中，多种行为体之间的互动已经形成了基本的力量格局，对于国际规范的探讨也正处于博弈进程中。但是，国际体系的形成并不意味着一定存在国际秩序，它还需要经过行为体的博弈产生出主导的价值观，建立某种制度安排来实现包括规则制定权在内的权力分配，从而决定以什么样的方式来解决冲突，避免出现冲突不可控的失序状态。从这个意义上说，网络空间的国际秩序仍然处于早期的形成过程中。

三　网络空间的国际秩序：冲突与解决

随着互联网在各领域的无限渗透，网络空间的内涵和外延仍然在不断扩大，涉及的议题跨越技术、社会、经济和安全等各个层次，由此产生的冲突也在各个层次上表现出不同的态势和解决路径。如果国际社会能够确立有效的解决冲突的制度安排，那么我们，认为冲突的解决正在向着有秩序的方向发展；如果能够在制度安排框架下达成相应的国际规范，那么我们认为，网络空间的国际秩序已经具备了基本的构成要件。当然，网络空间是否有秩序还要取决于国际规范是否能够有效发挥约束力。

（一）技术层面

目前，网络空间存在的安全威胁正在不断增多，根据国际电信联盟最新的统计报告，“对计算机网络构成的威胁正在从相对来说危害不大的垃圾邮件向具有恶意的威胁方向转化”①。因而，在技术层面，网络空间国际秩序建立的目标是实现相关社群在技术治理层面的权力分配，有效应对威胁互联网运行安全的隐患，确保全球互联网的互联互通。

技术层面的冲突主要有两类。

第一类属于自然性冲突，主要源于互联网运行机制自身的安全风险。例如，互联网运行的管理缺陷会造成互联网访问不能正常运行，典型的案例如域名管理人员被捕入狱，伊拉克国家顶级域名 .iq 在 2003 年伊拉克战争期间一度无法申请和进行解析；2004 年 4 月，由于负责利比亚顶级域名管理的公司陷入人事纠纷，该域名的主服务器停止工作，所有以 .ly 域名结尾的网站均无法访问，影响到大约 1.25 万个域名。②

第二类则是更为常见的暴力性冲突，主要源于非国家行为体

---

① ITU, “Global Cybersecurity Index 2017”, July 6, 2017, http://www.itu.int/en/ITU-D/Cybersecurity/Pages/GCI.aspx.

② ICANN 北京：《利比亚国家顶级域名（.LY）中止服务始末》，2017 年 5 月 30 日，http://mp.weixin.qq.com/s/OOHLVjVSUL_hw5VD65Mp4g。

的恶意安全威胁。这些非国家行为体可能是有组织的黑客集团，也有可能是某些个人，他们利用软件的漏洞或者攻击工具，对目标发动攻击，致使互联网无法正常运转并造成较大的经济损失，其中最常见的是分布式拒绝服务（DDoS）攻击①和木马病毒。2017 年 5 月，勒索病毒 WannaCry 利用 Eternal Blue（永恒之蓝）的漏洞以及木马软件，以其惊人的破坏力在全球肆虐，影响到 150 多个国家、1 万多个组织机构的电脑系统，造成全球 80 亿美元的损失，甚至危及一些国家的关键信息基础设施，这不能不说是目前网络安全模式的失败。②

目前，针对第一类安全风险的国际制度安排已经相对成熟，国际社会建立了不同的机构来维护技术社群、用户以及政府之间的正常秩序。这些制度安排的特征是以私营机构为主导的、以“多利益相关方”为模式的一系列国际机制（统称为 I *）。根据 ISOC 的界定，“多利益相关方”并不是一种单一的模式，也不是一种唯一的解决方案，而是一系列基本原则，例如包容和透明、共同承担责任；有效的决策和执行、分布式和可互操作的治理合作。③ 作为一种制度路径，“多利益相关方”在实践中具有相当的灵活性，以该框架为指导的治理机制呈现出不同的类型和特征。

一种类型以 IETF 为代表，I * 等技术性领域的治理机制均属于此类。这些机制的治理主体均是互联网领域的相关技术专家，奉行的是将政府权威完全排除在外，以共识为决策基础的治理模式。从治理内容上看，它的任务是就关键资源的管理、网页标准和传输标准制定共同的国际标准；但从目标上看，它实现了全球

---

① 分布式拒绝服务攻击是指借助于客户/服务器技术，将多个计算机联合起来作为攻击平台，对一个或多个目标发动 DDoS 攻击。

② E 安全：《早在 WannaCry 之前，至少存在三个组织利用永恒之蓝发起攻击》，2017 年 5 月 25 日，http：//mp. weixin. qq. com/s/AWUQAG0TNCPYi5BoYqtg4g。

③ “Internet Governance：Why the Multistakeholder Approach Works”，*Internet Society*，Vol. 26，April 2016，https：//www. internetsociety. org/doc/internet - governance - why - multi-stakeholder-approach-works.

不同国家技术社群之间的协调一致，避免不同地区的技术社群因规则制定权力的争夺而陷入混乱。

同样是奉行“多利益相关方”的治理模式，ICANN 的权力主体由“同质”的技术专家向“异质”的多元化主体扩展，从域名注册商等中小企业到普通的互联网用户，从技术人员、政府、学术界到民间机构，各相关方都能够参与其中，表达自身的利益诉求。从这个意义上说，ICANN 的作用与其说是互联网关键资源的管理，不如说是维持了不同行为体之间在规则制定权和发言权方面的一种“均势”。

遗憾的是，针对第二类的安全风险，目前并不存在一个全球性的国际协调和应对机制。很多国家都成立了本国的 CERT（互联网应急事件响应组），专门处理计算机网络安全问题，例如漏洞威胁、恶意安全代码、数据泄露等，也出现了一些地区性的国际合作机制，例如，2013 年以来，中国、日本和韩国之间的国家互联网应急中心每年召开一次年会，建立了三方 7×24 小时的热线机制，就网络安全事件的应对进行密切协作，成功处置多起涉及中日韩的黑客攻击事件及其他重大网络安全事件，遏制了危机的蔓延；其他一些国家（如美国和俄罗斯之间）也在积极开展 CERT 组织之间的合作活动。[①] 但就如勒索病毒这样全球性的安全威胁而言，各个国家或地区 CERT 之间的国际合作机制仍然十分有限。

（二）社会公共政策层面

网络空间社会公共政策的核心内容是如何保障网络空间中互联网用户的人权。中国《国家网络空间安全战略》在提到建设有

---

① 国家互联网应急中心：《第四届中日韩互联网应急年会在中国召开》，2016 年 9 月 19 日，http://www.cert.org.cn/publish/main/12/2016/20160919162812091883339/20160919162812091883339_.html。

序网络空间的战略目标时表示："公众在网络空间的知情权、参与权、表达权、监督权等合法权益得到充分保障，网络空间个人隐私获得有效保护，人权受到充分尊重。"[①] 具体而言，网络空间社会公共政策应遵循三项重要原则：一是自由原则，即网络空间信息的自由流动、公民自由接入互联网以及互联网用户的言论自由；二是开放原则，即网络空间应保持开放的属性和开放的政策；三是保护原则，即网络空间的个人信息和隐私同样受到法律的保护。

围绕上述原则和目标，主要存在两类冲突：一是以政府行为体为主导的国际社会与盗窃个人信息和隐私的不法组织或个人之间的博弈，二是互联网企业与政府之间的利益较量。政府作为政策的制定者，对维护网络空间的社会秩序以及国家安全负有主要责任；作为互联网产业向前发展的主导力量，企业的战略考量主要基于维护企业的利益和价值观；黑客组织或个人依凭网络空间所赋予的不对称性权力，试图谋取私利。目前，很多国家的政府都在制定和规范本国的个人信息保护和数据安全政策，以规范不同行为体的行为。到目前为止，这些政策和规范仍然只停留在国家和地区层面，并且面临着诸多的未解难题，特别是直接掌控互联网信息流动的互联网企业的权利与责任边界。

美国政府与苹果和微软两大互联网巨头之间的博弈凸显了互联网企业与政府之间的利益冲突。这里举两个案例：2016 年 2 月，FBI 对苹果施压，要求其执行联邦法院的法庭指令，专门为其开发一套"政府系统"，帮助其破解一名恐怖分子的苹果手机密码，但遭到了苹果公司的反对。苹果公司总裁库克声称，苹果公司必须保护用户的信息，"我们是隐私权的坚定拥护者，

---

① 《国家网络空间安全战略》，中国网信网，2016 年 12 月 27 日，http://www.cac.gov.cn/2016-12/27/c_1120195926.htm。

我们之所以做这些事情，因为它们都是对的”;① 脸书、谷歌、亚马逊、推特、微软等知名互联网公司纷纷表态支持苹果公司的做法。还有一个案例是2013年美国纽约南区联邦地区法院助理法官詹姆斯·弗朗西斯（James C. Francis）签发搜查令，要求微软公司协助一起毒品案件的调查，将一名微软用户的电子邮件内容和其他账户信息提交给美国政府，但却遭到微软公司的拒绝。2016年6月，美国联邦第二巡回上诉法院判决认定，法院的搜查令不具域外效力，要获取境外数据，应通过双边司法协助条约解决。②

从上述案例可以看出，如何在公民权益与国家安全中寻求平衡目前是一个无解的僵局，对一个国家如此，对国际社会更甚。在国际层面，就上述问题的讨论还刚刚展开，在很多国际机制中都设有相关的议题，其中较有影响力的当属联合国框架下的WSIS和IGF。

WSIS和IGF均是在联合国的支持下成立的国际机制，前者是讨论互联网与社会发展问题的重要全球机制，后者则是探讨互联网治理社会公共政策问题的重要全球性平台。在联合国的背景下，同样是采取“多利益相关方”的组织模式，它们提升了政府主体的角色，认为政府主体、私营机构、民间组织等不同的行为体在治理实践中享有平等的地位；从另一个角度看，这也意味着政府不得不在这个论坛上放弃其特权与专有地位。

但是，随着治理主体的多元化和异质化，多利益相关方的制度框架也使得行为体之间的矛盾和冲突更加复杂，不仅存在不同类型行为体之间的矛盾，而且引入了国家之间的竞争和冲突。例

① Nancy Gibbs and Lev Grossman, “Apple CEO Tim Cook on FBI, Security, Privacy: Transcript,” *Time*, March 17, 2016, http://time.com/4261796/tim-cook-transcript.

② Nick Wingfield and Cecilia Kang, “Microsoft Wins Appeal on Overseas Data Searches”, *New York Times*, July 14, 2016. https://www.bostonglobe.com/business/2016/07/14/microsoft-wins-appeal-overseas-data-searches/q2MhwFgFeSVAu3bVkv5b1O/story.html.

如，以巴西为首的发展中国家将 IGF 看作某种政府间框架协议的准备和发展过程，最终目标是建立网络空间“全球适用的公共政策原则”，将网络空间纳入传统的政府间组织框架；美国为首的发达国家则认为 IGF 的使命是一个集中信息和各方观点并进行对话的“场所”，它不应该进入实质性的政策制定流程中。围绕议程的设置、顾问组和秘书处的代表权问题以及治理的根本原则等问题，两大派系之间的政治斗争和博弈愈演愈烈，始终未能找到有效的解决途径。

由于议题的泛化以及主体的多元化，社会公共政策领域的“多利益相关方”制度安排仅仅停留在对话层面，很难达成解决冲突的具体行动。尽管如此，相比较“伦敦进程”等其他全球对话机制，考虑到联合国的成员数量以及工作程序，联合国的机制可能是低效的，但无疑也最具合法性，有助于在社会公共政策领域达成某些一致性的原则。联合国第三个 UNGGE 的“成果文件”第 21 条也表示，各国在努力处理通信技术安全问题的同时，必须尊重《世界人权宣言》和其他国际文书所载的人权和基本自由。① 中华人民共和国外交部在《网络空间国际合作战略》的“行动计划”中表示，“支持联合国大会及人权理事会有关隐私权保护问题的讨论，推动网络空间确立个人隐私保护原则”②。

（三）经济和国家安全层面

在经济和国家安全层面，与网络空间有关的冲突主要体现在网络议题对传统国际规则的冲击。在经贸领域，国际社会面临的挑战是如何实现数字经济的效益最大化，其中既涉及电子商务等

---

① 联合国大会：《从国际安全的角度来看信息和电信领域的发展》，A/68/98，2013 年 6 月 24 日。

② 中华人民共和国外交部、中华人民共和国国家互联网信息办公室：《网络空间国际合作战略》，2017 年 3 月 1 日，http://www.fmprc.gov.cn/web/ziliao_674904/tytj_674911/zcwj_674915/t1442389.shtml。

传统的贸易议题，也涵盖了跨境数据流动、数字产品贸易、计算设施本地化等与网络空间治理直接相关的新议题。在安全领域，网络空间给国家安全带来了诸多新的挑战，这其中既关乎高级政治领域的领土安全和政权稳定，也涉及经济安全等非传统安全议题。之所以将这两个层面归于一类，是因为这些冲突都是要通过政府间谈判制定规则来解决的，这与技术和社会公共政策层面的冲突解决路径完全不同。

数字经济已经被纳入许多国家的发展战略，与网络有关的国际经贸规则谈判或对话在双边、区域和全球等多层面的国际机制中展开。2017 年美国退出 TPP 签订进程，其余 11 个国家签署了另一项后续协议《全面与进步跨太平洋伙伴关系协定》（CPTPP），CPTPP 于 2018 年底生效，成为世界上最全面的数字贸易协定，同时也是最多国家达成高标准数据治理和数字贸易条款的协议。2021 年 9 月，中国商务部部长王文涛正式向 CPTPP 保存方新西兰贸易与出口增长部长奥康纳提交了中国申请加入 CPTPP 的书面信函。2020 年 6 月，新加坡、新西兰、智利签订了《数字经济伙伴关系协定》（Digital Economy Partnership Agreement，DEPA）。该协定涵盖贸易中的多个数据场景，建立了一个兼具先进性和包容性的国家间数字经贸规则框架。2020 年 8 月，新加坡—澳大利亚签订《数字经济协议》（DEA），DEA 升级了 CPTPP 和《新加坡—澳大利亚自由贸易协定》（SAFTA）中的数字贸易条款。2021 年 10 月，中国申请加入 DEPA。围绕数字经贸规则的多边谈判进程正在成为未来大国博弈的焦点。

围绕上述议题的国际经贸规则制定，主要存在三个层面的适应性困难：（1）网络空间治理与传统国际经贸规则制定逻辑之间的冲突。前者强调的是“多利益相关方”共同参与的治理模式，后者则是以政府为规则的谈判和义务主体，通过政府间的“秘密”谈判来达成经贸协定。新议题与传统架构的融合使得数字经济规则的规范目标不仅是推动数字经济发展，同时仍需兼顾消费者权益以及国家利益与公共利益之间的均衡；（2）国家行为体之间围绕新、旧议题的利益冲突。欧美等发达国家主张在国际经贸规则的谈判中增加与传统货物贸易并无直接联系的新议题，以便填补规则空白；以中国为代表的新兴经济体则由于难以把握规则制定的主动权而更倾向于在传统贸易方面发挥自身的优势。就目前的走势来看，新议题进入国际经贸规则的谈判恐难以回避；（3）政府与私营部门之间在规则制定透明度和参与权限方面的冲突。按照传统国际经贸规则的制定逻辑，以私营部门为代表的其他利益相关方获取信息和参与谈判的程度非常有限；互联网业界则认为，这与网络空间国际治理主张的多利益相关方治理模式存在严重脱节，是在“用20世纪的贸易协定谈判方式为21世纪制定高标准规则”。①

网络安全领域的冲突同样存在于国家与国家之间以及国家与非国家行为体之间，前者如日益加剧的军备竞赛和网络战，后者如黑客攻击、网络犯罪、网络恐怖主义等，而2017年5月席卷全球的勒索病毒事件既是非国家行为体对国家安全发起的攻击，也涉及国家行为体如何管控自身的网络武器以避免网络武器的扩散。在这个层面，国际合作的目标应是达成具有约束力或一致同意遵守的国际行为规范以及信任和安全建立措施，以缓解网络空间的安全困境，维护网络空间的战略稳定。

国际社会对网络空间国际安全架构的构建仍处于初步的探索阶段，有关网络安全问题的合作与对话在全球（联合国）、区域（北约、欧盟、上海合作组织）以及双边机制等多层次同时展开。由于与网络空间有关的军事安全议题直接关系到国家的军事安

① IGF, “IGF 2016-Day 3-Main Hall-Trade Agreements and the Internet”, December 5, 2016, http://www.intgovforum.org/multilingual/content/igf-2016-day-3-main-hall-trade-agreements-and-the-internet.

全，因而在不同的层次上表现出不同的博弈态势：在联合国这样的全球机制中直接表现为发达国家与发展中国家之间的利益碰撞，例如，2017 年 6 月，UNGGE 就网络空间安全行为规范的谈判因发达国家与发展中国家的立场难以协调而暂告失败；在北约、上海合作组织这样的区域组织中则表现为协调立场，实现共同防御和寻求集体安全；在双边层面上，对话机制的建立主要集中在彼此关切的领域，有较强的针对性和局限性，例如，2015 年 12 月，中美建立了打击网络犯罪及相关事项高级别联合对话机制，达成《中美打击网络犯罪及相关事项指导原则》并同意建立打击网络犯罪及相关事项的热线。

从规则制定的角度来看，目前最为重要的国际机制是联合国大会第一委员会，而最值得关注的文本来自北约。从 2004 年联合国大会成立第一个 UNGGE 开始，国际社会就在商讨缔结一项网络安全行为规范的国际条约的可能性；2015 年 7 月，联合国大会第四个 UNGGE 向大会提交报告，汇报了所取得的重大进展，提出了 11 项自愿的、非约束性国家负责任行为规范、规则或原则建议，建议各国以自愿的方式在政策技术、多边协商机制、区域合作、关键基础设施保护四个层面采取进一步建立信任的措施[①]。相比联合国政府间谈判的多重博弈，北约网络合作防御卓越中心邀请成员国 19 名学者编纂推出的《可适用于网络战的国际法的塔林手册》凸显了美欧等西方国家的利益诉求，实现了战争时期与和平时期网络空间国际规则的全覆盖。这份手册虽然不是北约的官方文件，但它却是世界上第一份公开出版的、系统化的有关网络战的规范指南，它对网络攻击、网络战的行为标准等关键概念进行了界定，明确了政府的义务和责任，被一些西方媒体誉为

---

① 2017 年 6 月，第五个政府专家组未能如期提交报告，这也反映出一旦进入深水区，国家之间的利益冲突将会越发难以调和。

网络战领域的“国际法公约”。①

综合上述分析，我们可以看到网络空间的国际秩序在不同层次上的进展态势有较大的差异。在技术层面，已经形成了相对稳定的全球秩序，当前的制度安排能够有效管理和应对不同社群之间的纷争，基本形成了私营部门主导下的国际秩序，但在全球层面仍缺乏有效的应对暴力冲突的国际机制；在社会公共政策层面，演进的方向是达成由多方行为体共同主导的国际秩序，不过考虑到冲突的解决在很大程度上受到一国国内政治的限制，要形成统一的国际规范还有相当的难度，因而下一步的目标还是在现有的制度框架下达成一般性原则的国际规范；在经济和安全领域，依托传统的政府间国际机制，如何达成有效应对各种暴力冲突的国际规范目前仍在博弈之中，而其发展的趋势仍然是建立由政府主导的国际秩序。

四 网络空间国际秩序的要素分析

国际秩序可以分解为三个构成要素：首先是行为标准的国际规范，其次要有指导国际规范制定的主流价值观，最后是约束国家遵守国际规范的制度安排。② 网络空间是一个新兴的领域，目前正处于国际秩序建立的形成时期，在某些领域固然有一些适用的国际法规范，但就网络空间的整体安全和稳定而言，国际规范仍然是一片空白；制度安排已经基本就绪，但就选择哪一个机制作为规范制定的场所，仍然没有尘埃落定；唯有关于主导价值观的争论已基本达成了国际共识。据此，未来网络空间国际秩序的形成主要表现为价值观、制度平台的选择以及规则制定的博弈，

---

① Michael N. Schmitt, *Tallinn Manual on International Law Applicable to Cyber Warfare*, Cambridge: Cambridge University Press, 2013, pp. 29-30.

② 阎学通：《无序体系中的国际秩序》，《国际政治科学》2016 年第 1 期，第 14 页。

而秩序形成背后的作用机制则取决于国家之间、特别是国家与非国家行为体之间的力量博弈。

（一）价值观的冲突

互联网的发展离不开欧美等发达国家技术专家的发明创造，他们在技术上贡献智慧的同时，也将西方文化中自由、开放、民主的价值观注入其中，在互联网在全球普及的过程中，他们支持网络空间的全球化和自由化，呼吁实现网络空间的自治，反对政府的权力干预，认为人类社会将进入全新的网络社会。[①] 例如，IETF 作为早期的互联网治理机构，其奉行的信条是“我们反对总统、国王和投票；我们相信协商一致和运行的代码”；其他如 W3C、RIR、ISOC 等早期互联网技术治理机构无不遵循了由私营部门掌控规则制定权的“多利益相关方”路径。基于互联网早期发展相对独立于国家的现实，特别是人们对网络空间作为一个“无边界性”的全球空间的认知，1996 年，美国网络活动家约翰·巴洛发表了《网络空间独立宣言》，声称网络空间是一个与外空和公海相似的“全球公域”，将网络空间治理的“去主权化”观念推向高潮。[②]

然而，随着信息技术逐渐深入国家的政治、经济和社会生活的方方面面，网络空间逐渐与现实空间紧密融合，主权国家作为现实空间中国际社会的基本行为体，势必会进入网络空间并成为网络空间规则制定中不可或缺的角色。特别是网络空间是一个多领域、多层次的空间，不同领域之间的议题相互交叉融合，即使是技术层面的规则制定，也很难完全将政府排除在

---

① David Johnson and David Post, “Law and Borders: The Rise of Law in Cyberspace”, *Stanford Law Review*, Vol. 48, No. 5, May 1996, pp. 1368-1378.

② Lawrence Lessig, *Code and Other Laws of Cyberspace*, New York: Basic Books, 1999, p. 13.

利益相关方之外。集体主义与民族主义的价值观与全球性、自由化的价值观形成了激烈的碰撞，权力与自由的交锋突出表现为国家在网络空间治理中的角色。弥尔顿·穆勒认为，传统的左派与右派分野已经无法简单区分网络空间治理的政治派系，那么以国家—跨国为横轴、网络化—科层制为纵轴，至少存在网络化国家主义、虚拟世界反动派、非国家化自由主义以及全球政府治理四种政治光谱。①

除了政府的角色之外，价值观的冲突还体现在治理模式的选择上，特别是围绕“多利益相关方”的争论。在网络空间治理进程中，“多利益相关方”的治理实践主要包含了如下核心要素：多方共同参与、由下至上、共识驱动。作为一种治理路径，“多利益相关方”的核心价值观是不同行为体在平等的基础上共同参与治理，这与传统意义上政府主导、存在中央权威、由上至下的“多边主义”模式形成了鲜明的对比。“多边主义”更突出政府行为体在各利益相关方中的主导地位，它虽然不排斥其他利益相关方的参与，但是其前提仍然是在政府主导之下的多利益相关方的共同参与，因此在决策中更多表现的是政府自上而下的权威等级式管理，政府作为各利益方的代表发布相关政令、制定相关政策；“多利益相关方”则更强调私营部门、政府、国际组织、民间组织、学术机构等不同利益相关方之间的平等协作，是一种自下而上的、包容性的、网络化的组织和决策模式，与互联网本身的网络化特征相契合。

其实，所谓的模式之争并没有意义，因为在普遍意义上，“多利益相关方”是一种路径或方法（approach），而“多边主义”则是一种具体的实践模式，两者之间并没有可比性。在实践中，不同实践模式各有优劣，选择哪一种治理模式，关键在于针

① ［美］弥尔顿·穆勒：《网络与国家：互联网治理的全球政治学》，周程等译，上海交通大学出版社2015年版。

对特定的议题，哪一种治理模式更为有效。正如劳拉·德纳迪斯所说：“一个诸如‘谁应该控制互联网，联合国或者什么其他的组织’的问题没多大意义；合适的问题应该触及在每个特定的背景下，什么是最有效的治理方式。”[1] 2015年12月，联合国在信息社会世界峰会成果落实十年审查进程高级别会议的官方文件中承认了两种模式的共存价值，指出：“我们再度重申坚持WSIS自启动以来所坚持的多利益相关方合作与参与的原则和价值观……我们认同政府在与国家安全有关的网络安全事务中的主导作用，同时我们进一步确认所有利益相关方在各自不同的角色以及责任中所发挥的重要作用和贡献”。[2]

基于网络空间的虚拟和现实双重属性，价值观的碰撞必然会实现新旧两种模式在某种程度上的融合，而不是“东风压倒西风”的局面。一方面，我们需要互联网在全球层面的开放和互联互通，至少在基础设施和关键资源领域，这是互联网得以在全球有效运转的基本保障；另一方面，在网络内容监管、网络安全等政策制定层面，国家的权威仍然不可或缺。但是，考虑到“安全”概念内涵和外延的扩大趋势，非传统安全的重要性日益上升，再加上各国的国情不同，对于安全利益的优先排序也有较大的差异，不同政府对于应发挥主权权威的网络安全情景也必然有不同的界定。因此，两种价值观的碰撞还会持续，它具有对立性，表现为有关网络主权的行使边界和行使方式的争论，但更重要的是它所具有的统一性，价值观的融合终将推动一种不同于传统国际秩序的新秩序的建立。

---

① Laura Denardis, *Global War on Internet Governance*, Yale University Press, 2014, p. 226.

② The UN General Assembly, *Outcome Document of the High-Level Meeting of the General Assembly on the Overall Review of the Implementation of WSIS Outcomes*, A/70/L. 33, December 13, 2015.

（二）制度平台的选择

从表面上看，网络空间治理的国际机制呈现出一种松散无序的状态，如约瑟夫·奈所说："机制复合体就是由若干机制松散配对而成的，从正式机制化的光谱来看，一个机制复合体的一端是单一的法律工具，而另一端则是碎片化的各种安排；它混合了规范、机制和程序，其中有的很大，有的则相对较小，有的相当正式，有的则非常不正式。"① 但是，如果对网络空间国际治理机制进行分层考察，就可以发现网络空间国际治理机制同样有其内在的逻辑。

网络空间的国际治理是由技术层面发端，随后逐渐向公共政策、经济和安全领域扩展，由议题的性质所决定，制度安排在相同层次上具有共性，而在不同层次之间则存在明显的继承关系。在技术层面，以 IETF、ICANN 为代表的国际机制均属于技术社群主导的非政府机构，这种机制的特点是：一方面，由于确定了私营部门的主导地位，在技术层面更利于快速作出决策，避免了政府间博弈带来的冲突和低效率；但另一方面，由于排除了政府的主导权，这也从客观上限定了这些机制的使命只能局限在某个技术领域，对其他公共政策领域的影响力将会非常有限。

在公共政策层面，以 IGF、WSIS 为代表的国际机制大多归属于论坛或者会议等机制化水平较低的形式，虽然采用了包括政府在内的多利益相关方治理模式，但是至今未能产生有约束力的集体行动。究其原因，这也是公共政策议题本身的性质所决定的。互联网领域的公共政策涉及技术、内容、网站管理、政治、人权、宗教等多个领域，其内涵和外延都具有无限延伸的属性，而由于国情不同，每个国家对于公共政策的制定必然有不同的立场

---

① ［美］约瑟夫·奈：《机制复合体与全球网络活动治理》，《网络空间研究》2016 年第 4 期，第 87—96 页。

和出发点，除了一般性的原则之外，很难在国际范围内达成一致的公共政策。此外，多利益相关方网络化的组织模式，也决定了它很难在需要资源高度集中的领域产生高效的集体行动。

在经济和安全领域，传统的政府间治理机制（例如 WTO、联合国、G20）占据了主导地位，其治理模式仍然是通过政府间谈判和合作的方式达成共识或者具有约束力的国际规则。然而，作为新生事物，传统国际机制中网络议题的国际规则仍然处于规则制定的早期阶段，国家间的利益冲突和博弈意味着规则的制定将需要较长的时间。考虑到利益的复杂性，在这个传统机制仍然占主导的层面上，小多边区域机制和双边机制要比全球机制如联合国更易于达成集体行动，这一方面是因为区域成员由于地缘相邻和区域内经济合作机制共享更多的利益关切；另一方面也是因为成员数较少，利益冲突更易于得到缓和，利益博弈的难度相对较低。

网络空间国际治理的最大特点也是对传统全球治理机制的最大冲击在于它催生了新的治理机构。如弥尔顿·穆勒所说，这些集中于技术和社会公共政策的治理机制——诸如 IETF、RIR、ICANN 和 IGF——将治理的决策权置于跨国的、非政府的相关行为体手中，“它们从民族国家的外部出现，提供了新的制定有关互联网标准与关键资源的重要决策的权威场所；新兴的合作、讨论以及组织纷纷出现，使凭借新型的跨国政策网络以及凭借新型治理形式来解决互联网治理问题成为可能”①。更重要的是，这些新兴的治理机构凭借其特有的价值观和制度安排，正在逐渐对传统的治理机构带来冲击和挑战，促使传统的机构做出适当的调整和改变以适应网络空间治理多元化、跨领域的复杂现实。

---

① ［美］弥尔顿·穆勒：《网络与国家：互联网治理的全球政治学》，周程等译，上海交通大学出版社 2015 年版，第 5—6 页。

但是，从国际规范制定的角度来看，上述制度安排却存在集体行动效率不一的问题。在技术层面，IETF 能够迅速高效地达成集体行动，拿出有效的技术解决方案，ICANN 也能够依靠自身政策制定流程在域名和地址分配领域确保竞争与开放；在经贸和国家安全层面，政府间的博弈常常导致联合国大会的谈判进程一波三折，但是其目标仍是达成具有约束力的规则；只有在社会公共政策领域，由于议题的复杂多元化，IGF 等论坛机制常常被诟病为“毫无意义的闲聊场所”①。围绕议程的设置、顾问组和秘书处的代表权问题以及治理的根本原则等问题，IGF 始终未能找到有效的解决途径。2008 年 3 月，国际电信联盟秘书长在 ICANN 的一次会议中，明确表示互联网治理论坛是“浪费时间”。②

然而，一个机制的重要与否并不能仅仅寄托于其达成集体行动。如果将规范产生的生命周期划分为规范出现（norm emergence）、规范梯级（norm cascade）和规范内化（norm internalization）三个阶段③，那么网络空间治理的进程仍然处于提出规范的第一阶段。网络空间规则的产生通常有赖于两个条件：一是规范推动者的宣传和劝说；二是规范推动者劝说行为的制度平台。从这个意义上说，作为一个以最具代表性的国际组织为依托的专门机构，IGF 作为一个具有广泛代表性的全球平台，即使很难达成集体行动，但它可以成为一个容纳广泛争论和利益冲突的宣传和劝说的重要平台，其存在的意义更多体现在对话而不是行动。

由此可见，在网络空间国际治理机制的复合体中，并非所有的制度安排都具有产生国际规范的能力。新兴的治理机构在制定

---

① Jonathan Zittrain, *The Future of the Internet: And How to Stop It*, New Haven, CT: Yale University Press, 2008, p. 43.

② “China Threatens to Leave IGF”, *Internet Governance Project Blog*, December 5, 2008, http://blog.internetgovernance.org/blog/_archives/2008/12/5/4008174.html。

③ Martha Finnemore and Kathryn Sikkink, “International Norm Dynamics and Political Change”, *International Organization*, Vol. 52, No. 4, 1998, pp. 887-917.

全球技术标准方面发挥了绝对的主导作用；但在社会公共政策层面，它的扁平化结构无疑降低了产生集体行动的效率，因而在社会公共政策领域，新兴的制度安排可能更有助于实现多利益相关方之间的信息的交流和沟通，但却很难成为国际规范制定和执行的场所；在经济和国家安全领域，传统的主权国家间的制度安排更有可能达成国际规范，但不同机制的效率也有不同，例如联合国机构固然更具代表性和合法性，但也同样降低了它的工作效率；相比之下，区域性的机制和双边的机制可能代表性不够，但达成国际规范的可能性却更大。当然，这并不是渲染传统的国际机制与新兴机制的对立，而是应根据议题的性质，寻求两种机制之间的平衡。

（三）行为体之间的力量博弈

无论是价值观的冲突还是制度安排的选择，其背后发挥作用的仍然是网络空间不同行为体之间的互动。网络空间中的行为体除了传统的国家行为体之外，还包括私营部门、非政府组织、个人用户等非国家行为体。与其他领域不同，网络空间多层次、多元化的冲突与风险的复杂特性决定了不同行为体都应在网络空间扮演好自身的角色，需要行为体之间的相互协作。然而，由于利益诉求的不同，网络空间国际秩序的建立不仅体现在国家之间的力量博弈，而且表现为国家与非国家行为体之间的权力争夺。在网络空间，非国家行为体的权力和力量相对上升构成了对传统上由国家主导国际秩序的重要挑战，这是网络空间区别于现实空间国际秩序的最大特点。具体而言，它具有以下三个特征。

第一，私营部门对关键基础资源的掌控以及对国际规则制定的发言权上升。如前所述，全球互联网技术层面的标准和规范制定均有赖于私营部门主导的非营利性、非政府机构，这些机构在互联网关键基础资源领域牢牢掌控着国际规则的制定权，将政府排除在外。近两年来，随着网络空间向各领域的逐渐延伸，这些私营机构并没有简单止步于技术领域的话语权，而是试图在国际规则层面发挥更大的作用。

2016 年 6 月，微软公司发布报告《从口头到行动：推动网络安全规范进程》，提出可依据间谍情报技术、攻击手法、攻击目标及专门知识来开展技术溯源，同时配合以信号情报、人力情报、测量与特征情报，甚至可以渗透攻击者系统寻找证据；2017 年 2 月，微软总裁布拉德·史密斯在美国召开的 RSA 网络安全大会上，呼吁制定全球《数字日内瓦公约》，保障网民和公司不受政府在网络空间中行动的伤害；其目标是希望政府在开展相关网络行动时，不要伤害互联网企业和普通用户的利益。① 2017 年 6 月 3 日，兰德公司发布报告《没有国家的溯源——走向网络空间的国际责任》，称“现在是时候建立一个国际性的溯源机构”，建议国际社会尽快建立一个独立、可信、权威和“去政府化”的 GCAC（全球网络溯源联盟）。②

微软公司的倡议在网络空间引发了诸多关注，这一方面凸显了网络空间安全风险的严峻以及国际社会相关防范机制的缺失；另一方面反映出互联网企业对于维护网络空间的安全环境有着迫切的现实需要，这两点是很多知名互联网企业积极推动建立网络空间安全秩序的重要驱动力。之所以提出“去政府化”的倡议，固然是对私营企业主导的互联网“多利益相关方”实践的延续，更多的则是为了维护私营机构的利益，与政府保持相对的独立性。如果微软公司建立 GCAC 的“去政府化”倡议得以实现，那么私营机构在网络空间安全秩序的建立中将再下一城。

第二，互联网技术的低门槛、匿名性和攻击性赋予了黑客组

---

①　鲁传颖：《“数字日内瓦公约”，球在美国手上》，《环球时报》2017 年 2 月 20 日。

②　RAND，“Stateless Attribution：Toward International Accountability in Cyberspace”，June 2017，https：//www. rand. org/pubs/research_ reports/RR2081. html.

织不对称性的权力，恶意网络攻击成为国家安全面临的重大威胁。恶意网络攻击对国家安全的威胁是全方位的，常常会造成重大的经济损失，破坏关键基础设施的正常运行，引发社会动荡，甚至会关系到政局的稳定。即便是拥有强大国家机器的政府，也必须正视恶意网络攻击所带来的威胁，与黑客组织的斗争刚刚开始。

近年来，全球恶意网络攻击持续增加，危害性也日渐增大，但是由于溯源的困难，国际社会对不知源于何处的“敌人”缺乏有效的应对；而由于战略意图传递受阻，信息的交流和互动缺乏明确的路径，传统的威慑机制在网络空间受到了很大的挑战。约瑟夫·奈认为，网络威慑主要有四种途径：惩罚威胁（threat of punishment）、防御抑阻（denial by defense）、利益牵连（entanglement）以及规范禁忌（normative taboos），威慑的有效性则取决于实施过程中对威慑方式、威慑对象和具体行为三个关键因素的区分；在网络威慑的实施过程中，对于国家和非国家行为体、技术先进国家与落后国家、大国与小国的区分直接关系到网络威慑战略的手段和效果。① 2017 年 2 月，美国国防科学委员会发布题为《面向网络威慑的网络部队》的报告，详细研究了针对各种潜在网络攻击的威慑需求，提出了通过威慑、作战及升级控制应对网络“敌人”所需要的关键（网络及非网络）能力。②

值得一提的是，在政府与黑客组织的网络攻击攻防战中，非国家行为体的背后常常可以发现政府的影子。无论是 2008 年的格鲁吉亚战争中的网络战还是 2010 年伊朗核设施遭受蠕虫病毒攻击，都被认为有政府力量的背后支持；2017 年 5 月在全球爆发的

① Joseph S. Nye, “Deterrence and Dissuasion in Cyberspace”, *International Security*, Vol. 41, No. 3, 2017, pp. 44-71.

② Defense Science Board of Department of Defense, *Task Force on Cyber Deterrence*, February 2017, http://www.acq.osd.mil/dsb/reports/2010s/DSB-CyberDeterrenceReport_ 02-28-17_ Final.pdf.

勒索病毒造成了数十亿美元的经济损失，危及一些国家关键基础设施的安全，但这些病毒武器的肆虐却与美国政府网络武器库管理不善直接相关。一般而言，能够针对一个国家发动网络攻击的能力，并不是某个私营机构或组织的技术能力和财力可以支撑的，而一旦实现了黑客组织和某些国家力量的“勾结”，很可能会带来更大的安全威胁。

第三，国家行为体之间的博弈仍然是网络空间建立国际秩序的主要推动力，但与其他领域相比，其利益的博弈更加多元和复杂化。在网络空间，特别是随着议题由技术向经济、安全领域的逐层扩展，政府的主导权逐渐增强，国家间的博弈与冲突也越发突出。

如前所述，在早期的互联网治理进程中，国际社会常被划分为“两大阵营”。不过，在涉及军事领域网络安全的国际谈判中，发达国家与发展中国家的对立仍然可见。2017 年 6 月，联合国框架下的 UNGGE 宣布谈判破裂，在国际法适用于网络空间等关键问题上，美欧等发达国家与中、俄、印等新兴经济体立场相左，无法调和，导致这一届工作组未能如期向联合国大会秘书长提交报告。

可以判断，国家之间的阵营今后将更多地基于议题（issue-based）而不是传统意义上的意识形态。从理性的角度分析，国家间博弈的依据是各自的国家利益，而由于国情的不同以及网络空间议题的多元化，不同的利益聚合点自然会带来不同的“阵营组合”，其目标是实现国家在综合国力竞争中的优势；但同时，网络空间中私营部门与政府之间在一定程度上的相互独立、甚至是利益的对立，也提示了一种新的趋势：传统思维中的国家行为体博弈可能会更多汇聚于一个广义的网络安全领域。

五　小结

当今世界仍然处于信息技术革命的浪潮之中，互联网、大数据、人工智能、云技术、甚至很多我们至今未曾想象到的新技术将会不断涌现，越来越多的人和越来越广泛的政治经济生活都将被裹挟其中，网络空间的内涵和外延不断扩大，网络空间面临的安全风险和冲突也必然层出不穷。网络空间的国际治理是从技术领域起步的，随后不断向其他领域延伸；网络空间国际秩序的形成也会基本遵循这一先后顺序，依据不同层次议题的特性，逐渐由技术层向高级政治领域递进。可以预见，在未来较长的一段时期内，网络空间国际秩序的形成将会呈现一种动态的演进过程，新的行为体、国际制度和国际规范将会不断出现，或在某些领域形成新的秩序，或促使已有的国际秩序根据变化的环境做出适应性的调整和改变。

从传统的国家视角来看，国际秩序主要是由大国建立的，网络空间国际秩序的建立也同样如此，特别是中、美两个大国之间的力量博弈。中、美作为当今世界最大的两个经济体，网络议题近几年在双边关系中占据了重要的位置，其合作与竞争并存的态势与两国的整体关系保持了一致。互联网的性质决定了网络空间是一个分布式的网络，没有任何一个国家或者行为体能够控制所有的网络节点和信息，这就意味着跨越国家的网络空间议题必须要通过不同国家和行为体之间的协作才能实现，垃圾邮件、网络犯罪、网络战皆是如此。但是，网络空间不可能脱离现实空间存在，它仍然处于无政府状态的国际背景之下，国家之间的竞争必然会延续至网络空间中来，其核心内容就是网络空间国际规则的制定和国际权力的再分配。

2012 年同样是中美网络关系的一个重要节点，经历了谷歌退出中国和美国起诉五名中国军官的跌宕起伏之后，网络冲突在中美关系中的重要性日趋显现。在主导意识形态方面，美国政府近年来大力倡导“多利益相关方”的治理模式，认为互联网治理应由私营部门主导，而政府不应参与其中；中国则认为网络空间治理需要多方的共同合作，每一个行为体都应发挥各自的作用，政府不应被排除在外。在制度安排的选择上，美国更倾向于让私营机构以及双边和区域政府间机制发挥作用，中国则更强调发挥联合国的作用。在国际规范的制定方面，美国强调应确保互联网的自由、民主和开放，“一个世界、一个互联网”，中国则强调建立“网络空间命运共同体”，建立互联互通也应确保政府在境内管辖的相关网络设施和事务的主权；在数字经济领域，美国提出了以跨境数据自由流动为核心的经贸规则，中国则更加重视维护本国的数据安全，发布了《个人信息和重要数据出境安全评估办法（征求意见稿）》。在网络安全领域，美国提出原有的相关国际法（如“武装冲突法”）应适用于网络空间，中国则强调《联合国宪章》的基本原则同样适用于网络空间的国家行为体规范。

中美在全球网络空间规则制定中的合作还是取得了一定的进展的。2015 年 6 月 UNGGE 的最终框架达成，一方面，报告强调国际法、《联合国宪章》和主权原则的重要性，指出各国拥有采取与国际法相符并得到《联合国宪章》承认措施的固有权利；另一方面，报告提到既定的国际法原则，包括人道主义原则、必要性原则、相称原则和区分原则，回应了美国等发达国家的关切。[①] 2015 年 12 月，WSIS 的十年审查高级别会议成果文件也同时承认了“多利益相关方”和“多边主义”两者的适用条件，承认了两种模式的合法性。这两项重要的谈判成果可以被看作中美两国在网络关系极度恶化之后达成的历史性多边合作成果，为网络空间

① 联合国大会：《关于从国际安全的角度看信息和电信领域的发展政府专家组的报告》，A/70/174，2015 年 7 月 22 日。

行为准则的制定奠定了一定的基础。2021 年 3 月和 5 月，联合国信息安全政府专家组（UNGGE）和开放式工作组（OEWG）分别达成重要共识性报告。两份报告是在以往 UNGGE 系列报告基础上的重申和阐释，特别是对 2015 年报告提出的 11 条负责任国家行为规范做了进一步细化说明。2021 年 UNGGE 报告强调了《联合国宪章》的所有内容都适用于 ICT 环境，并列出了具体原则。并且强调国际人道主义法只适用于武装冲突的情况，这可能将缓解网络空间的军事化，限制混合战争①。同时，两份报告都强调了建立国际联络点（Points of Contact，PoC）和对话与协商机制，推动在网络攻击事件频发的背景下，积极预防低烈度的网络冲突上升为国家间危机②。这两份报告的达成被认为是特朗普政府对华开启战略竞争之后达成的重要多边合作成果，为网络空间行为规范的制定提供了一定的共识基础。

就双边关系而言，中美两国已经展开了多轮网络安全对话，并且建立了执法与网络安全合作高级别对话机制，这是合作的一面，但竞争的一面更不能忽视。美国开启对华贸易战之后，两国在网络空间的对话机制已经基本停滞。国际制度具有“非中性”的特征，即对具有不同优势和实力的国家而言，它所能带来的效果和影响是不同的。美国是互联网的缔造者，由于客观历史因素，美国（包括私营企业和非政府机构）的治理主体在各个国际治理机制中都占有明显的优势，这种优势更是凭借其当前领先的信息技术水平和大量的优秀人才而得到进一步强化，并最终转化为塑造国际规则的强大能力。中国在互联网发展中属于后来者的新兴国家，与美国相比还是有相当明显的实力差距，这也意味着

① 刘金河 杨乐：《联合国框架下双轨制进程的博弈焦点与发展趋势》，《中国信息安全》，2021 年第 9 期。

② 刘金河 杨乐：《联合国框架下双轨制进程的博弈焦点与发展趋势》，《中国信息安全》，2021 年第 9 期。

中美两国在网络空间的一些核心议题上具有完全不同的利益诉求，很难在现阶段达成一致的立场。

然而，在网络空间国际秩序亟待建立的形势下，作为世界第二大经济体和在国际社会中日益发挥重要作用的大国，中国仍然面临着难得的历史机遇。中国不仅提出了携手构建“网络空间命运共同体”等一系列理念、主张和实践案例，更是主办和积极参加了世界互联网大会、UNGGE、ICANN 大会等重要的国际会议，并积极推动“一带一路”倡议、“全球数据安全倡议”、G20、金砖国家等多边合作框架中有关网络议题的国际对话与合作。中国积极参与国际互联网治理进程，意味着我们一方面要接受现有的治理体系；另一方面又要谋求改善和应对现有体系中于己不利的部分。

为了推动建立公正、合理的网络空间国际秩序，中国可以从以下三个方面着手。

首先，在价值观层面，以实际行动配合外交理念的推广，将习近平主席提出的“尊重网络主权、维护和平安全、促进开放合作、构建良好秩序”的基本理念落到实处。结合整体外交战略，中国近几年在全球治理中积极倡导“命运共同体”的理念，在网络空间也提出了携手构建“网络空间命运共同体”的愿景。但对于国际社会而言，外交理念需要实际行动相配合才更具说服力，例如，我国不妨针对当前国际社会面临的威胁，倡议建立相应的国际应对机制。

其次，在制度安排层面，中国应保持开放、包容的心态，针对不同的国际制度平台进行理性、客观的评估并制定相应的对策，尽可能实现利益和效率的最大化。例如，对 I * 等技术层面的机制，中国应积极鼓励政府和私营企业相关技术部门的深度融入，在技术创新和管理上下功夫；对 IGF 和 WSIS 等“闲谈”机制，政府部门可以保持适度介入，采取切实举措大力支持私营部门、学术界等其他利益相关方的参与，在其背后掌控大局；对传统治理机制下的网络议题，政府应加强与相关私营部门等其他相关方的信息共享、咨询和沟通，建立以政府为中心的辐射式支持模式。

最后，建立网络空间良好的国际秩序，应在积极参加网络空间国际规则制定的同时，重视国内网络空间秩序的建立，实现内外兼修。外交是内政的延伸，中国参与网络空间国际规范的制定必然会受到国内政策和理念的影响，而网络空间国际治理的趋势和理念也会对国内政策产生反作用，从而带动和影响国内秩序的建立。如此，中国应从自身着眼，加强能力建设，理顺部门关系，加强跨学科、跨领域的信息共享机制和全方面人才培养。

国家安全之维

第六章

主权原则在网络空间面临的挑战

尊重主权原则是推进网络空间国际治理的基础。主权原则适用于网络空间已经在国际社会得到了普遍的认同，但在如何适用的问题上还面临着诸多的挑战。这一方面是因为网络空间所独特的技术属性；另一方面，国家间的权力博弈日益渗透网络空间，从而使主权原则在网络空间的适用同时面临着不确定性和复杂性。中国是“网络主权”理念的提出者和倡导者，既要对主权原则在网络空间适用的挑战有客观的认知，也要在实践中坚持原则性和灵活性，从而更好地维护国家核心利益，确保国家安全和经济社会可持续发展。①

一　主权原则在网络空间的适用

自 1648 年威斯特伐利亚体系建立以来，主权原则就成为国家间互动的基本准则。在国内政治中，主权的基本含义所体现的是国家权威与其他行为体之间的等级关系，当其应用到国际关系领域，主权的概念得到了横向拓展，反映出国家之间的权力划分，

---

① 《网络主权：理论与实践》（2.0 版），中国网信网，2020 年 11 月 25 日，http://www.cac.gov.cn/2020-11/25/c_1607869924931855.htm。

即主权概念具有一体两面："内部主权"与"外部主权"。[①] 随着经济全球化进程的推进，传统的国家主权在国内层面面临着新的政治参与者的挑战，在国际层面则体现为国家经济主权、政治主权和文化主权受到了不同程度的侵蚀与削弱。[②] 以此为背景，网络空间的出现对主权原则的行使构成了更大的挑战。

网络空间与物理的现实空间有着截然不同的特性。作为一个人造的技术空间，互联网的治理架构可以划分为三层：一是处于最底层的是物理层，主要包括计算机、服务器、移动设备、路由器、网络线路和光纤等网络基础设施，相当于人体的"骨骼"；二是负责传输信息和数据的逻辑层，主要包括各种传输协议和标准，例如 TCP/IP 协议，相当于人体的"神经系统"；三是内容层，例如经由互联网传输的文字、图片、音频、影像等信息和资料，以及移动互联网中的各种应用及其所构建的人际交流网络，相当于人体的"肌肉"。[③] 基于上述定义，人类使用互联网的活动空间就构成了网络空间。

从物理结构来看，网络空间是一个分布式的网状结构，在内容层表现为一个开放的全球系统，没有物理的国界和地域限制，用户可以以匿名的方式将信息在瞬时从一个终端发送至另一个终端，实现全球范围内的互联互通。网络空间的虚拟属性在创造出一个新疆域的同时，打破了传统意义上的地理边界，动摇了基于领土的民族国家合法性，以属地管辖为主、属人管辖为辅的主权行使方式在网络空间很难作为国家间主权范围划界的手段。

网络空间主权边界包括三个层次——物理层、逻辑层、内容

---

① Ivan Simonovi, " Relative Sovereignty of the Twenty First Century ", *Hastings International & Comparative Law Review*, Vol. 25, No. 3, 2002, pp. 371-372.

② 蔡拓：《全球化的政治挑战及其分析》，《世界经济与政治》2001 年第 12 期，第 37—41 页。

③ Alexander Klimburg, *The Darkending Web: The War for Cyberspace*, New York: Penguin Press, 2017, pp. 26-45.

层；一个维度——互联网用户。在物理层，国家对网络空间物理层的主权权利是与现实空间主权权利最为接近的。作为网络空间的“骨骼”，基础设施是现实空间有形存在的，其管辖权划分也相对明确。海底光缆和根服务器这些全球性基础设施大多由境外的私营企业或部门掌控，不属于国家的主权管辖范畴，而计算机、服务器和光纤等各种网络基础设施通常位于特定国家的领土范围内。哈佛大学教授杰克·戈德史密斯认为，鉴于构成互联网的硬件和软件都位于一国领土之内，基于领土的主权，使国家对其网络使用者的规制正当化了。① 因此，各国可以对本国境内的网络基础设施行使完全和排他的管辖权，包括有权采取措施保护本国境内的网络基础设施不受攻击和威胁。如果一国境内的网络基础设施遭到外来的攻击或损害，就意味着该国的领土主权遭到侵犯。这已经得到国际法和国际实践的承认。②

与有形的物理层不同，网络空间的逻辑层则是无形的、不可见的。互联网的域名系统可以划分为两类：一类是掌管在私营部门手中的通用顶级域名，例如 . com、. org 等；另一类是归属各国政府管辖的国家和地区顶级域名，例如 . cn、. us 等（后者属于国家的主权管辖范围，不再讨论）。出于历史原因，当前全球 13 个域名根服务器大多分布在欧美国家，而负责域名管理的机构 ICANN（互联网域名与地址分配机构）是注册于美国加州的一家公司，政府在该机构中可以通过政府咨询委员会（GAC）表达意

① Jack L. Goldsmith, “The Internet and the Abiding Significance of Territorial Sovereignty”, *Indinana Journal of Global Legal Studies*, Vol. 5, No. 2, 1998, pp. 475-491.

② 2013 年，联合国信息安全政府专家组（UNGGE）通过了 2013A/68/98 号决议，承认国家主权和在主权基础上衍生的国际规范及原则适用于国家进行的信息通信技术活动，以及国家在其领土内对信息通信技术基础设施的管辖权。参见“Group of Governmental Experts on Developments in the Field of Information and Telecommunications in the Context of International Security”, *The United Nations*, June 24, 2013, https://undocs.org/A/68/98 。

见，但并不拥有决策权。[①] 目前来看，逻辑层的技术标准和域名地址分配（国家或地区域名除外）由全球技术社群和互联网社群负责制定，然后在全球统一实施，这个层面不属于任何一个国家的主权管辖范围，这也在逻辑层面保证了全球互联网的互联互通。

在内容层，网络空间的信息或数据则兼具了虚拟与现实的双重属性。一方面，网站内容是可见的，网站也是在境内注册的公司实体；另一方面，信息的传递则是在虚拟的网络空间完成的，它可以在瞬间跨越地理距离和国界对世界上众多国家产生广泛而深远的影响，而后果往往是很难控制的。目前，国际社会均承认数据主权的存在，即各国在尊重公民信息自由权的同时，有权依据本国国情，对有关信息传播系统、信息、数据内容进行保护、管理和共享，[②] 争议较大的则是互联网内容在何种程度上、以何种方式被管控。以数据管辖为例，由于数据的产生地与公司实体的注册地常常不在一个国家，数据主体和数据控制者的权利与义务应归属于哪一个国家的主权范围内就成为一个有待解决的新问题，而包括中国在内的很多国家则采取了数据本地化的做法，将数据主权的行使基于领土管辖。

在互联网用户这个维度，网络空间主权基本上沿用了现实空间的主权权利，或者说是现实空间主权在网络空间的延伸。每个国家都享有对本国公民的管辖权，确保其依法享有自由和权利。国家有权制定各项法律法规，充分保障公民的知情权、参与权、表达权、监督权等合法权益，保护其个人隐私和信息的安全；同

---

① ICANN, "The Beginner's Guide", Nov. 8, 2013, https://www.icann.org/en/system/files/files/participating-08nov13-zh.pdf.

② 例如，2018 年 3 月，美国国会通过《澄清域外合法使用数据法案》（*Clarifying Lawful Overseas Use of Data Act*，简称 CLOUD 法案），以提高美国政府获取跨国界存储数据、打击数字犯罪的能力，明确了美国的数据主权战略，https://www.congress.gov/bill/115th-congress/house-bill/4943, June 2, 2018。

时，国家也有权对本国公民的网络违法犯罪行为依法采取惩罚措施，以维护网络空间的良好秩序。但考虑到网络空间的虚拟特性，互联网用户的网络活动常常是全球性的，例如 A 国公民在 B 国实施网络犯罪危害到 C 国公民的权益，其活动发生及产生的效果均是在境外，其个人数据和信息的所有权很可能会归属注册地在 D 国的企业管理，国家之间进行协调并制定相互对接的国际规范已经成为当务之急。

由此看到，主权原则在网络空间的不同层次上面临着不同程度的挑战，特别是网络内容管理和数据跨境流动已经成为当前国际社会热议的焦点。各国对于主权原则适用于网络空间这一点并没有异议，但由于国情不同和核心利益排序的差别，在应对来自网络空间的威胁方面各国自然也有着不同的认知和实践。如何在求同存异的基础上制定必要的国际规则，是构建网络空间国际秩序的必要前提。

二　主要国家对网络空间主权原则的实践

对于网络空间是否能够运用主权原则来规制，国际社会对这一新生事物的认识经历了一个逐渐变化的过程。在互联网发展的早期，有观点认为，互联网或许可以为民族国家为主导的现代政治带来一个新的选择，将其作为一个“去主权化”的全球公域，由全球的技术社群来治理和维护。还有观点认为，国家对网络空间的规制是不可能实现的，因为网络去中心化的“端对端”原则将更多的权力交给了“终端”和每一个用户，[①] 这使得等级化的主权权威传递方式在网络空间很难适用。然而，关于主权原则是

① David D. Clark and Marjory S. Blumenthal, “Rethinking the Design of the Internet: The End to End Arguments vs the Brave New World”, *ACM Transactions on Internet Technology*, Vol. 1, No. 1, 2001, pp. 71–79.

否适用网络空间的争论很快就烟消云散。随着虚拟空间与现实空间的联系日益紧密，仅仅依靠技术社群的自组织方式“再也不能应对纷繁芜杂的纷争”,[①] 因此，出于维护网络安全和经济发展的需要，国家的介入也成为必然，主权原则在网络空间如何适用的问题就浮上了水面。

目前，各国的网络空间主权观大致可以分为三类：第一类是以美国为首的西方发达国家，基于传统的自由民主价值观，认为现实的互联网是一个非政府域，所有的利益相关方彼此独立但应共同努力，而不是让某一个群体获得更大的优势地位，特别是政府应尽量减少参与，这种观点得到了西方国家和非政府治理机构的支持；第二类是以俄罗斯、中国为首的新兴国家，认为政府在互联网治理中的作用被低估和弱化，主张联合国等政府间国际组织发挥更大的作用，因而也被称为多边主义者、政府间支持者，这种观点曾经得到了印度、巴西[②]等新兴经济体和一些政府间国际组织的支持；第三类是广大仍在观望的发展中国家和不发达国家，由于网络基础设施发展水平较低，国家政治经济和社会生活对网络空间的依赖程度还相对不高，对网络空间主权的立场和观点不如前两类国家旗帜鲜明，在国际舞台上也鲜少就网络空间主权发声。

作为两种对立的观点，美欧和中俄两类国家的差异主要体现在对现有互联网治理体系（技术和社会公共政策）的治理理念方面[③]，其背后深层次的原因则体现为国家间的价值观差异、实力差距，其目的是获得相对于其他国家更大的优势和话语权。而在经济和安全领域，所有国家对相关网络事务的管辖权归属于主权

---

① 许可：《网络空间主权的制度建构》，载黄志雄主编《网络空间主权论——法理、政策与实践》，社会科学文献出版社 2017 年版，第 93 页。

② 2016 年之后，印度和巴西向欧美国家靠拢，改而支持多利益相关方模式。

③ 国际社会一致同意网络安全仍然是国家的主权管辖范围，但是由于安全的内涵和外延界定各国并不一致，因而各国对网络安全的主权边界也没有清晰的界定。

范畴并没有异议，其较量和争夺主要表现在规则制定的话语权和影响力，而主要决定因素是国家在网络空间的实力，这其中既有一国综合国力的体现，也有信息通信技术水平的直接支撑。

美国是互联网的诞生地，在网络空间的权力博弈中占有绝对的优势。20 世纪 90 年代之前，美国政府并不支持所谓的“互联网公域说”，它试图与技术社群就互联网的掌控权展开争夺，最终妥协的结果是 1998 年的成例——全球互联网的“通讯簿”由私营部门负责管理，但监管权仍归属于美国商务部。进入 21 世纪，为了不让中俄等国控制互联网，美国政府转而大力支持技术社群，提倡“互联网自由”和“多利益相关方”模式，将政府以及政府间机构不介入域名系统的管理作为监管权移交的前提条件。美国政府从试图控制互联网域名系统到愿意放弃监管权，是因为美国的私营部门和技术专家们在这些机构中已然占据了主导地位，因而更需要确保这些关键资源不会处于其他国家的掌控之下。

尽管如此，美国政府对“互联网自由”的坚持并不是无限适用的，其重要前提是不能危及美国的国家安全（例如反恐、经济竞争力），不能妨碍美国企业的全球竞争力，从而确保美国在经济和军事领域的竞争力和绝对领先优势。2018 年，美国政府先后出台了《网络安全战略》《国家网络战略》等重要文件，将中俄锁定为竞争对手，制定了一系列政策和法规，强化政府的网络控制力，综合运用多种手段维护美国在科技创新、产业发展和军事保障等多方面的国家利益。例如，2018 年 3 月美国总统特朗普签字生效的《澄清域外合法使用数据法案》（CLOUD），为美国政府部门（如 FBI）直接从全球各地的美国数据控制者手中调取数据提供了法律依据。

值得一提的是，尽管欧盟同样认同与美国相同的价值观，支持“多利益相关方”的互联网治理模式，但是欧盟在实践中始终坚持政府应加强对网络空间的规制和管控，在安全领域尤其重视社会层面的个人信息安全和隐私保护，特别是“斯诺登事件”之后。2016年，欧盟与美国就数据安全问题签署了新的隐私盾协议，以取代原有的安全港协议。2018年5月，欧盟《一般数据保护条例》（GDPR）正式生效，其管辖和适用范围不仅是欧盟境内注册的互联网服务提供者，而且包括对欧盟公民提供互联网服务的所有国外网站和公司。GDPR生效以来，法国、德国等国依据其规定，先后对谷歌、脸书等互联网巨头在收集、合并和使用用户数据方面进行了严格的审查，并对前者开出了高达5000万欧元的罚单。

作为网络空间主权的坚定支持者，俄罗斯认为国家应该对信息网络空间行使主权。早在2011年9月，俄罗斯发布了一份《国际信息安全公约草案》，[①] 明确提出“所有缔约国在信息空间享有平等主权，有平等的权利和义务……各缔约国须做出主权规范并根据其国家法律规范其信息空间的权利”。[②] 2016年，俄罗斯发布了《俄罗斯联邦信息安全学说》，[③] 进一步明确了国家在信息空间的国家利益，明确了网络空间主权的内涵。[④] 在实践中，俄罗斯也多次强调国家主权在网络空间的重要性，认为从互联网关键资源的治理到军事领域的安全，政府都应发挥重要的作用，国家主权应在各个层面得到尊重。2018年12月，俄罗斯议会提出一项法律草案，要求必须确保俄罗斯网络空间的独立性，以防万一

---

① Конвенция об обеспечении международной информационной безопасности (концепция)，俄外交部网站，https：//www. mid. ru/tv/？ id = 1698725&lang = ru，英文版（俄驻英国大使馆网站），https：//www. rusemb. org. uk/policycontact/52。

② 方滨兴主编：《论网络空间主权》，科学出版社2017年版，第393页。

③ Доктрина информационной безопасности Российской Федерации，俄总统网站，http：//static. kremlin. ru/media/acts/files/0001201612060002. pdf，英文版（俄罗斯联邦安全委员会网），http：//www. scrf. gov. ru/security/information/DIB_ engl/。

④ 即保障公民个人在信息空间的权利和自由；保障信息基础设施的稳定和运行；发展信息技术行业和电子产业；保障信息文化安全；促进国际信息安全体系的建立。

外国侵略导致俄罗斯断网；2019 年 2 月，俄罗斯国家杜马一读通过了《俄罗斯互联网主权法案》，旨在减少俄罗斯互联网与外部信息交换的同时，确保俄罗斯互联网的安全与稳定运行，该法案因而也被称为《俄罗斯互联网保护法 》。[①]由此可见，俄罗斯试图从技术层面对互联网实施主权控制的意图和决心。

可以看到，各国对主权原则的适用与否并没有疑义，对于涉及国家安全的领域适用于主权管辖这一原则同样认同，但在互联网的技术层和内容层应如何管控上，存在侧重点的偏差：西方国家更强调私营部门等非国家行为体的平等角色，中俄等国则更坚持政府作用的不可或缺。深层次观察，这两类观点差异反映了各国在网络空间主权的立场均服务于本国的国家战略，由于各国在网络空间的核心利益有很大不同，因而其对网络空间主权的主张也必然存在不同的侧重，并且会随着环境的变化和网络安全威胁的轻重缓急而不断调整。

总的来看，各国在网络空间主权问题上的主张和实践均折射出其当下的核心利益诉求。美国的核心利益是确保美国在网络空间各个层次的全方位优势，因而无论是强调互联网言论自由还是主张数据自由流动抑或是加强社交网站内容的管控，都服务于“美国优先” 的战略目标；欧盟的主权主张目前则聚焦于数据安全与个人隐私保护，在北约提供军事安全保护伞的情况下，欧盟的核心利益更多的是促进数字经济与社会的安全运行和协调发展，以推动欧洲的复兴和外交的重新定位；以金砖国家为代表的新兴国家则面临着发展与安全的双重目标，随着实力的提升，它们在网络空间的国家利益需求更大，需要在网络空间国际体系中

---

① 俄罗斯国家杜马官网，第 608767-7 草案，关于俄罗斯联邦法的修正草案：保障俄罗斯联邦境内网络稳定和安全运作相关法律的修正草案。“О внесении изменений в Федеральный закон « О связи » и Федеральный закон « Об информации, информационных технологиях и о защите информации »”, Dec. 14, 2018, http://sozd.duma.gov.ru/bill/608767-7。

掌握更大的话语权和影响力，因而其网络空间主权的主张更多是强调发展权、管理管辖权和国际合作权。广大的发展中国家则由于网络空间实力更弱，其首要的利益关切是发展和安全，其次才是国际话语权，因而其网络空间主权主张更多地体现为发展权和管理管辖权。

三 未来趋势及影响

从发展趋势看，信息通信技术的快速发展和广泛应用使得网络空间的内涵和外延不断扩大，大大增加了国家主权行使的难度。首先，它涉及的行为主体更多——政府、私营部门、非政府组织、技术社群、互联网用户都成为利益相关方；其次，需要管辖事务的性质也更加多元，一个议题常常同时具有技术、社会、经济和安全等多种属性；再次，以现实空间的行为体为联结点，虚拟与现实空间复杂互动，地理边界失效，维护网络空间主权仅仅依靠政府的力量或者一个国家的力量变得十分困难。未来，主权原则在网络空间的适用还将面临以下几个层面的不确定性。

第一，从国家内部来看，政府与企业和其他行为体的权力边界正在发生变化，国家不再是唯一具有巨大权力的社会行为体。尽管经济全球化进程早已使得国家权力开始向私营部门、非政府组织分散，但是这一进程却在网络空间得到了巨大的激发。正如泰勒·欧文指出，通过技术赋权，许多新的社会个体、团体和自组织网络，正在从权力和合法性方面挑战“国家”作为国际事务中的主要单元的地位，一个重大的“国际再平衡”正在进行中。①

① Taylor Owen, *Disruptive Power: The Crisis of the State in the Digital Age* (*Oxford Studies in Digital Politics*), Oxford University Press, 2015, pp. 1-21.

一方面，政府和其他行为体的绝对权力边界都在向网络空间延伸，催生了新的权力。在互联网这个平台上，普通网民、政府官员和各类机构都可以在网络上发声，交换信息或阐述自己的思想，他们在网络化世界中掌握的联结点越多，其掌握的权力就越大。有观点认为，互联网打造了一个信任社区，将这种权力等同于军事和经济力量，是政治权力的关键来源。① 从企业的角度看，亚马逊、苹果、脸书和谷歌等企业通过技术和其他手段掌握了海量的数据，这背后蕴含的权力应引起关注。②从政府的视角看，政府需要对这个新的领域进行管辖，例如对互联网内容的管控、对数字产品的管理、对网约车等新生业态的监管等，这些新的领域与原有的领域提供相似的服务目标，但却以虚拟的形式或路径实现，因而需要新的治理理念和方法来应对新的形势，例如，政府手中掌握的大量公共数据是否可以与企业共享以激发企业更大的活力，政府与企业的权责和利益该如何分配等。③

另一方面，网络空间的典型特征是政府和企业之间的相对权力边界发生了移动，企业对互联网关键基础设施和资源的掌控力显著增强，政府的主权行使能力受到了很大的制约。泰勒·欧文认为，海量的互联网信息增加了政府行使主权的预判和控制难度，因为门槛更低，基于互联网的社会组织无须组织核心即可实施集体行动；主要社会元素已全面网络化，国家不再独享控制权。④ 共享经济使得已有的商业法则发生了改变，基于代码化的市场和算法之上的一系列新规范正在创建并取代传统上由政府设

① Irene S. Wu, *Forging Trust Communities*, Johns Hopkins University Press, 2015, pp. 12-22.

② Scott Galloway, *The Four*: *The Hidden DNA of Amazon*, *Apple*, *Facebook*, *and Google*, Portfolio, 2017, pp. 1-12.

③ 江小涓：《数字时代政府治理的机遇和挑战》，数字中国产业发展联盟，2019 年 1 月 28 日，http：//www. echinagov. com/viewpoint/246488. htm，访问时间：2019 年 1 月 29 日。

④ Taylor Owen, *Disruptive Power*: *The Crisis of the State in the Digital Age* (*Oxford Studies in Digital Politics*), Oxford University Press, 2015, pp. 1-21.

定和主导的规范;[①] 随着人们将获取信息的渠道逐渐由传统媒体转向网络媒体和社交平台,“网民已经成为数字世界的俘虏”,通过人物画像和精准的信息推送,掌握大量用户数据的互联网平台完全可以利用算法来影响国内的政治生态,这在英国“脱欧”、美国(特朗普)大选等事件中已经得到很充分的展示。与此同时,政府在维护国家安全,特别是意识形态安全的时候离不开互联网企业的参与,否则其政策目标很难实现,这就直接造成在网络空间,企业开始进入公共服务,参与市场监管、网络安全维护,而政府也会在一定程度上以适当的方式介入企业的经营范畴,对于企业行为中涉及公共安全问题的领域应实现政府与企业的协同治理。

第二,在外部主权的行使上,国家面临的挑战将更为复杂多样。首先,国家的权威正在逐渐被其他非政府国际治理机制侵蚀。即使是在经济和安全等传统的主权管辖范围内,例如打击网络恐怖主义、网络犯罪和数字贸易规则制定等,仅仅依靠传统的政府间治理机制也很难奏效,而互联网企业也在积极参与到国际规则的制定中。例如 2017 年,全球知名互联网巨头微软公司敦促各国政府缔结《数字日内瓦公约》,建立一个独立小组来调查和共享攻击信息,从而保护平民免受政府力量支持的网络黑客攻击;2018 年,微软再次联合脸书、思科等 34 家科技巨头签署《网络科技公约》,加强对网络攻击的联合防御,加强技术合作,承诺不卷入由政府发动的网络安全攻击。由此可见,虽然政府间组织在传统的高边疆领域仍然是主要的对话和规则制定场所,但无论是在数字经济还是网络安全领域,政府将不得不与其他行为体共享权利和共担责任。

---

① Geoffrey G. Parker, Marshall Van Alstyne, et., *Platform Revolution: How Networked Markets Are Transforming the Economy – and How to Make Them Work for You*, W. W. Norton & Company, 2016, pp. 16–34.

其次，新技术的不断发展和应用将会导致网络空间主权的排他性进一步减弱和境外效应的增加，主权的维护往往需要与其他国家的协作才能实现，特别需要处理好国内法与国际法之间的对接。以数据跨境流动为例，美国在 2018 年通过的《澄清域外合法使用数据法案》使得美国政府获取企业的海外数据合法化，欧盟的《一般数据保护条例》（*General Data Protection Regulation*，GDPR）正式生效，它对境外相关企业和国家产生的长臂管辖效应，都是网络空间主权权力向境外扩展的例证。如果只是制定了本国的数据保护条例而没有跨境数据流动的国际规则，那么该国的数据保护也不可能真正实现；随着人工智能的发展，无人机等自动技术更是从根本上改变了战争的地理界限，国际和国内安全规范的界限也已经日益模糊。① 在网络空间，当一国面临的安全威胁来源、行为体和攻击路径日益全球化，国家主权的维护必须要实现全球共同治理，这与构建网络空间命运共同体的逻辑是一致的。

当前，世界正经历“百年未有之大变局”，国际秩序面临重塑，信息时代的大国竞争将在很大程度上聚焦于网络空间，抢夺战略制高点。一方面，网络攻击、网络犯罪、网络恐怖主义、网络假新闻已成为全球公害，对国家安全的威胁与日俱增；另一方面，以互联网、人工智能、大数据为代表的信息通信技术已经成为大国科技角力的重要内容，5G 标准之争更是成为当下大国博弈的焦点。此外，人群画像与算法推荐的发展与应用还催生了新的政治形态革命，对国家的意识形态安全带来了新的挑战；约瑟夫·奈认为，互联网技术已经成为挑战西方民主的重要工具，特

① Max Tegmark, *Life 3.0: Being Human in the Age of Artificial Intelligence*, Penguin Random House, 2017, pp. 82-123.

别是基于信息操纵的锐实力严重冲击软实力。[①] 应对日益严峻的网络安全威胁凸显国家在网络空间行使主权的必要性和紧迫性。

从客观上看，主权原则在网络空间的适用正面临着两种张力：一是国家在网络空间的主权管辖边界仍在不断扩展，二是国家行为体的主权权力在向非政府行为体或机构让渡，两者都在很大程度上增加了主权行使的难度，这也成为网络时代大国战略竞争的独特环境。在网络时代，大国战略竞争的核心将是网络权力的争夺，哪个国家能够更好地掌控网络空间的权力，哪个国家就能够在国力竞争中占据主动和优势，其中重要的权力来源之一就是一国的科技实力。

具体表现在：一是技术标准的制定。网络空间终究不同于海、陆、空、太空等公域，它是一个人造的技术空间，在这个空间里，科技水平是权力衍生的基础，而代码或者标准的制定既决定了空间运行的规则，也决定了行为体获取权力的能力，这也是为什么 5G 标准之争成为中美战略竞争的重要一环。二是网络空间关键资源的掌控力。与传统上对地理和自然资源的掌控不同，如果说过去 20 多年互联网时代的国家权力来自对计算机、通信和软件这些基础设施的掌控，那么在即将到来的人工智能时代，算力、算法和大数据构成了三大基础支柱，数据成为关键的生产要素，催生了新的经济生产方式，对用户和信息的塑造还将会带来新的政治和社会形态。三是网络空间国际规则话语权的争夺。网络空间是一个新兴的空间，其规则制定固然涉及原有国际规则的适用，例如《联合国宪章》的基本原则，但更多是新规则的建立，例如数字贸易规则、网络空间负责任行为规范等，而当前大国的主要分歧仍然源于实力差距造成的利益目标错位。

---

① Joseph S. Nye, “Protecting Democracy in an Era of Cyber Information War”, Harvard Kennedy School Belfer Center for Socience and International Affairs, February 2019, https://www.belfercenter.org/publication/protecting-democracy-era-cyber-information-war.

四　小结

一国维护网络空间主权的能力最终取决于自身的综合实力，特别是创新能力和改革能力。信息通信技术发展的速度很快，维护网络空间的主权不仅考验国家的创新能力，也考验政府对网络空间主权的认知、适应和应变能力。这对中国维护网络空间主权的能力提出了更高的要求。

中国应基于对网络空间主权内涵外延的科学认知，在实践活动中既注意把握主权原则的底线，也要坚持适度的灵活性。网络空间主权的维护应该是发展的、灵活的、分层次的，其政策选择的基础是国家的利益分析。我们既应区分议题涉及国家利益的重要性，是核心利益、重大利益还是一般利益，也应考虑到对当前利益的威胁是否具有紧迫性，只有将两个维度综合起来考量，才能制定出恰当的对策。在网络空间的新背景和新形势下，只有坚持并灵活运用主权观，才能更好捍卫国家核心与重大利益，也才能够依据外部需要和变化具备强大的变通能力，趋利避害，为实现网络强国、数字中国以及中华民族伟大复兴的战略目标创造有利的外部环境。

第七章

网络空间国际治理的中国国家利益分析

一国参与网络空间国家治理的根本诉求是维护国家利益。国家利益是国家制定和实施对外战略的基础和出发点。中国参与网络空间国际治理所要实现的战略目标和路径选择，都应由中国的国家利益所决定，遵循国家利益至上的原则。然而，各方对国家利益的界定和判断没有统一的标准，致使很难在实际的政策制定中形成一致意见，决策者往往很难判断哪种政策建议更符合国家利益。我们应首先明确中国在网络空间国际治理中所处的位置，结合当前的外部和内部环境，确定自身的利益目标，按照利益的重要性和紧迫性对其进行排序，以此作为中国参与网络空间国际治理实践的决策依据。

一　中国参与网络空间国际治理的实践

回顾中国参与网络空间国际治理的进程有助于对当前的国家利益得失做更好的判断。中国于 1994 年全面接入互联网，其后逐渐开始参与网络空间国际治理的工作。到目前为止，中国积极参与了各主要治理平台上的标准和规则制定工作。与美国和欧洲国家相比，中国是互联网世界的后来者，也是受益者。一方面，我们在信息通信技术（特别是核心技术）的发展上仍然落后于欧美，在一些治理平台上的影响力还不够；另一方面，中国的崛起和综合实力的提高又需要中国能够在国际治理平台上提升自己的规则制定权和话语权，以便更好地维护中国的国家利益。这个现实也是明确中国国家利益目标的前提和基础。

中国参与网络空间国际治理的工作主要集中在I*、地区互联网组织以及联合国等三类平台，在不同程度上帮助中国社群融入全球互联网治理体系。从进程来看，中国参与时间最久也是最为活跃的是与信息通信产业相关的政府管理部门、私营企业、行业组织以及科研机构，它们深度参与了相关国际规则的制定，逐渐从国际规则制定的旁观者转变为参与者，甚至是引领者。与此同时，随着网络空间的不断扩展，网络安全议题逐渐上升至国家战略层面，相关安全、外交部门以及国际问题研究领域的学者也开始参与到网络空间的国际治理进程中来。

从领域来看，中国参与网络空间国际治理的实践主要集中在四个层面：技术、社会公共政策、经济和军事领域。如果将参与国际治理的目标设定为提升国际话语权①、议题设置权和规则制定权三个层级的话，中国在不同领域治理平台上的影响力分别处于不同的层级水平，而这与中国自身的综合实力构成直接相关。

首先，在ICANN、IETF等技术平台上，治理的主要内容是标准和协议的制定以及域名和数字地址的管理。在这个层面的治理中，由于中国进入时间晚于欧美国家，中国最初处于相对劣势，在规则制定权和话语权方面明显不够；但这个层面也恰恰是中国参与时间最久的一个领域。经过十余年的努力，也伴随着中国的崛起，中国的利益相关方（政府、企业、社群和专家）目前十分

① 这里的国际话语权是狭义的概念，指“发言的权力”。由于中国相对于欧美国家是网络空间的后来者，早期的很多国际治理机制中并没有中国代表参加，因而参与并入选到治理机制的关键岗位上，争取到合法发声的话语权是第一步。

活跃，多年的参与和付出也得到了回报，不仅直接参与了规则和标准的制定，而且入选了多个重要机构的关键职位。但总的来说，中国在技术层面治理平台上，特别是ICANN中的后发劣势并未根本扭转，下一步还应该争取更大的话语权。

其次，在IGF、WSIS等有关社会公共政策的全球性治理平台上，治理的主要内容是社会公共政策的制定，目标也是如何更好地让信息技术的发展造福于人类。在这个层面的治理平台上，中国把握住了先发优势，是最早开始参与平台治理讨论的国家之一，在首届信息社会世界峰会上也积极地发出了中国声音。此后，由于议题性质所限，IGF成为一个论坛性质的治理平台，未能有效输出集体行动。因而，作为一个发展中大国，中国已经实现了“发出中国声音”的话语权初始目标，有待今后在议程塑造和规则制定上取得更大的影响力。

再次，在数字经济领域，与互联网相关的规则制定主要集中于传统的主权国家间政府平台，例如世界贸易组织、二十国集团（G20）、金砖国家组织、亚太经合组织等。近年来，中国非常重视这些多边治理机制的作用，更是成功担任了二十国集团和金砖国家会议的主席国。无论是在全球还是地区平台上，中国的话语权和影响力都有了很大提升；在区域平台上，中国在议程塑造和规则制定方面的影响力和领导力已经非常显著，但在全球平台上，围绕电子商务、数字贸易等关键议题的规则制定，中国的影响力和话语权仍然有待进一步提高。

最后，在网络安全领域，相关的国际治理平台较为分散，既有双边合作框架，也有北约、上合组织这样的区域平台，在全球层面则是联合国框架。中国积极推动并参与了不同平台上的相关合作，特别是一贯坚持联合国应成为网络空间国际规则制定的重要平台，联合国应在打击网络犯罪和网络恐怖主义、反对网络军备竞赛以及制定网络空间国际安全规则方面发挥重要作用。与经济领域的治理相比，中国在安全领域的国际治理平台上，影响力范围较为有限，未来还应着重在议程塑造和规则制定方面寻求更大的影响力。

由此看来，中国参与网络空间国际治理的实践既有收获，也有不足。收获是中国已成为网络空间国际治理平台上不可或缺的角色，中国以及新兴国家的利益诉求得到重视，要求推动网络空间全球治理体系和建立新国际秩序的呼声也得到更多的关注。但是，不足也很明显，中国在相关领域（例如互联网技术、国际问题、国际法）的人才储备和建设还远远不能满足当前网络空间国际治理的要求；更重要的是，作为一个跨学科、跨领域的治理领域，网络空间治理需要不同部门之间的协调合作，需要内外兼顾、整体统筹，而中国在制定相关对外政策的过程中存在的问题包括：利益诉求不清晰，特别是缺少对不同时期利益目标的系统规划；不同利益目标交织，对利益目标的排序问题缺少客观判断；在一些重要且敏感的问题上，部门利益未能与国家利益有效对接，导致国内组织工作规划不足，策略缺乏统一协调。

二　制定国家利益目标的基本依据

尽管利益目标的制定是一个主观的过程，但这并不是说国家利益可以随意认定。通常来说，判断国家利益的基本依据主要包括当前所处的国际、国内环境以及对外战略；其中国际环境、国内环境是客观存在，对外战略则是主观认识的表现，这也符合国家利益概念中内容客观性与认识主观性的双重特性。判断中国参与网络空间国际治理的国家利益，不能仅仅考虑中国在网络空间治理中所处的内外部环境和对外战略，更要着眼于中国整体上所处的内、外部环境和对外战略。只有这样，国家利益目标的制定才能在最大程度上服务于中国发展的大局。

（一）国际环境

国际环境是制定国家利益目标的重要条件，其核心是国际格局以及一国在该格局中所处的位置。从客观上来说，国家在国际格局中所处的位置直接决定了其国家利益的定位和大小。具体而言，国际环境对国家利益的影响主要体现在三个方面：一是军事上国家安全受到的威胁大小；二是政治上在国际社会中获得的支持；三是经济上对外经济关系受到的制约。[①] 在较长的时期内，国际格局是一种较为稳定的状态，它对国家利益的影响也相对稳定；一旦量变引起质变，在格局的转换期，国家利益也会因此而出现变化和调整。

党的十九大报告对当前中国外部环境的判断是：和平与发展仍然是时代主题，发展的大势不可逆转，各国相互联系和依赖日益加强，国际力量对比更趋均衡。从国际格局来看，冷战以后的“一超多强”格局正处于一个重要的转型期。首先，美国仍然是全球综合实力最强的超级大国，但“多强”与其的差距正在逐渐缩小，其对全球事务的掌控能力相对有所下降，国际格局的多中心化趋势正在加强；其次，“多强”的座次也正在变动，新兴经济体的整体崛起，民族欧洲等老牌发达国家内外交困，综合实力有所下滑。特别是中国的快速发展，使得当今中美关系进入了一个质变期，双方博弈的复杂性达到了前所未有的高度。[②] 可以说，当前的国际格局正处于由量变到质变的关键时期，格局的变动也导致大国关系的不稳定性和不确定性增加。

网络空间同样不能脱离现实空间的大国互动逻辑。随着网络空间国际治理逐渐步入深水区，大国间的利益博弈更加复杂多

---

① 阎学通：《中国国家利益分析》，天津人民出版社 1996 年版，第 46—47 页。

② 张宇燕：《2017：未来历史学家可能浓墨重彩书写的年份》，张宇燕主编《全球政治与安全报告 2018》，社会科学文献出版社 2018 年版。

变。自20世纪80年代互联网诞生以来，网络空间治理逐渐从最初的技术层面向社会公共政策、经济和安全层面扩展，形成了全方位、多层次、多主体的全球治理体系。互联网治理和网络安全问题已经上升至国家的战略层面，网络空间也成为大国利益博弈的主战场，关注的焦点包括域名和根服务器的设置和管理、互联网治理的模式、数据的跨境流动、隐私保护、网络恐怖主义、网络军备等。目前，几乎所有的大国均制定了本国的网络空间安全战略，关注的利益目标和优先排序的差异也使得大国间的网络冲突出现了上升的态势；特别是随着网络空间与现实空间的高度融合，网络空间的大国间博弈将会在发展和安全两个层面上围绕国际规则制定的话语权而展开。

国际环境的变化使得中国在网络空间的国家利益范围更广，目标也更加多元化，内在的不一致性和平衡需要也更为突出。一是来自网络空间的安全威胁显著加大，关键基础设施、政权和社会稳定、领土主权都会面临新的安全威胁；二是非传统安全层面的对外经济活动遇到了新的挑战，诸如电子商务、知识产权保护、数字产品贸易规则的制定等；三是中国在网络空间的影响力和话语权、如何在大国竞争中立于不败之地不仅取决于国家的政治经济实力，而且与治理理念和价值观紧密相关。整体来看，当下的国际环境对中国而言利弊共存：一方面，中国的国际影响力大为提升，互联网的发展为中国经济增长、发挥大国作用提供了新的空间；另一方面，作为互联网世界的后来者，中国在信息技术方面的差距和不足也使得中国维护网络安全的能力暂处于弱势，而大国崛起所加剧的大国间矛盾更是使中国在数字经济和网络安全规则的制定中遇到了更大的阻力。

（二）国力评估

综合国力的大小决定了一国在对外关系中的利益诉求。在这里，国力的概念不是绝对意义上的实力概念，而是与他国相比的相对概念。一般来说，国家的综合国力（这里是指硬实力）有三个构成要素：资源禀赋、经济规模以及军事实力；其中，资源禀赋对一国来说是较为固定不变的，因而经济规模和军事实力的变化则尤为重要。综合国力对一国国家利益的影响是战略性的，国力强大的国家要比较弱的国家有着更为广泛的国家利益，而不同的实力内容对国家利益的影响也有不一样的表现，经济实力决定了海外经济利益的内容和范围，军事实力则是决定国家安全利益的重要依据。

综合国力的提升是中国改革开放40多年来最显著的成就。国力的提升不仅意味着中国在世界舞台上的位置会更接近中心，而且也意味着大国间的冲突会以新的方式出现，特别是中美关系。如今，中国已经成为仅次于美国的世界第二大经济体，而中美两个大国之间的实力差距正在显著缩小。从经济规模来看，早在2010年，中国的GDP总量已经超越日本，升至世界第二。在产业升级和科技创新方面，中国也在奋起直追，特别是在信息技术领域。在数字技术领域，我国在某些细分领域正在迅速地崛起，例如我国在通信和智能手机终端市场处于世界领先水平，半导体集成电路领域取得积极进展，华为已经在通信、芯片设计等数个领域撕开了美国构筑的高科技垄断壁垒。2020年，从数字经济规模看，中国已位居世界第二，规模达到5.4万亿美元；从增速看，中国数字经济同比增长9.6%，位居全球第一。[①] 国力的提升改变了中国在国际格局中的地位，中国也因此开始走向世界舞台的中央，这也导致中国在对外交往中的国家利益目标和需求会发生显著的变化。首先，随着越来越多的中国互联网企业开始走出国门，海外利益逐渐向全球拓展，维护企业的海外利益已经成为中

① 中国信息通信院：《全球数字经济白皮书——疫情冲击下的复苏新曙光》，2021年8月。

国国家利益的重要组成部分；其次，国际机制的本质是权力和利益的分配，新时代的中国应有与之地位相称的权力与责任，积极参与全球治理，既意味着在制度性的权力分配中维护中国的国家利益，也意味着中国应提供更多的全球公共产品，担负起更大的全球责任。网络空间治理符合同样的逻辑，只有如此，中国的大国外交以及构建网络空间命运共同体的理念才能真正落到实处。

（三）对外战略

对外战略体现了国家决策层对国家利益的主观认识，决定了国家在对外实践中所制定的利益目标。具体而言，决策者对历史发展趋势的认识决定了国家利益的目标制定，对时代特征的认识则会影响决策者对国家利益重要性排序的判断，主观认识与客观情况吻合的程度越高，对外战略对国家利益的促进作用也就越大。在对外战略的构成要素中，国家利益是第一要素，它决定了国家居支配地位的价值与政策取向，并且决定了国家的基本需求和具体的国家目标。[①] 国家目标是一国参与国际互动所要达成的目的，既包括已经拥有但需要保卫的东西，也包括并不拥有但需要努力获取的东西，而这些目标就构成了国家利益由客观存在向实操性政策转换的重要媒介。

中国的对外战略经历了一个渐进的演变过程。20 世纪 80—90 年代，中国始终在坚持以经济建设或发展为中心的前提下，处理好国家的安全利益问题，既是为了发展创造良好的国际环境，也是为了确保维护安全利益的行为不影响经济发展的大局。[②] 一个重大的转变发生在 2013 年前后，中国的对外战略从韬光养晦转向奋发有为，中国整体外交战略目标已经从创造有利于经济建设的国际和平环境，转向塑造有利于实现中华民族伟大复兴的国际环

① 李少军：《国际战略学》，中国社会科学出版社 2009 年版，第 26 页。
② 李少军：《国际战略报告》，中国社会科学出版社 2005 年版，第 618 页。

境。这也就意味着，经济利益在中国外交中已经不是首要的、压倒性的利益考虑，我们的首要利益是从是否有利于中华民族伟大复兴的政治角度来考虑制定外交政策，处理我国和国际社会以及与其他国家的战略关系。① 中国的国家利益目标已经从 21 世纪初的“实现经济发展并融入国际社会”向如今的“实现网络强国并发挥大国作用”转变，中国参与网络空间国际治理也同样如此。

2017 年中国发布的《网络空间国际合作战略》系统阐释了中国开展网络空间对外工作的基本原则、战略目标和行动计划。中国参与网络空间国际合作有六项战略目标：维护主权与安全、构建国际规则体系、促进互联网公平治理、保护公民合法权益、促进数字经济合作、打造网上文化交流平台；提出了和平、主权、共治和普惠四项基本原则以及九项行动计划。从国家利益的视角来看，维护主权与安全是安全利益的范畴；保护公民合法权益、促进数字经济合作和打造网上文化交流平台更偏向于经济和社会发展利益；促进互联网公平治理则更多体现了大国的责任。安全利益、发展利益和国际利益已经构成了中国当前参与网络空间治理的三大重要利益。

三　网络空间国际治理的中国国家利益

中国的快速发展不仅为中国积极参与网络空间国际治理带来了更加广泛的利益目标，也带来了更多的责任。中国参与网络空间国际治理是为了谋求国家的安全与发展利益，在处理安全与发展的关系时应同样遵循发展的逻辑，即以谋求自身的发展为最终目标，对安全利益的维护应服务于发展的大局。同时，中国还应承担起大国的责任，以构建网络空间命运共同体和构建网络空间

① 阎学通：《外交转型、利益排序与大国崛起》，《战略决策研究》2017 年第 3 期。

合作共赢关系为主要任务，妥善处理本国利益与国际利益或全球利益之间的关系。与权力政治的逻辑不同，中国积极参与网络空间不同层次上国际治理机制的活动，不是为了权力的争夺，而是通过国际合作与制度建设，实现各方的互利共赢、共同发展。

（一）中国的国家利益目标

中国参与网络空间国际治理的利益目标有两个层次：一是要推进网络空间国际治理体系的变革，建立公正、合理的网络空间国际秩序，在国际治理平台上实现应有的国际话语权、议程设定权和政策制定权；二是它应该服务于中国整体的发展和对外战略，塑造有利于实现中华民族伟大复兴的国际环境，成为实施网络强国战略、"坚持和平发展道路、推动构建人类命运共同体"、新时代中国特色大国外交的重要组成部分。

客观上看，中国参与网络空间国际治理的国家利益诉求可以笼统地归结为三类：一是维护中国自身的安全利益；二是谋求中国自身的发展利益；三是发挥大国作用，承担大国责任，为国际社会做出应有的贡献。

第一，维护国家主权和国家安全是中国参与网络空间国际治理的基本目标。对网络事务行使主权和防范网络空间对国家政权和领土完整的威胁是一个国家生存的基本需求，任何损害这些国家利益的行为都必须坚决反对。这里，安全利益不仅仅是指传统的军事安全，也包括非传统的网络安全，这意味着中国不仅要确保现实空间的国家政治、经济、军事安全利益不会受到来自网络空间的侵犯，例如打击网络犯罪、网络窃密、网络恐怖主义等，而且要维护本国在网络空间的安全利益，例如关键基础设施安全、军事安全、数据安全、个人信息安全等。维护和确保本国的安全利益是中国参与网络空间国际治理的前提和基础，但也应看到，虽然中国目前在信息技术领域有了长足的进步，但不可否认，在很多核心技术领域，中国在硬件、人才、算法等方面与美国相比还有很大的差距，技术上的短板使得中国在维护国家安全的能力构成中处于相对的劣势。尽快弥补技术上的差距，是中国更好维护国家安全利益的迫切任务。

第二，谋求中国自身的发展利益是中国参与网络空间国际治理的终极目标。在中国的综合国力构成中，经济实力的比重最大，巨大的经济规模和高速的经济增长是中国作为全球大国的重要推动力。当前，中国经济转型势在必行，科技作为第一生产力，信息技术的发展水平是中国在新一轮技术革命浪潮中能否脱颖而出的重要因素，而网络强国战略的实施则必须要有一个良好的国际环境。网络强国建设有四大目标：网络基础设施基本普及、自主创新能力显著增强、信息经济全面发展、网络安全保障有力，这同样也是中国参与网络空间国际治理的发展利益。为此，中国必须要在网络空间的国际合作中大力推动本国信息技术产业发展，缩小与发达国家的数字鸿沟，分享数字经济革命的红利，增强自身的人才和知识储备，以开放促改革，最终实现中华民族伟大复兴的中国梦。

第三，发挥大国作用和承担大国责任是中国参与网络空间国际治理的重要任务。中国一方面要寻求应有的国际话语权、议程设定权和政策制定权；另一方面也要在维护自身国家利益的同时，兼顾国际利益和全球利益；换言之，中国寻求的并不是狭隘的民族利益，而是国际社会的共同繁荣和进步，只有为世界做出更大的贡献，中国的大国地位才会被国际社会认可。然而，考虑到中国崛起所带来的国际压力，特别是中美关系战略竞争的态势，中国参与网络空间国际治理的过程中，必然会遇到更大的阻力。为此，中国一方面应积极推进全球互联网治理体系的变革，对推动网络空间国际治理的民主化和共享共治有足够的耐心和细心，与国际社会一道构建和平、安全、开放、合作、有序的网络空间；另一方面，中国也应对遇到的压力和阻力做好充分的准备，制定全方位的预案来应对最坏的情况，既要保持谦虚谨慎、戒骄戒躁，也要大胆合纵连横，尽可能扩大统一战线，以实际行动构建网络空间的命运共同体。

具体到实践层面，中国参与网络空间国际治理所谋求的利益目标是全方位的。从领域划分，涉及科技利益（如信息技术发展）、社会利益（如公民权益保护）、经济利益（如数字经济规则制定）以及军事利益（如关键基础设施安全、网络反恐、避免网络战）；从主体划分，包含了私营企业的运行安全和发展利益，政府的管辖权、电子政务等主权和安全利益，公民的信息和隐私保护、个人金融安全等利益；从时间维度划分，既包括永久的利益目标（如维护网络主权和安全、实现经济增长和社会发展），也包括中长期的利益目标（在国际平台上更大的话语权、信息技术达到世界先进水平、互联网标准的研发、治理能力建设、全球互联网治理体系的民主化等）和近期的利益目标（关键职位的中国候选人、混合型人才培养、数据流动规则的制定等）。值得一提的是，这些分类是相对的，在实践中往往并不具有清晰、严格的界限，因而还需具体情况具体分析。

（二）国家利益的排序

国家利益的内容是十分宽泛和复杂的，对于决策者来说，不仅要明确国家利益有哪些，更需要判断哪些国家利益更重要，因为在绝大多数情况下，每一种政策选择都会产生机会成本，有利有弊。这时候，决策者只能根据自身的利益权衡，来选择更重要的利益，放弃或牺牲小的利益。固然决策者对利益的取舍会受到很多主客观因素的影响，但是从客观而言，利益的判断仍然具有一定的科学性，最重要的依据就是国家利益的重要性和紧迫性。

判断国家利益的重要性通常取决于利益性质和利益量两个要

素。一般来说，国家利益的重要性排序是：核心利益>重大利益>一般利益。只有当前面的利益得到基本满足，一个国家才会追求后面的利益。例如，凡是威胁到民族生存和政权稳定的重大事态都属于核心利益，是要不计一切代价去维护的，只有在不危及民族存亡的前提下，国家才会去追求重大利益，例如经贸利益、安全利益或者世界贡献。当然，对于核心利益往往比较容易判断，但对于重大利益的判断标准很可能因人而异、因部门而异，这时就需要参考利益量的大小。例如，2016 年，ICANN 通过决议释放二级域的所有两字母域名注册，一些国家认为以本国名称缩写为代码的二级域将可能会影响到国家的利益。一旦实施，政府将会耗费相当的人力财力去率先注册这些二级域，如果坚决反对，可能会和 ICANN 关系搞僵，为今后带来更多不可预期的麻烦。那么，在可预期的额外成本与良好关系之间，后者的利益量显然超过了前者。

紧迫性是国家利益排序的另一个重要指标。有些利益重要但是不紧迫，有些利益紧迫但是不重要。在同等重要的情况下，人们在现实中会倾向于选择优先维护具有紧迫性的利益，而未来的难题留给今后去解决。例如，以国家安全为由限制外国企业的活动，就是优先选择了当前的经济利益和安全利益，而承担了未来会被以牙还牙的风险，面临本国企业“走出去”难度更大的局面。

尽管对国家利益的界定和排序是非常困难的，但是基于对新时代中国所处的内外部环境、综合实力要素以及对外战略的分析，就目前来看，在国家整体层次上，中国参与网络空间国际治理的核心利益是确保国家的基本政治制度、领土完整和统一以及国家发展战略免受根本性的威胁，需要不计一切代价去维护；重大利益主要体现在维护国家安全和促进经济社会发展的大局，需要尽全力去维护，例如，维护网络空间的和平与稳定，保障网络空间的普遍安全，提升我国在核心技术上的自主创新能力，促进经济社会可持续发展，以开放助推国内改革，在国际治理平台上发挥大国作用；一般国家利益通常是指不影响国家安全和发展大局的需求，维护的方式也可以更加灵活，例如建立网络空间伙伴关系，推动多层次、多领域合作，借鉴学习国际经验等。

中国在网络空间的国家利益始终包含了安全利益、发展利益和国际利益三个维度，利益的重要性排序会在较长的战略期内保持相对稳定，而紧迫性排序则会随着内外部环境的变化而改变。考虑到紧迫性和时间尺度，中国对国家利益的追求应有不同的侧重。近期目标，中国应着重解决具有对我国安全和发展的核心利益造成根本性威胁的、较为紧迫的事态，在国际合作中谋划中长期的安全和发展布局；中期目标，实现中国发展利益与安全利益的良性促进，在关键治理平台上拥有举足轻重的话语权，包括议程塑造和规则制定，为中国经济社会发展塑造良好的国际环境；长期目标，可以跻身网络空间的第一梯队，核心技术发展处于世界领先水平，网络空间安全保障到位，国家利益与国际利益实现良性互动，建成网络空间命运共同体。

四　中美网络关系及中国的政策选择

中美关系既是现实空间也是网络空间中最重要的一对双边关系，中美关系在现实空间的博弈同样会延伸到网络空间，成为网络空间国际秩序形成的一个重要变量。特朗普政府开始，美国对华政策出现明显转向，由此前的接触转变为“规锁”，即用规则规范中国的行为，锁定中国的发展方向。拜登上台后，在科技领域基本承袭了特朗普时期的对华遏压和脱钩政策，但其“精英治国”的执政风格呈现出更加谨慎和精准的政策取向。为了确保美国在科技领域的绝对竞争优势，拜登政府从机构调整、政策立法以及外交政策等多个维度重新布局，在提升国内科技实力的同时扩大国际合作，以抗衡中国日益增长的科技实力和影响力；通过机构调整，提升科技与网络事务在政府决策体系中的地位；通过政策立法，为推行对华全面科技竞争战略铺平道路；通过盟友外交，建立民主国家技术联盟，联手对华进行科技围堵与孤立。

回顾中美两国在网络空间国际治理中的历史交锋，可以看到中美在各个层面存在不同的竞争态势。在关键资源和社会公共政策领域，中美更多表现为价值观的冲突，中方希望能尽可能提升政府的话语权和影响力，强调网络主权，主张多边与多方并存的治理模式，美方则凭借其先发的绝对优势要将政府排除在外，支持“多利益相关方”治理模式，反对政府过多介入和干预；在数字经济层面，美方提出了以跨境数据自由流动为核心的数字经贸规则，中方则主张数据存储本地化，在确保国家经济安全的基础上实现数据的跨境流动；在网络安全领域，美方奉行网络威慑战略，主张将原有的国际法“武装冲突法”适用于网络空间，中方则持反对态度，立场的对立直接导致了2017年UNGGE谈判的破裂。随着数字技术的快速发展以及中美两国关系的质变，中美在科技领域的竞争将日趋激烈。在较长的时期内，美国对华科技脱钩态势将持续，并且与政治、经济、军事等多领域的博弈相互交织，政治化和安全化趋势显著增加。

第一，中美在科技领域的竞争将是全局性和战略性的。拜登政府动用战略、经济和外交工具遏压我国科技发展，对我施压焦点主要集中在科技创新、网络安全和国际规则制定层面：围绕人工智能、量子计算等关键技术创新，拜登政府会进一步要求中国在网络窃密、知识产权保护、产业政策、政府补贴等问题上做出让步，消减中国对产业发展的支持；在网络安全领域，供应链安全和数据安全是其关注的重点，其中既涉及物理层面的基础设施布局，也关系到个人隐私保护和信息操纵等安全问题，并借此在产业层面压缩中国科技企业在海外市场的份额和影响力；在国际规则层面，拜登政府会通过拉拢盟友、建立同盟等方式，力促建立以美国为中心的国际技术标准和规则体系，在国际舞台上孤立中国，最终迫使我国不得不接受美国主导的国际规则。

第二，美国对华科技竞争呈现出全面竞争、有限合作的态势。与冷战时的全面对抗不同，中美在过去数十年经济全球化过程中所形成的相互依赖关系使得彻底的完全脱钩并不现实，最有可能的情况是在全面战略竞争中实现有限的合作：一是基于供应链的相互依赖，将中国产品锁定在全球价值链的低端，而美国企业仍然可以从庞大的中国市场上赚取利润回报；二是基于双边、多边谈判的共识，在彼此能够接受的议题上展开谈判，双方相互妥协、讨价还价的过程也体现为合作；三是基于共赢的内在需要，在科技人文交流、打击跨国性网络犯罪和恐怖主义活动中进行合作。就目前态势看，拜登政府在关键技术创新和供应链安全问题上很有可能对我国实施最大限度的脱钩，而在低端产业链和数据安全等问题上仍存在进一步谈判的空间。

第三，美国大力推行意识形态化的科技外交，科技竞争与政治、经济和安全议题的关联度将不断提升。基于民主党传统的价值观，拜登政府会借所谓“自由、开放、民主、人权”等加大对我国互联网政策的批评和指责，并借此延伸到供应链安全、数据安全等领域，将我国贴上“数字威权主义”的标签，限制我科技企业在海外市场的经营活动。在国际规则与交流层面上，拜登政府将会力促建立技术民主国家同盟，通过制定排他性的国际技术标准和规则，加速中美在关键技术领域的“脱钩”，以“俱乐部战略”阻挠中国在国际平台上开展双边或多边科技合作。随着美国对华科技竞争政策工具的政治化和安全化，大国竞争视野下的科技、经济、政治和安全的领域分界逐渐消融，中美科技竞争逐渐演变成一场更加需要集中不同领域、部门、行为体之间力量来共同应对的融合国力竞争。

因此，中国应明确中美网络关系中的核心国家利益，在发展利益与安全利益、国家利益与国际利益之间做出权衡。中美在网络空间的竞争性会有所上升，美国会在数字经济和网络安全等领域的国际规则谈判中更加咄咄逼人，甚至可能联合欧盟各国、印度等国家孤立中国，限制中国谋求区域层面的话语权和影响力。但是，中美在国际层面的合作空间仍然存在，美国的最终目的是将中国锁定在多边国际规则中，因而任何国际层面的规则制定都离不开中国的参与。在此形势下，中国应保持足够的战略定力，一方面大力推动自主创新，尽快提高自身的创新能力和技术实力，夯实中国对网络空间国际秩序塑造的实力基础；另一方面也应在外交中灵活应变，按照国家利益的重要性和紧迫性排序权衡政策目标的取舍，为中国网络空间的能力建设以及国家经济社会的可持续发展创造有利的外部环境。

五　小结

网络空间是一个以技术为基础而人为建构的空间，技术水平和实力决定了一个国家在网络空间力量格局中的位置。美国作为世界唯一的超级大国以及网络空间的实力最强的国家，它的利益诉求是确保其在技术、经济、军事等各个治理层面的绝对优势；俄罗斯的对外战略重点是依靠其强大的军事实力确保其地缘政治利益，体现在网络空间国际治理中则是要颠覆现有的治理体系，为其地缘政治利益服务。中国虽然在综合国力上有了大幅度的提升，但在网络空间核心技术上与美国的差距在很大程度上限制了中国在网络空间的权力。在当前中美战略竞争的大背景下，网络空间成为大国权力博弈的交汇点和重要战场，信息通信领域更是美国打压中国的着力点和冲突焦点。中国只有尽快提高技术水平和创新能力，才能更好地保障网络安全，提升在网络空间国际治理领域的话语权和影响力，实现网络强国的战略目标。因此，对中国而言，当务之急仍然是谋求发展。

第八章

网络恐怖主义的界定、解读与应对

网络恐怖主义是传统安全威胁在网络时代的延伸，是国家在网络空间维护国家安全面临的挑战。例如，2016 年 7 月，德国和法国的多个城市接连遭受恐怖主义的袭击。7 月 14 日，1 名突尼斯裔青年开着重 19 吨的卡车冲入法国南部城市尼斯英国人散步大道上欢度国庆日的人群，造成超过 80 人死亡，在美丽的天使湾旁边制造了血腥的恐怖；几天之后，一名 17 岁的阿富汗移民在德国小城乌兹堡的火车上手持刀斧攻向旅客，造成 4 名旅客受伤；7 月 24 日，德国城市安斯巴赫遭遇一起自杀性爆炸，造成 15 人受伤；7 月 26 日，2 名恐怖分子袭击了法国鲁昂郊区的一家教堂，割破了 1 名 84 岁牧师的喉咙。在不到 1 个月的时间里，这几起袭击事件让欧洲蒙上了恐怖的阴影，制造了恐怖的气氛，极端组织“伊斯兰国”（ISIS）宣称对此负责。

在这一系列恐怖袭击事件的背后，既有恐怖主义近年来逐渐转向“独狼式攻击”的特征，也可以看到网络恐怖主义的扩散和影响力。随着信息技术的迅速发展和互联网的普及，极端主义对网络空间的渗透与融合造就了网络化的恐怖主义组织和运作模式。那么，在新的时代背景下，我们究竟该如何界定网络恐怖主义？该如何认识它？又该如何应对？

一　什么是网络恐怖主义?

“网络恐怖主义”的概念最先在1997年是由美国加州情报与安全研究所资深研究员柏林·科林提出的，用来描述网络与恐怖主义相结合的“产物”。此后，网络恐怖主义又出现了各种各样的定义。英国《反恐怖主义法案》以官方的方式明确提出了“网络恐怖主义”的概念，它将黑客作为打击对象，但限定只有影响到政府或者社会利益的黑客行动才算是网络恐怖主义。美国联邦调查局将网络恐怖主义定义为“一些非政府组织或秘密组织对信息、计算机系统、计算机程序和数据所进行的有预谋、含有政治动机的攻击，以造成严重的暴力侵害。”美国国防部（DOD）给网络恐怖主义下的定义是：利用计算机和电信能力实施的犯罪行为，以造成暴力和对公共设施的毁灭或破坏来制造恐慌和社会不稳定，旨在影响政府或社会实现其特定的政治、宗教或意识形态目标。

从国际关系的视角来看，“网络恐怖主义”是一个很难明确界定边界的概念。这首先是因为“恐怖主义”的界定本身就颇有争议，至今仍争论不休。自20世纪60年代末以来，包括联合国在内的各国际组织、各国政府和学术界进行过大量的研究和讨论，但是，由于学术理念、观察视角特别是政治立场的不同，一直未能形成一致的概念。有的学者甚至认为，“一个被普遍接受的全面的恐怖主义概念现在不存在，将来也不会存在”。[①] 尽管恐怖主义具有“暴力性”“恐怖性”“政治性”“有组织性”“平民目标”等共同的要素，但溯其本源，“恐怖主义”仍然是一个历史的概念，其含义是随着时代的变化而不断变化的；而作为一个

---

① Walter Laqueur, *The Age of Terrorism*, Boston: Little Brown and Company, 1987, p. 149.

复杂的政治概念，即使在同一个历史时期，人们因政治立场不同，对它的界定和理解也不相同。这也是为什么在当代我们仍然无法对“恐怖主义”的概念达成一致的原因所在。

其次，网络是一个社会化的概念，对于网络空间都包含哪些内容，也难以划定明确范围。网络包含了信息技术和互联网，但其内涵远远超出后两者。一般来说，互联网可以分为三个层面：一是物理实体的基础设施层，包括海底光缆、服务器、个人电脑、移动设备等互联网硬件设施；二是由域名、IP 地址等唯一识别符所构成的逻辑层；三是各种网站、服务、应用、数据构成的内容层。随着互联网逐渐渗透到国家政治、经济、社会活动的方方面面，虚拟空间与现实空间得以紧密并且复杂地融合。正是由于有了人的社会活动，互联网用户的活动以网络为媒介向政治、经济和社会领域扩展，由此构成了更加立体、多维度、甚至可以说是无限延展的网络空间。

因此，作为恐怖分子与网络空间结合的产物，我们通常将网络恐怖主义活动泛泛界定为两个层面：一是针对信息及计算机系统、程序和数据发起的恐怖袭击；二是以计算机和互联网为工具进行的恐怖主义活动，通过制造暴力和对公共设施的毁灭或破坏来制造恐怖气氛，从而达到一定的政治目的。换言之，网络恐怖主义不仅包括制造恐怖气氛的网络攻击，也包括借助各种信息技术工具和网络实现的传统恐怖主义活动。

二　有关网络恐怖主义的两点认识

有观点认为，网络空间是知识和信息的栖息地，而恐怖主义分子则是精通此道的知识工人。[①] 数字经济时代的恐怖主义者将

---

① Ariely, G. A., “Knowledge Management, Terrorism, and Cyber Terrorism”, in Janczewski, L. and Colarik, A., eds., *Cyber Warfare and Cyber Terrorism*, Hershey: IGI Global, 2008.

信息通信技术赋予大众的各项便利运用得炉火纯青，例如，把信息加密技术用于信息传递，将社交网络用于极端主义思想的传播，利用电子支付手段用于筹措款项，等等。互联网技术的发展是一把双刃剑，在带来经济发展和社会进步的同时，也成为恐怖主义者手中的一把利器，为恐怖主义活动创造了新的温床。

（一）网络空间的虚拟特性赋予了恐怖主义活动特殊的便利

互联网是分布式的网络，其技术特点决定了没有哪个个人、机构或国家能够单独控制互联网。网络空间的内容可以无视地理因素跨越国家的传统边界，网络活动具有极强的隐蔽性，网络信息的传播范围之广、速度之快，很难被彻底切断或遏制；和传统的军事攻击相比，发动网络攻击的门槛很低，而打击目标则更广，一个国家的政治、军事、经济、社会以及个人的安全都会受到不同程度的威胁。由于网络空间安全问题的模糊性、隐蔽性和不对称性，传统的维护国家安全的手段很难有效应对。

对网络空间发动的恐怖袭击具有传统恐怖主义活动所没有的有利条件：①它可以通过网络远程控制对目标设施的通信和控制系统发动攻击，从而避免亲临现场的各种障碍和危险；②它的攻击范围更广，不仅可以对设施本身发动攻击，而且可以对设施的控制系统造成潜在的破坏，因此，相对于传统恐怖活动在时间和空间上的局限性，网络攻击能够带来的心理冲击面更广；③它更有利于隐藏攻击者的身份，甚至可以利用技术手段提供非真实的攻击来源；④它所需的成本和费用更低，不必花费大量金钱去购买武器，恐怖组织可以用更低的代价获得相同的收益；⑤网络恐怖主义可以是非致命性的，它可以通过干扰正常的秩序和恐吓来换取政治目的，但却不必付出平民的伤亡和流血的代价。但是，也有观点认为，这些所谓的“有利条件”对恐怖主义组织来说没有多大的吸引力，因为它们更喜欢“血腥”的视觉冲击，而且它们也暂时还不具备发动网络攻击的技术能力。①

对于传统形式的恐怖袭击，互联网也是一个便利的工具。臭名昭著的网络“圣战”者尤尼斯·特索利（Younis Tsouli）（自诩为“圣战战士詹姆士·邦德”），其活动方式就是利用黑客技术入侵和破坏他人的计算机系统，以散播恐怖攻击的视频文件，并且利用信用卡诈骗的非法所得建立圣战者网站。通过这些网络攻击和犯罪手段，特索利所经营的网站成了世界上最重要的极端主义网站之一，为成千上万的圣战者提供了相互交流的场所。2007年，特索利在英国被判入狱10年。1位反恐高官称“这是我们发现的第一起网络串谋谋杀案”。② 该案例表明，恐怖分子已经掌握了足够的网络技术来组织和实现现实空间的恐怖活动。

除了将网络空间作为通信和交流的媒介之外，恐怖组织还利用网络空间进行理念宣讲、人员招募和激进化培训等活动。2007年5月，沙特阿拉伯内政部称，圣战者招募人员有80%是通过网络完成。英国内政部称“正在和伊斯兰极端分子打一场秘密网络战”。③ 在一家“基地”组织的圣战论坛上，该组织上传了一份长达51页的招募指南，名为“招募的艺术”，详细讲解了如何吸引人才以建立活跃的圣战“细胞”。此外，网络空间还更多被用作恐怖组织自我激进化的平台，荷兰情报部门就将互联网称之为极端分子激进化的“涡轮增压器”。对于相互独立的恐怖组织“细胞”来说，虽然彼此没有任何网络沟通或等级结构，但却可以随时自我发动，由点成面，最终形成大规模的恐怖袭击。人们担心，一旦恐怖组织通过互联网完成培训和自我激进化，网络空

---

① Schweitzer, Y., Siboni, G. and Yogev, E., “Cyberspace and Terrorist Organizations”, *Military and Strategic Affairs*, Volume 3, No. 3, December 2011, pp. 41-42.

② Stenersen, A., “The Internet: A Virtual Training Camp?”, *Terrorism and Political Violence*, Vol. 20, 2008, p. 228.

③ Sengupta, K., “Spies Take War on Terror into Cyberspace”, *The Independent*, 3 October, 2008.

间就有可能成为未来一个新的战场。正如美国军事战略家史蒂芬·梅斯所说："如果信息领域仍是一块未治理的空间，暴乱分子必定会试图赢得这场'观念的战斗'；20世纪的战争是为了夺取国家的领土，当代的斗争则是对网络这块无管制空间的争夺。"①

（二）数字经济时代背景下的恐怖主义基本上全部属于网络恐怖主义范畴

通过对前文提到的两种形式的网络恐怖主义活动分析后可以发现，针对网络空间发起的恐怖主义威胁至今为止并没有变成现实的威胁。美国知名网络安全专家辛格和阿兰·弗里德曼曾经做过统计，如果按照FBI对网络恐怖主义的界定，那么，至今为止虽然有多达31300篇杂志文章在讨论网络恐怖主义现象，但是，在网络恐怖主义中受伤或死亡的人数却是0；在很多方面，针对网络空间发起的恐怖袭击就像《探索》频道最长寿的节目"鲨鱼周"，虽然我们对来自鲨鱼的威胁感到恐惧，但事实上，我们在盥洗室中受伤的可能性要比被鲨鱼伤害大15000倍。② 因此，对于网络恐怖主义的认识，我们应当明确哪些威胁是真实存在的，而哪些担忧是被夸大的。

当然，这并不是说恐怖主义分子不想发动针对网络空间关键设施的袭击。据报道，2001年，在阿富汗查获的基地组织电脑中发现了水坝的模型以及模拟失控灾难的软件；2006年，一些恐怖主义网站号召针对美国的金融体系发动网络攻击，以报复美国关塔那摩虐囚的行为。但到目前为止，这些恐怖主义分子并没有在网络空间实现他们"伟大"的计划。一位关塔那摩的囚犯承认，

① Steven Metz, *Rethinking Insurgency*, Carlisle: US Army War College Strategic Studies Institute, June 2007, pp. 11, 13-14.

② Singer, P. W. and Friedman, A., *Cybersecurity and Cyberwar: What Everyone Needs to Know*, NY: Oxford University Press, 2014.

他曾试图黑掉以色列总理的官网，但没成功；2012年9月，一群所谓的“网络战士”宣称对5家美国投行的拒绝服务攻击事件负责；对关键基础设施遭受恐怖袭击的担忧也并非空穴来风，从2011年到2013年，针对美国关键基础设施计算机网络的攻击增加了17倍；在一次模拟行动中，加利福尼亚一家供水厂的供应网络在一周之内就被雇佣的黑客攻破①。但从后果来看，这些事件基本没有造成任何实质的损害，也并没有制造出任何恐怖性氛围，因而并不能被定义为恐怖袭击事件。

从一定意义上来说，在网络空间制造出具有恐怖效果的大规模攻击并非易事。2011年，美国国防部副部长威廉·林恩（William Lynn）在旧金山的网络安全专家会议上表示，一旦恐怖分子从黑市获得了网络攻击工具，那么一群穿着沙滩鞋、喝着红牛的程序员就可能制造出巨大的损失。② 但是这种观点很快受到了一些学者的驳斥，他们认为，设计出“震网”蠕虫病毒那样具有破坏力的恶意软件，不仅仅需要攻破计算机系统的技术和手段，更需要了解专业的知识，例如核设施的运作，掌握核物理学的知识，熟悉设施的运作。美国海军学院的一位教授明确表示：“要在网络空间制造大规模的恐怖袭击，目前即使是经费最充足的恐怖组织也达不到所需的治理、组织和人员能力”。③按照恐怖主义组织现有的网络攻击能力，即使是发动像2007年爱沙尼亚网络攻击造成的经济损失来说，它也没有能够制造出“9·11”那样的恐怖气氛。因此，按照恐怖主义的判定标准，网络空间出现

① Singer, P. W. and Friedman, A., *Cybersecurity and Cyberwar: What Everyone Needs to Know*, NY: Oxford University Press, 2014.

② Ackerman, S., “Pentagon Deputy: What if al-Qaeda Got Stuxnet?”, Danger Room (blog), *Wired*, February 15, 2011, http://www.wired.com/dangerroom/2011/02/pentagon-deputy-what-if-al-qaeda-got-stuxnet/.

③ Lucas, G. R. J., “Permissible Preventive Cyberwar: Restricting Cyber Conflict to Justified Military Targets”, Presentation at the Society of Philosophy and Technology Conference, University of North Texas, May 28, 2011.

恐怖主义袭击还只能是一种可能的威胁，并不能等同于现实的存在。

相比之下，利用网络空间发动传统恐怖主义活动已经是恐怖主义组织的常态。首先，互联网为恐怖主义组织传递信息、教育宣传和通信带来了巨大的便利。20 世纪 90 年代初，本·拉登的讯息主要是通过录音带和录像带在信徒中的传递；“9·11”之后，基地组织在美国的打压下开始化整为零，但是，这并不妨碍本·拉登的言论通过聊天工具或者网站向外传播，瞬间可达数百万的信徒。其次，互联网为恐怖主义组织在世界范围内招募人员创造了条件。特别是在网络空间，极端主义思想要比温和派更容易吸引眼球和受到关注，特别是处于边缘地带的人群。这些弱势群体出于对现状的不满，非常容易被极端组织招募，并且被培训成为“独狼”发动恐怖主义袭击。再次，互联网为恐怖主义分子组织和发动恐怖袭击提供了新的可能。最典型的例子莫过于 2008 年 11 月的孟买恐怖袭击事件，正是有了谷歌地球的帮助，恐怖分子才得以策划了一起目标明确、时间精准、方案周全、手段狠毒、战略讲究的连环恐怖袭击，造成 177 人死亡、250 人受伤，也被认为是“9·11”以来世界最大规模的恐怖袭击事件。因此，如果按照网络恐怖主义的二元界定，那么目前的恐怖主义活动大都可被归为第二类的网络恐怖主义范畴。

三　如何应对网络恐怖主义？

在探讨如何应对网络恐怖主义之前，应首先明确网络恐怖主义的范畴界定。网络恐怖主义既属于网络安全问题，带有网络空间的特性，同时也归于恐怖主义的范畴，具有恐怖主义的特征、属性和趋势。在分析了网络空间与恐怖主义的融合之后，我们应了解恐怖主义近些年发展的大背景、特点以及趋势，并在网络安全和恐怖主义的双重语境下制定相应的对策。

（一）以网络化手段应对网络恐怖主义

2016年距离9·11事件发生整15年，而全球打击恐怖主义行动至今并未取得明显的效果。近几年来，全球恐怖主义持续肆虐、反恐形势继续恶化，全球恐怖主义袭击事件和伤亡数量上升，遭受恐怖主义威胁的国家和地区范围扩大。2014年11月18日，国际著名智库“经济与和平研究所”发布《全球恐怖主义指数》报告，2013年全球87个国家发生了9814起恐怖袭击案件，比2012年增长了44%。从当前多个国家恐怖袭击活动的次数统计判断，2014年全球恐怖主义活动数量达到后“9·11”时代的最高点。此后，全球恐怖主义态势有所好转，因恐怖袭击的死亡人数持续下降，但受恐怖主义活动影响的国家数量仍然居高不下。①

从全球恐怖主义的发展态势来看，恐怖主义肆虐和威胁的地区持续扩大，“伊斯兰国”“基地组织”“博科圣地”“塔利班”四大恐怖组织成为威胁世界和平与安全的四大毒瘤，其中，“伊斯兰国”的风头盖过了“基地组织”。②在这样的全球背景下，虽然近几年来的恐怖袭击大多以独狼式袭击的形式出现，但是在其背后却是有实力的几大恐怖组织在策划、支持和组织，特别是信息技术和互联网的作用可谓“功不可没”。

但是，正如之前所说，互联网是一把双刃剑，它在给予恐怖组织众多优势和便利的同时，也同时使得网络恐怖主义活动具有了网络空间的脆弱性。近几年来，有不少观点认为，现有的国际

---

① Institute for Economics and Peace, “Global Terrorism Index 2019,” https://www.economicsandpeace.org/wp-content/uploads/2020/08/GTI-2019web.pdf.

② 邵峰：《全球恐怖主义与反恐怖斗争》，载李慎明、张宇燕主编《全球政治与安全报告2016》，社会科学文献出版社2016年版。

打击网络恐怖主义的行动就像“打鼹鼠”游戏一样，属于被动应对，被恐怖分子无休止地牵着鼻子走，建议关掉恐怖组织的网站。但是，兰德智库高级研究员马丁·李比奇（Martin Libicki）却持不同意见，他认为让恐怖组织网站存在恰好给予了我们“通过网络观察对手的机会”。[①] 换言之，网络空间的特性恰恰也为反恐行动提供了机会。例如，恐怖组织将网络作为沟通联络的平台，我们同样也可以有机会破解网站、进入社交网络获取情报，通过网络监控和情报分析掌握恐怖主义组织的结构和运作情况，利用大数据获得恐怖分子的行为习惯、作息时间、电子邮件等信息，然后分析得出全球恐怖分子和活动之间的联系。这也正是美国政府目前所采取的反恐策略之一，不过以反恐为借口大肆对普通民众进行监听却是另外一回事了。

这里想举一个例子。2008 年至 2009 年，美国为了防范有可能成为“独狼”的潜在人群，每到“9·11”纪念日都会攻击或关掉一些恐怖主义的宣传网站，以阻断本·拉登的庆祝视频传播。2010 年，美国情报部门则采取了另一个做法，他们采用黑客手段获取了视频传播网站的用户账户，然后神秘复活了一个早已经关闭的恐怖活动网站进行“钓鱼”，成功获取了那些支持恐怖活动的潜在人群信息。[②] 这件事例说明，网络时代的反恐策略单靠传统的封堵做法很难奏效，而是应该与时俱进，充分利用网络空间的独特属性，例如隐蔽性、瞬时性、难以溯源等特点，以网络化的手段应对网络恐怖主义。

---

① Warrick, J., “Extremist Web Sites Are Using U. S. Hosts”, *Washington Post*, April 9, 2009, p. A01. http: /www. effedieffe. com/index. php? option = com_ content&task = view&id = 62941.

② Rawnsley, A., “‘Spyware’ Incident Spooks Jihadi Forum”, *Danger Room* (*blog*), *Wired*, September 1, 2011, http: //www. wired. com/dangerroom/2011/09/jihadi-spyware/.

（二）以现实数据分析的科学方法制定网络反恐战略

制定网络反恐战略的第一步通常是对网络恐怖活动进行分类和界定，以便制定针对性的反恐策略。对于计算机安全事件来说，通常将网络攻击按照攻击者、工具、脆弱程度、行动类型、攻击目标、结果和目的来划分，这种划分对于快速、有效地应对计算机紧急安全事件非常有效，因为应对者可以迅速按照攻击类型选择标准化的应急对策。①然而，对于网络恐怖主义来说，由于恐怖活动的组织常常跨越边界，国际协同行动面临的重要阻碍却是对网络恐怖主义的界定存在很大的分歧，正所谓“一些人的恐怖主义者却是另一些人的自由战士”。此外，网络恐怖活动、网络犯罪和黑客攻击之间常常交织在一起，难以明显区分，也就很难像应对计算机安全风险那样制定打击策略。

在此背景下，有学者建议采用“扎根理论”（grounded theory），通过编码系统将恐怖活动分类，扎根于现实数据来分析恐怖活动的特征和趋势。以色列打击恐怖主义研究所运用大量的文献作为数据，通过编码和分类，找出恐怖活动中出现频率较高的要素，以此为基础对恐怖主义进行分类甄别，这些要素包括：攻击源实体（攻击者身份）、攻击源系统（信息技术和系统的种类）、攻击动机、攻击目标实体（人口、组织、身份）、攻击目标种类（网络安全上下文，信息技术、系统和关键基础设施）、预期目标（后果以及感知的效果）、结果和实际后果（事实上的效果和影响）②。基于不同的目的，结合特定的要素，可以制定出相应的应对策略，或者结合某一类要素制定整体的政策和应对

---

① Kiltz, S. et al., “Taxonomy for Computer Security Incidents”, in Janczewski and Colarik, eds., *Cyber Warfare and Cyber Terrorism*, Hershey: IGI Global, 2008.

② Ariely, G. A., “Adaptive Responses to Cyberterrorism”, in T. M. Chen et al., eds., *Cyberterrorism: Understandings, Assessment, and Response*, NY: Springer Science & Business Media, 2014.

机制。

具体而言，网络反恐机制的制定应该至少包含类型和时间两个维度。应对类型可以是被动反应或者主动进取，也可以是概念、教育或者技术不同领域，例如被动反应可以是惩罚措施，也可以是改进的框架如立法，而概念类型可以是网络安全战略和政策，教育可以是政策的灌输和宣讲。时间维度则大致可以划分为三个阶段：第一阶段是恐怖活动的前期预防、教育等准备工作，第二阶段则是恐怖活动时的危机管理和控制，第三阶段则是采取短期或长期的措施进行善后和应对。针对不同的阶段，制定或采用不同类型的对策和机制，特别应注意三个阶段之间的对接问题。从这个意义上说，网络反恐战略的制定应该是一个综合的和动态的过程。

四　小结

与网络空间其他问题一样，网络恐怖主义同样是一个跨学科、跨领域的问题。近年来，恐怖主义日益与极端主义、宗教矛盾等问题融合在一起，网络恐怖主义与网络犯罪之间也有重叠。随着网络空间与物理空间的结合日益紧密，网络恐怖主义具有网络空间和恐怖主义的双重属性。因此，打击网络恐怖主义也必须从整体上加以考虑，统筹政府各部门的力量，动员民间机构和个人等多方参与，将其同时纳入国家网络安全和国家反恐行动的战略框架。

第九章

国家间网络安全竞争的特点

国家在网络空间既面临着共同的安全威胁，例如网络犯罪和网络恐怖主义，也会面临着国家之间的安全竞争。特别是当前世界正经历“百年未有之大变局”，随着网络信息技术的快速发展和广泛应用，网络空间的属性已经悄然发生了变化，暴露出越来越多的安全问题和挑战。网络空间已经成为国家之间，尤其是大国之间竞争与合作的重要领域。一方面，国家之间需要在网络空间治理问题上展开合作，但另一方面，国家之间在网络空间的安全竞争也日趋激烈，构成了国际政治的一个全新领域。与传统的国家安全竞争相比，国家间的网络安全竞争具有全新的特点。本章试图对此做一些初步的探讨。

一　网络空间和网络安全的变化

在过去的半个世纪中，随着以互联网为代表的信息通信技术发展日新月异和应用日渐广泛，网络空间自身的特征和属性也已经有了很大的变化。如果说所有的技术都会经历一个从触发期到膨胀期、幻灭期、爬升期，最终走向平稳期的过程，[1] 那么人们

---

① 何宝宏：《风向：如何应对互联网变革下的知识焦虑、不确定与个人成长》，中国工信出版集团、人民邮电出版社 2019 年版，第 49 页。

对于网络空间的认识或许也正在经历一个由满怀美好期待到不得不面对诸多安全风险的变化，因为互联网设计之初被其创建者所赋予的之于人类的美好属性正在一点点显示其黑暗面，给互联网用户、社会、国家乃至国际社会带来了新的治理难题和挑战。

正因为如此，越来越多的互联网先驱和网络专家表达了对当前互联网的担忧。伦纳德·克兰罗克[①]回忆："从精神层面看，我们在创造互联网时的想法是：开放、自由、创新和共享，因此没有对使用施加任何限制，也没有采取任何保护措施，我们想用不着彼此设防；然而，我们当时并没有预料到，互联网的黑暗面会如此猛烈地涌现出来。如果我们预料到了，我们会觉得有必要修复这个问题。"[②]爱德华·斯诺登在其新书《永久记录》中这样描述："在我认识互联网之时，它是很不一样的事物：网络既是朋友，也是父母，是一个无边界、无限制的社群；当然，这中间也会有冲突，但善意与善念会胜过冲突——这正是真正的先驱精神。如今具有创造性的网络已然崩溃，是我原先所认知的网络的终点，是监视资本主义的开端，而'我们'就是那个新产品。"[③]万维网（www.）的发明者蒂姆·伯纳斯·李认为，没有人会否认现在的互联网遇到了很多糟糕的问题。2019 年 11 月，他正式启动了"网络契约"项目，旨在帮助"修复互联网"，防止其成为充满丑恶与不幸的"数字反乌托邦"。[④]

网络空间是人类与互联网等信息技术相互使用和交互而产生

① 1969 年 10 月 29 日，在伦纳德·克兰罗克（Leonard Kleinrock）教授的主持下阿帕网（ARPANet）加州大学洛杉矶分校（UCLA）第一节点与斯坦福研究院（SRI）第二节点联通，互联网正式诞生。

② Leonard Kleinrock, "Opinion: 50 years ago, I helped invent the internet. How did it go so wrong?" Oct. 29, 2019, *Los Angeles Times*, https://www.latimes.com/opinion/story/2019-10-29/internet-50th-anniversary-ucla-kleinrock.

③ Edward Snowden, *Permanent Record*, UK: Macmillan, 2019.

④ Tim Berners-Lee, "Contract for the Web", November 2019, https://contractfortheweb.org.

的活动空间，那么作为一个具有社会属性的概念，网络安全形势的演变固然会遵循技术的逻辑，但更多是源于使用者或者说行为体的因素。首先，互联网分布式的技术结构具有“非中性”特征，它并不必然带来行为体权力的去中心化。互联网是“万网之网”，众多自治网络系统（AS）通过遵守共同的网络连接协议和使用全球唯一标识符与其他 AS 相互连接，共同构成了全球互联网。这种基于分布式、去中心化的特征大大降低了集中化控制易于遭受“斩首”攻击的风险，连同网络空间的虚拟属性，赋予了网络空间匿名性、溯源难以及不对称性等特性。但是，近几年我们可以看到越来越多的超级网络平台崛起，数据和流量走向的平台集中化趋势日渐突出，被称为互联网集中（consolidation）或者是数字支配（digital dominance）。[①] 无论是被认为有悖互联网发展的初衷还是提高了万物互联的便捷性，在互联网内容层出现的集中化趋势加剧了国家与私营部门之间的权力争夺和博弈，也为国家安全的维护带来了新的挑战。

其次，颠覆性技术变革带来的不确定性也为网络安全的维护制造了更多的变数。当前，以大数据、物联网、云计算、人工智能、量子科学等为代表的颠覆性技术正处于快速发展和创新的阶段，互联网应用和服务逐步向万物互联、天地一体的方向演进。然而，这些颠覆性技术发展的前景本身带有不确定性，在推动社会经济发展的同时也会带来更大的安全风险和挑战。例如，5G 网络和物联网扩大了潜在漏洞的数量和规模，其网络的复杂性也使人们防范恶意网络攻击活动的难度加大。[②] 机器学习挖掘出的暗

① Mation Moore, “Tech Giants and Civic Power”, Centre for the Study of Media, Communication and Power. King’s College London , 2016; Martin Moore and Tambini Damian eds. , *Digital Dominance: the Power of Google, Amazon, Facebook, and Apple*, Oxford University Press, 2018.

② “Securing 5G Networks: Challenges and Recommendations”, July 15, 2019, https://www.cfr.org/report/securing-5g-networks.

知识远远超出人类以往的知识，并将其变得一文不值，从而给经济社会带来难以限量的巨变；2019 年 10 月，世界经济论坛发布了《驶入深水域：金融服务领域负责任的 AI 技术创新指南》。报告指出，AI 越智能越难以解释，而当机器计算“不可解释”时则会为金融机构和监管者进行安全风险管理带来很多困扰。①此外，基于技术发展的不确定性所产生的应用风险更加难以忽视，例如机器学习存在着复制和放大人类偏见的风险，而人工智能的军事化和道德伦理风险都将会对国际安全形势带来难以估量的后果。

再次，互联网和信息技术的发展正在改变国家的政治生态，行为体的权力再分配将会对国家政治安全带来较大的冲击。网络空间正在成为人们交往和社交的新空间，拥有大量数据流量的互联网公司通过对在线内容进行过滤和算法推荐，不但会影响我们获取信息的内容和范围，还可能传播一些虚假信息，扰乱正常的社会秩序，网络媒体对传播结果的影响是非常巨大的。② 有学者认为，社交媒体是在模仿生物生活的基本规则和功能，其文化基因作为网络社会基本的组成单元，它们越来越像一个“全球大脑”，正在重塑人类沟通、工作和思考的方式。③ 更重要的是，社交媒体在维护政治稳定、反恐等领域都发挥着关键的作用，有着重要的战略意义。在网络空间，国家不再是享有社会秩序制定权力的唯一主体，而那些通过技术赋权的团体、公司和自组织网络，正在对传统的国家主权边界发起挑战。④无论是在国内还是国

① World Economic Forum, “Navigating Uncharted Waters: A Roadmap to Responsible Innovation with AI in Financial Services”, Oct. 23, 2019, https://www.weforum.org/reports/navigating-uncharted-waters-a-roadmap-to-responsible-innovation-with-ai-in-financial-services, 访问时间：2020 年 2 月 3 日。

② Susan Jackson, “Turning IR Landscape in a Shifting Media Ecology: The State of IR Literature on New Media”, *International Studies Review*, Vol. 21, No. 3, pp. 518-534.

③ Oliver Luckett and Michael Casey, *The Social Organism: A Radical Understanding of Social Media to Transform Your Business and Life*, Hachette Books, 2016.

④ 郎平：《主权原则在网络空间面临的挑战》，《现代国际关系》2019 年第 6 期，第 44—50 页。

际层面，各主体间的权力再平衡进程将会在多个层面上持续。

由此可见，全球面临的网络安全形势日益严峻，无论是从技术层面还是政治层面，网络安全都是一个极为复杂的问题。人类社会对网络空间的依赖性越强，受到网络攻击的可能性越大。网络安全威胁蔓延至现实空间的所有行为体和各个角落，并日益向政治、经济、文化、社会、生态、国防等领域传导渗透，涉及几乎所有行业。从国家层面看，最受关注的网络安全问题是关键基础设施安全、数据安全和网络内容安全，而这些问题的解决都有赖于从互联网用户到企业到政府等多领域的通力协作。外交是内政的延续，从国际层面看，国家之间正在陷入一个网络安全的两难困境，一方面，应对肆虐全球的网络安全攻击和威胁需要国际合作；另一方面，追求本国权力和利益的动机又大大削弱了各国合作的意愿，网络空间军备竞赛和网络空间国家间冲突的上升都成为威胁网络空间和平与稳定的重要因素。因此，网络空间已经不仅是大国博弈的重要领域，也已经成为大国博弈的重要工具。

二　国家间网络安全竞争的焦点

当前，世界正处于“百年未有之大变局”，国际秩序正处于解构与重建的过程，而随着信息通信技术的发展与应用，网络空间对于国家政治、经济和社会发展的重要性已经不言而喻。在未来一段时间，新时代的大国竞争将主要集中在网络空间，特别是科技、数字经济和网络安全三个层面。

（一）科技竞争

科技被誉为第一生产力，其对综合国力竞争的重要意义不言而喻。在网络空间，以5G、人工智能、量子计算为代表的数字技术正在蓬勃发展，哪个国家掌控了技术发展的关键节点，哪个国家就能在这场数字革命中把握先机，这不仅关系到国家的商业优势，更是关系到国家安全。以5G为例，作为第五代通信技术，它最大的特征是超宽带、超高速度和超低延时，也是实现万物互联的必要条件；它可以带来新的商业和军事应用：在商业领域，它意味着自动驾驶汽车、智能城市、远程医疗、智能工厂等都能够以更低的成本提供广泛的服务；在军事领域，5G技术还可以进一步改进情报、监视和侦察系统及处理能力，启用新的指挥和控制方法，精简物流系统、提高效率。① 美国外交政策委员会的研究报告认为，5G具有深远的商业和军事应用前景，当这种改善的连通性转化为更强大的态势感知能力，有助于实现大规模无人机的驾驶以及近乎实时的信息共享，从而加快决策速度。②正因为如此，5G技术已经成为中美战略竞争的焦点。

大国科技竞争的核心内容不仅是创新能力，而且更重要的是应用能力，而这两点在很大程度上都取决于国家的顶层设计和战略部署。2019年4月，美国总统特朗普就5G部署发表讲话时表示："5G网络将与21世纪的美国的繁荣和安全紧密相联。我们不能允许其他国家未来重要的工业领域超过美国……5G竞赛是一场美国必须赢的比赛。明年美国将有世界上最多的5G频道，因为你们知道有人已经走在我们前面。可能我们早就应该这样做，需要防止5G被其他国家所掌握。"③ 此前，在2019年2月，特朗普总统发布一项行政命令，决定实施美国人工智能计划，指导联邦机构采取5个重要步骤来增强美国的主导地位：在研发中优先考虑人工智能；向开发者提供必要的数据和计算资源；制定各行业

① John R. Hoehn and Kelly M. Sayler, "National Security Implications of Fifth Generation Mobile Technologies", *Congressional Research Service*, June 12, 2019, https://crsreports.congress.gov/product/pdf/IF/IF11251.

② Richard M. Harrison, "The Promise and Peril of 5G", May 2019, https://www.afpc.org/publications/articles/the-promise-and-peril-of-5g.

③ 《特朗普：美国必须拿下5G这一仗》，观察者网，2019年4月13日，https://news.sina.com.cn/w/2019-04-13/doc-ihvhiewr5463551.shtml.

人工智能的指导标准；优先考虑对美国工人进行技能培训；确保国际市场的开放竞争。①美国国防部也推出了新的人工智能战略。五角大楼表示，美国正处于人工智能革命的前沿，这可能会彻底改变其管理国防和发动战争的方式。从一定意义上说，新技术的发展不仅带来了潜在的发展机遇，而且制造了难以预判的不确定性，引致某些大国担心被赶超的“焦虑”，这也成为美国对中国在技术、产业、数据资源等多维度进行围堵的直接原因。

无论“弯道超车”或者“换道超车”是否能够实现，网络信息技术对国家实力和权力的影响的确是巨大的。一般来说，实力强大的国家会有更强的创新和应用能力，会在科技竞争中占据主动地位，但是新技术，特别是重大技术和颠覆性技术的影响常常是难以预估的，既可能会改变原有的国家间实力对比，也会在很大程度上赋权非国家行为体，改变原有的权力结构。例如，2019年8月，美国智库数据创新中心发布了一份超过100页的报告，认为尽管中国取得了快速的进步，美国依然在AI领域处于领先地位，而欧盟则进一步落后；特别是考虑到人均，美国的优势在未来会进一步扩大，中国则会退后到第三位。② 但也有观点认为，美国曾经引以为傲的优点，例如发达的私营经济、深度的数字连接、承诺的自由开放、相对透明的政府、承诺的法治约束以及相对宽松的监管文化，则恰恰会让美国在数字时代面对其他国家的网络行动时处于不利地位。③可见，技术对国家实力和权力的影响

① Daniel Castro and Joshua New, “The US is finally moving towards an AI Strategy”, February 25, 2019, https://thehill.com/opinion/technology/431414-the-us-is-finally-moving-towards-an-ai-strategy.

② Daniel Castro, Michael McLaughlin and Eline Chivot, “Who is Winning the AI Race: China, the EU or the United States?” August 19, 2019, https://www.datainnovation.org/2019/08/who-is-winning-the-ai-race-china-the-eu-or-the-united-states/.

③ Jack Goldsmith and Stuart Russell, “Strengths Become Vulnerabilities: How a Digital World Become Disadvantages the United States in Its International Relations”, June 6, 2018, https://www.lawfareblog.com/strengths-become-vulnerabilities-how-digital-world-disadvantages-united-states-its-international-0.

具有两面性：它既可能巩固和强化原有的实力优势，也可能改变原有的权力捕获来源和路径，而最终的走向取决于国家的适应能力和改革能力。

（二）数字经济规则

数字技术的发展使我们处于一个相互依存的数字时代，在这个大背景下，大国竞争的另一个焦点是数字经济规则的制定。2018 年 11 月，美国智库战略与国际研究中心的一份报告称，中美的竞争已处于冲突边缘，但这场竞争与几个世纪前大国争夺资源的竞争不同，它追求的不是领土的扩张，而是对全球规则的制定以及贸易和技术领导地位的争夺。① 2019 年 9 月，联合国发布了《2019 数字经济报告》，认为数字化在创纪录的时间内创造了巨大财富的同时，也导致了更大的数字鸿沟，这些财富高度集中在少数国家、公司和个人手中；从国别来看，数字经济的发展极不均衡，中美两国的实力大大领先于其他国家，国际社会需要探索更全面的方式来支持在数字经济中落后的国家。②由此可见，数字经济规则的制定不仅事关大国在数字经济领域的位置和权力分配，而且有助于提高广大发展中国家的价值创造和捕获能力，实现数字经济在全球的包容性发展。

目前，数字经济规则的制定在双边、区域和全球等各层面展开，其中最受关注的议题包括数字贸易规则的制定。2017 年 12 月，世界贸易组织 43 个成员发表了一份《电子商务联合声明》，宣称将为 WTO 进行“与贸易有关的电子商务规则”谈判开展探索性工作。到 2018 年年底，美国、欧盟、加拿大等 11 个 WTO 成

---

① James Andrew Louis，“Technological Competition and China”，Center for International Strategic and International Studies，November 30，2019，https：//www. csis. org/analysis/technological-competition-and-china.

② The UNCTAD，“Digital Economy Report 2019”，September 4，2019，https：//unctad. org/en/pages/PublicationWebflyer. aspx？ publicationid=2466.

员提交了多份提案，认为现行的 WTO 规则已经无法适应最新技术的发展需要，迫切需要在国际层面建立统一的规则，这些提案涉及数字贸易、澄清 WTO 与电子商务相关的现有规则、市场开放、国内规制、跨境电子商务便利化、促进包容性发展、提高透明度、知识产权八大议题。2019 年 1 月，中国和澳大利亚、日本等 75 个 WTO 成员在瑞士达沃斯签署了《关于电子商务的联合声明》，确认有意在世界贸易组织现有的协定和框架基础上，启动与贸易有关的电子商务议题谈判。

在数字贸易规则谈判中，最核心的实质性议题是数据跨境流动，或者说“与贸易有关的数据交换”。就目前的立场来看，美国一方面主张个人数据跨境自由流动，利用数字产业的全球领先优势主导数据流向；另一方面强调通过限制重要技术数据出口和特定数据领域的外国投资，遏制竞争对手，确保美国在科技领域的主导地位；欧盟通过实施数字化单一市场战略，以数据保护高标准引导全球重建数据保护规则体系，同时在遵守适当保障措施的前提下，提供多样化的个人数据跨境流动方式；中国的立场则更为偏重在确保安全的基础上有序的数据流动，采取了数据本地化的政策。[①] 2019 年 6 月，在 G20 大阪峰会上，日本作为主席国致力于推动建立新的国际数据监督体系，在贸易和数字经济部长会议发表的联合声明中，各成员表示“数据、信息、思想和知识的跨境流动提高了生产力、增加了创新并促进了可持续发展。与此同时，我们也认识到，数据的自由流动带来了一些新的挑战。通过应对与隐私、数据保护、知识产权及安全问题相关的挑战，我们可以进一步促进数据自由流动并增强消费者

① 上海社会科学院：《全球数据跨境流动政策与中国战略研究报告》，2019 年 8 月，https：//www. secrss. com/articles/13274。

和企业的信任。”①

数据作为全球经济的关键驱动因素，建立国际数据跨境流动规则已经成为推动技术创新和实现经济增长的当务之急。然而，这个问题的复杂性在于它既涉及数据安全和个人信息保护，同时也是一个贸易和经济问题。如果过于强调安全考量，限制数据的跨境流动性，那么无疑会阻碍企业的技术创新能力，不利于推动经济增长；如果一味地坚持数据跨境自由流动，无疑也会引发对数据安全、国家安全和主权等问题的担忧。同时，各国由于价值观和优先事项的排序不同，不同国家的政策框架难以避免会出现冲突。因此，只有通过国际合作与协调，让国家在制定本国政策框架的同时尽可能照顾到政策的外部性，在安全性和成长性之间寻求平衡，在国家与国家之间实现共识，才能让国际社会共享数字经济的红利。

（三）网络安全能力建设

网络安全是维护国家安全的重要内容，也是一项很具挑战性的任务。这一方面是因为网络安全的内涵和外延仍然在不断扩大，包含技术、基础设施和互联网内容等不同的层面，涉及个人、企业以及国家等诸多主体，涵盖国家的政治、经济、社会和军事等各个领域；另一方面，无论是互联网设计之初并没有考虑安全设计，还是新技术的发展所必然带来的安全风险，网络空间本身就是不安全的，因而，维护网络安全不可能做到绝对安全，其目标只能是实现相对安全。那么，在这样一个彼此联通、相互依赖的网络空间，哪个国家具有更强的网络空间防御能力和威慑能力，哪个国家就能够更好地维护国家主权和安全；就当前的发

① “G20 Ministerial Statement on Trade and Digital Economy”, June 2019, https://www.g20.org/pdf/documents/en/Ministerial_Statement_on_Trade_and_Digital_Economy.pdf.

展态势来说，大国重点关注的领域有两个，一是网络空间内容对政治安全的威胁，二是网络空间军事能力的建设。

自 2016 年美国大选和英国“脱欧”公投开始，网络空间对于内容传播以及国家政治安全的深刻影响就已经被国际社会广泛关注，目前主要大国关注的突出问题主要包括打击假新闻、互联网内容管控等。美国对于选举安全近两年来一直非常重视，不断加大各种政策立法保障选举安全，将其提升至国家安全高度。2019 年 8 月，美国五角大楼首次动用军事力量打击假新闻，由于社交媒体上的一些假新闻和假消息对美国的安全构成威胁，五角大楼正在准备启用定制软件以击退“大规模、自动化的虚假信息的攻击”。[①] 俄罗斯更是极为关注信息安全问题，2019 年 3 月，俄罗斯总统普京签署了一项新法案，禁止民众在网络散播“假新闻”以及在网络发表明显“不尊重”国家的言论，否则将被处以罚款甚至是监禁。此外，2019 年 5 月，加拿大也发布了全新的《数字宪章》，旨在“捍卫言论自由、防范旨在破坏选举和民主制度完整性的网络威胁和虚假消息”，“期盼数字平台不会助长传播仇恨、暴力极端主义或犯罪内容”。[②]

如果说政治安全是国家安全的基础，那么军事安全就是网络安全的核心和目标，而提高网络空间的军事能力建设更是应对日益猖獗的网络攻击的重要手段。作为网络空间的头号强国，美国在 2018 年 9 月发布的《美国国家网络战略》中明确提出，要“加强美国的网络能力来维护和平与安全，阻止并在必要时惩罚那些出于恶意目的使用网络工具的人”，采用包括外交、信息、军事、财政、情报等综合战略的方式，通过定性和威慑制止可能

---

① Bloomberg, “U. S. Unleashes Military to Fight Fake News, Disinformation”, Yahoo, August 31, 2019, https: //news. yahoo. com/u-unleashes-military-fight-fake-134326896. html.

② Government of Canada, “Canada's Digital Charter in Action: A Plan by Canadians, for Canadians”, May 21, 2019, https: //www. ic. gc. ca/eic/site/062. nsf/eng/h_ 00109. html.

发生的恶意网络活动。[①] 之后，美国政府进一步强化了传统部门的信息化转型和应对网络空间威胁的职能，2018 年 12 月《国防部云计算战略》（*The Department of Defense's Cloud Strategy*）《国防部人工智能战略》（*The Department of Defense's Artificial Intelligence Strategy*），2019 年 7 月，五角大楼发布了为期 5 年的数字现代化战略，计划建设两项大型的云计算平台，旨在帮助国防部更好地利用数据，为人工智能等新兴技术铺平道路；8 月，美国陆军司令部指挥官斯蒂芬·福格蒂（Stephen Fogarty）表示，陆军网络司令部可能很快更名为“陆军信息战司令部”，致力于电子战和信息战；美国联邦调查局正计划积极收集脸书和推特等社交平台用户数据，从而提前识别恐怖主义等威胁；9 月，美国参议院提出的《2020 财年国防授权法案》（H. R. 2500 – *National Defense Authorization Act for Fiscal Year* 2020）条款中，对美国网络司令部和国防信息系统局在网络安全和人工智能领域的投资加大了支持力度。

欧盟与俄罗斯也进一步在立法和行政方面为强化网络安全能力扫清障碍。2019 年 6 月，欧盟《网络安全法》生效，欧盟网络与信息安全局正式成为网络安全职能部门，其职责是保护欧盟的关键网络和信息系统；其新任务之一是开发网络安全认证计划，为 ICT 产品、流程和服务的安全性提供保障，并且继续在网络安全方面发挥咨询作用，协助成员国和联盟机构在自愿的基础上制定和执行脆弱性披露政策，帮助成员国协调应对跨境网络威胁和攻击。[②] 2019 年 5 月，俄罗斯总统普京签署了《俄罗斯互联网主

---

① The White House, “National Cyber Strategy of the United States of America”, September 2018, https://www.whitehouse.gov/wp-content/uploads/2018/09/National-Cyber-Strategy.pdf.

② ENISA, *The EU Cybersecurity Act: A New Era Dawns on ENISA*, June 7, 2019, https://www.enisa.europa.eu/news/enisa-news/the-eu-cybersecurity-act-a-new-era-dawns-on-enisa.

权法》，确保在一旦遭遇危机时，政府能够确保俄罗斯境内互联网的独立稳定运行；7月，俄罗斯议会下院批准了在卫星连接、基础设施、网络内容方面加强网络安全建设的法律草案，涉及限制进口卫星连接终端，在互联网服务方面，政府将40个地区的社会重要场所（如警察局、军队、消防、教育、医疗单位和市政当局等）的网络连接起来。① 2019年12月末，俄罗斯举行了“外部不利影响下互联网运行完整性与稳定性”演练，模拟了18种受到网络攻击的场景，以确保俄罗斯在危机事态发生时具有维护本国电信网络和互联网运行稳定性的能力。

三 案例分析

国家间的网络安全竞争体现的是权力逻辑，而从全球治理的视角看，它也包含了国家与非国家行为体之间的权力争夺。目前，网络安全的国际治理议题聚焦于数据、内容、新兴技术等问题，通过对过去一年中具有代表性的热点事件进行分析，我们可以看到地缘政治因素向网络空间的扩展和渗透，网络空间成为大国间博弈的重要领域和手段。

（一）华为事件与布拉格提案

2018年，随着中美经贸摩擦不断升级，美国开始将对华遏制扩展向科技领域，5G首当其冲。2018年8月，美国商务部工业安全局以违反美国国家安全或外交利益为由，宣布在美国政府“出口管制清单”中增加44家中国企业，其中包括多家微波射频企业，给中国5G产业发展带来很大的影响。美国时任总统特朗

① Telecompaper, “Russia Adopts Law Limiting Import of Satellite Connection Terminals”, July 15, 2019, https://www.telecompaper.com/news/russia-adopts-law-limiting-import-of-satellite-connection-terminals--1300777.

普签署《2019财年国防授权法案》，强化了美国海外投资委员会审查海外投资的能力，并明确禁止任何美国政府部门使用中国华为与中兴两家公司的产品。澳大利亚随即宣布禁止华为和中兴为其5G网络供应设备。

进入2019年，美国在国际上进一步加大了对华为的封堵。一方面，美国政府试图通过游说欧盟成员国及北约盟国放弃华为5G设备；另一方面，也在产业层面加紧了抵制华为参与全球竞争的行动。2019年5月，全球32个国家的政府官员以及来自欧盟、北约和工业界的代表齐聚布拉格5G网络安全大会，参加了关于重要的、涉及国家安全、经济和商业关切的讨论，而包括华为在内的中国企业未获邀请参会。与会各国代表从政策、安全、技术、经济四个方面对5G安全进行了探讨，达成了非约束性的政策建议，即“布拉格提案”。该提案警告各国政府关注第三方国家对5G供应商施加影响的总体风险，不要依赖那些容易受国家影响或尚未签署网络安全和数据保护协议国家的5G通信系统供应商，对供应商产品的风险评估应考虑所有相关因素，包括适用的法律环境和供应商生态系统等方面。[①] 随后，美国白宫声明称，美国支持本次捷克会议主席公布的关于5G安全的“布拉格提案”，作为各国未来在设计、建造和管理其5G基础设施时考虑的一系列建议，“美国政府计划将该提案作为指导原则，以确保我们的共同繁荣和安全”。[②]

2019年5月，华为表示愿意与包括英国在内的各国政府签署无间谍协议，并向合作各国保证华为的电信产品符合无间谍和无后门的安全标准。然而，美国政府针对华为的封杀政策不断加

① Jeremy Horwitz, “32 Countries Work to Harmonize 5G Security Plans at Prague Conference”, May 3, 2019, https://venturebeat.com/2019/05/03/32-countries-work-to-harmonize-5g-security-plans-at-prague-conference/.

② The White House, “Statement from the Press Secretary”, May 3, 2019, https://www.whitehouse.gov/briefings-statements/statement-press-secretary-54/.

码。特朗普签署行政命令，宣布进入国家紧急状态，要求美国企业禁止使用可能对国家安全构成危险的电信设备，并指示商务部与其他政府机构合作，要求其在150天内拟订执行计划；美国商务部发布声明，将华为及其非美国附属68家公司纳入“实体清单”，禁止美国企业和相关关联企业向华为出口芯片等相关产品和技术，此举意味着美国正式禁止华为等中国电信设备制造商进入美国市场。① 8月，美国政府再次决定推迟对华为禁令的强制实施，但5G成为中美战略竞争核心的态势已难改变。9月，美国时任副总统彭斯与波兰总理马泰乌什·莫拉维茨基签署“5G安全声明”，进一步推进了《布拉格提案》的落地和实施，其背后的目的很明确，即用国际规范将华为等中国企业锁定在欧美市场之外。

（二）委内瑞拉电网遭受网络攻击事件

2019年3月，委内瑞拉遭遇了自2012年以来持续时间最长、影响地区最广的停电，大批民众上街抗议，加剧了社会动荡。委内瑞拉总统马杜罗接受电视采访时表示，“经确认，美国的确发动了一次网络攻击……主要针对电力系统、通信网络和互联网，行动命令来自五角大楼，由美国南方司令部直接执行。”② 7月，据委内瑞拉政府声称，该国东部卡罗尼河上的古里水电站的水电系统受到网络攻击，首都加拉加斯和全国一半以上的州多次遭遇大范围停电，委内瑞拉新闻和通信部长罗德里格斯通过国家电视

---

① Tom Howell Jr., “Trump Executive Order Moves to Ban Tech from Foreign Adversaries”, *The Washinton Times*, May 15, 2019, https://www.washingtontimes.com/news/2019/may/15/donald-trump-executive-order-appears-target-huawei/.

② 《指责大停电是美网络攻击，马杜罗称将请求中俄等国协助调查》，环球网，2019年3月13日，https://baijiahao.baidu.com/s?id=1627873072663719586&wfr=spider&for=pc。

台发表声明称，停电是由于电力系统再次遭到了“电磁攻击”。①

委内瑞拉并不是唯一关键基础设施遭受网络攻击的国家。2015 年 12 月，网络攻击者利用他们在乌克兰能源网络中的立足点关闭了三家电力配送公司，导致 20 多万家用户在寒冷的冬季无电可用，停电持续了几个小时。一年后，攻击者再次袭击了乌克兰的能源公司，将基辅市部分地区的电力中断了大约一个小时。2019 年 6 月，据《纽约时报》报道，美国网络司令部几个月来多次入侵俄罗斯的电力基础设施，并且已经在俄罗斯电网植入病毒代码，作为对俄罗斯的警告，尽管这些代码从未被启用过，但一旦两国发生重大冲突，它可以使美国处于网络攻击的有利地位。伊朗也曾经遭受了来自美国的网络攻击。据《纽约时报》报道，美国在 2019 年 6 月对伊朗发动了网络攻击，抹掉了伊朗准军事武装用于秘密计划袭击波斯湾油轮的数据库和计算机系统，短暂削弱了其袭击油轮的能力。2019 年 9 月，沙特两处重要石油设施遭到无人机轰炸，一度造成石油价格飙升，这也凸显了人工智能技术发展正在给国家关键基础设施带来新的威胁。

关键基础设施安全是国际社会极为关注的网络安全问题，一方面，它是各国面临的共同安全威胁，任何一个国家的关键基础设施都被置于网络攻击的威胁之下；另一方面，每个国家都有可能对他国的关键基础设施发动网络攻击，特别是借助网络空间“易攻难守”和难以归因的不对称权力。2015 年，联合国信息安全政府专家组提交的共识报告达成了 11 条“资源、非约束性”的负责任国家行为规范，其中第六条就是各国承诺不应从事或故意支持蓄意破坏他国关键基础设施的攻击活动。然而，在实践中，这种所谓的“玻璃房效应”对于维护网络空间和平、安全和战略稳定的“恐怖平衡”效应是有限的，其根源在于不同国家对

---

① 《委内瑞拉再次遭遇大停电，政府称遭到电磁攻击》，《环球时报》2019 年 7 月 23 日。

信息通信技术的掌控和实施能力有着较大的差别，难以有效实现对等的威慑，这也造成了当前网络攻击被用作传统战争替代或辅助手段的危险倾向。

（三）“剑桥分析”事件与 Libra 计划

这两起事件的主角都是世界知名的互联网科技公司脸书，前者关乎数据隐私与政治安全，后者则代表了一个互联网公司对传统国际金融体系的挑战。它们为我们提出了一个值得思考的问题，那就是当互联网企业的力量与日俱增时，它与政府之间应该是一种什么样的关系。

第一起事件发生在 2018 年 3 月 17 日，有媒体曝光有超过 5000 万的脸书用户信息在用户不知情的情况下被英国数据公司“剑桥分析”获取并利用。22 日，扎克伯格公开在媒体为信息泄露一事道歉，他承认对此事负有责任，并承诺将对开发者们采取更严格的数据访问限制；30 日，脸书宣布终止与多家大数据企业的合作，以更好地保护用户隐私；4 月 5 日，脸书隐私泄露人数上升至 8700 万，正如扎克伯格在国会作证时所说“我们先前没有充分认识到我们的责任，这是一个巨大的错误。”① 这起事件之所以产生了极其恶劣的影响，不仅仅是用户信息泄露的问题本身，而且在于它揭示出大数据所能导致的政治后果——剑桥分析公司被认为不正当使用大数据分析的结果并且介入 2016 年美国总统大选事件。

对于保护数据安全和用户隐私，掌握大量数据的互联网平台被认为应该负有重要的责任。2018 年 10 月，英国信息专员办公室就剑桥分析事件对脸书开出 50 万英镑的最高限额罚款；2019

① 承天蒙：《扎克伯格美国国会证词提前公布：没充分认识到责任是巨大错误》，澎湃新闻，2018 年 4 月 10 日，https：//baijiahao. baidu. com/s？ id = 1597329410462230816&wfr = spider&for=pc。

年 7 月，美国联邦贸易委员会宣布已经同脸书就其不当处理用户隐私的重大指控达成全面和解，脸书将为此支付 50 亿美元的罚款。根据和解协议，联邦贸易委员会将结束对脸书的长期调查，并要求脸书成立一个隐私保护委员会以监督其隐私保护举措的执行。但正如扎克伯格在 2019 年 3 月撰文所说，虽然互联网公司对消除有害内容有着不可推卸的责任，但若只是由企业一方来监控互联网内容责任及负担太大，他呼吁各国政府及监管机构也应参与其中，制定一个全球统一的互联网监管框架。①

第二起事件缘起于 2019 年 6 月 18 日，脸书向全世界宣布它将推出一种叫作 Libra 的加密数字货币，其目前仍处于测试阶段，计划在 2020 年上半年正式上线。对于这个货币的历史使命，扎克伯格在其“项目白皮书”中这样描述：“我们认为，应该让更多人享有获得金融服务和廉价资本的权利；我们认为，每个人都享有控制自己合法劳动成果的固有权利；我们相信，开放、即时和低成本的全球性货币流动将为世界创造巨大的经济机遇和商业价值；我们坚信，人们将会越来越信任分散化的管理形式；我们认为，全球货币和金融基础设施应该作为一种公共产品来设计和管理；我们认为，所有人都有责任帮助推进金融普惠，支持遵守网络道德规范的用户，并持续维护这个生态系统的完整性。”②

Libra 是一个互联网公司伟大的雄心，一经宣布便招致全世界所有国家货币监管当局的担忧。在欧洲，法国财长勒梅尔（Bruno Le Maire）和英国央行行长卡尼（Mark Carney）呼吁 G7 集团应严格审查监管 Libra，勒梅尔认为脸书的加密货币不具备成为主权

① Mark Zuckerberg，“The Internet Needs New Rules”，*The Washington Post*，March 30，2019，https：//www.washingtonpost.com/opinions/mark-zuckerberg-the-internet-needs-new-rules-lets-start-in-these-four-areas/2019/03/29/9e6f0504-521a-11e9-a3f7-78b7525a8d5f_story.html.

② FB：《Libra 白皮书》，https：//libra.org/zh-CN/white-paper/？noredirect=zh-Hans-CN#introduction。

货币的能力，要求脸书提供担保确保 Libra 不会成为既有主权货币的竞争对手。美国国会同样对 Libra 的监管充满担忧，6 月 18 日，美国国会众议院金融服务委员会主席玛克辛·沃特斯（Maxine Waters）认为脸书加密货币项目将可能造成个人数据的过度使用，对用户权益过度侵害，呼吁政府部门对脸书的加密货币项目进行审查。针对各方担忧，脸书表示在得到美国有关管理部门批准之前，不会启动其数字货币计划。2019 年 8 月 6 日，澳大利亚、加拿大和英国有关数据和隐私保护的监管机构要求脸书就其加密货币提供更多信息，并在联合声明中表示“共同关注 Libra 数字货币和基础设施带来的隐私风险”。[①] 8 月 27 日，美国众议院金融服务委员会造访瑞士多个监管机构和立法者，就瑞士各部门将如何监管 Libra 进行了沟通，并表示“仍然对允许一家大型科技公司创造一种私人控制并可替代的全球货币感到担忧”[②]。

上述两起事件并非毫无关联，其共同的一点是，随着互联网公司和平台的不断发展和壮大，少数科技巨头所掌控的经济和社会资源可以与民族国家相匹配，并且会给现有的经济、政治和社会秩序带来重要的冲击和挑战。在数字时代，对于企业来讲，它不仅要兼顾商业利益和社会责任，更要在新的环境中调整与政府的权责边界；对于国家而言，数字经济极大推动了国家经济增长和社会发展，但其所带来的隐私、信任以及垄断问题也对国家治理能力提出了新的要求。可以预见，企业与政府的权力博弈将会在很长时间内持续。

① Asha Barbaschow, “Regulators from Australia, Canada, UK hit Facebook with Libra privacy concerns”, August 6, 2019, https://www.zdnet.com/article/regulators-from-australia-canada-uk-hit-facebook-with-libra-privacy-concerns/.

② 《美国监管机构仍对 Libra 项目感到担忧》，中金网，2019 年 8 月 27 日，http://news.10jqka.com.cn/20190827/c613556758.shtml。

四 小结

进入网络时代，国家间竞争，特别是大国竞争有了不同于以往的环境、内容和逻辑。在网络空间，传统的地缘政治逻辑不再适用，网络空间的虚拟属性模糊了传统的国家主权边界，私营部门和互联网企业通过对数据和互联网基础资源的掌控获得了更大的权力，军用和民用资源的融合更是动摇了国家垄断军事打击能力的地位。科技和数字经济成为国家财富获得的主要来源，大国竞争的领域从传统空间扩展至网络空间，科技、数字经济和网络安全能力都直接关系到国家的综合国力建设，网络空间国际规则缺失的乱局更是为大国竞争增添了不确定性。网络空间与物理空间深度融合，这意味着大国竞争既要遵循网络空间的技术逻辑，技术能力和实力在网络空间竞争中的影响力显著上升；也要遵循物理空间的权力逻辑，传统的国家实力构成仍然是大国竞争的基础。

基于此，网络空间的大国关系在很大程度上表现为现实空间大国战略博弈的延伸。中美关系在网络空间呈现出全面竞争的态势，特别是在科技、数字经济和军事领域，美俄关系更多服务于双边地缘政治对抗，中俄间的战略协作不断提升和推进，中欧关系表现为有限的竞争与建设性的合作。从根本上说，大国在网络空间的对外战略在很大程度上服务于其国家战略目标：美国要确保其在网络空间的绝对领先优势；俄罗斯是强化网络空间主权和安全，提升在国际规则制定方面的话语权；欧盟则是以数据保护为抓手，将其规则塑造能力在全球范围内拓展。万变不离其宗，无论将来有何突发事件，网络空间大国关系的演进取决于相关国家的对外战略目标，而后者是服务国家核心利益的重要支撑。

大国博弈之维

第十章

全球网络空间规则制定的合作与博弈

随着网络安全问题逐渐进入国家安全的视野，国际关系中源于网络安全问题的冲突和摩擦日益增加。军事领域网络攻防能力的竞争和网络间谍活动都在不同程度上导致国家间关系的紧张。然而，当前网络空间的无序状态如同众多车辆在四通八达的道路上快速行驶，却没有统一的交通规则，任何一起交通事故都可能引发严重的后果。国际社会围绕网络空间规则制定的合作与博弈正在全球展开，本章重点关注 2017 年之前的合作态势，之后的演进逻辑则以大国竞争为主线，在后面两章中进一步论述。

一　网络空间安全问题及治理现状

网络空间进入国际关系的视野是在 1991 年海湾战争之后。在军事战略家们看来，强大的军事力量已不再是战场获胜的唯一法宝，赢得信息战和确保信息主导权的能力日益重要。1993 年，美国兰德公司的两位研究员约翰·阿尔奎拉和戴维·龙费尔特发表了一份研究报告称“网络战即将到来”。[①] 一时间，有

① John Arquilla and David F. Ronfeldt, “Cyberwar is Coming!”, *Comparative Strategy*, Vol. 12, No. 2, 1993, pp. 141-165.

关计算机、国家安全和网络空间的争论甚嚣尘上，网络战成了最热门的流行语。但由于网络战似乎还仅仅是一种“臆想”，因而很快沉寂下去。直到2007年爱沙尼亚危机、2008年格鲁吉亚战争和2010年伊朗核设施受到“震网”蠕虫病毒攻击并且遭受重大损失，网络安全威胁才开始鲜活起来，真正进入国家安全的议程。

网络空间具有跨国性、隐蔽性、军用和民用设施混淆、网络攻击门槛低等特点。根据网络空间对国家安全的威胁程度可大致划分为：①有组织的网络犯罪，如洗钱、贩毒、贩卖人口、走私、金融诈骗等传统犯罪活动的虚拟化；②网络恐怖主义，既包括针对信息及计算机系统、程序和数据发起的恐怖袭击，也包括恐怖组织借助网络空间进行传统恐怖主义活动的宣传和动员等；③一般性的网络冲突，这类冲突烈度较低，还不至于引发国家间的军事对抗，但是却上升到了政府间的外交层面，如中美之间的网络间谍案、欧美之间因网络监听引发的冲突等；④网络战，即至少有一方是国家行为体参与的网络空间的军事对抗，由于上升到战争行为，网络战对国家安全威胁的程度最高，它既可以独立存在，也可以是当代战争中的一部分。

从国家间互动的角度来看，网络犯罪和网络恐怖主义是各国普遍面临的安全威胁，国家之间的合作大于冲突；网络战和网络冲突则更多体现为国家间的利益冲突，是竞争性的关系，因而国家间博弈主要在这两个层面上展开。权力与财富、冲突与合作是国际政治的永恒主题。虽然网络空间是一个虚拟的数字化世界，但同样充斥着来自各种利益集团和各类行为体的利益争夺，而国家行为体的介入也令“网络空间”这个原本技术色彩浓厚的领域增添了政治学的色彩。有学者指出：“我们如今再也不能对网络空间的政治特性漠然视之，网络空间正在成为一个由政府、军方、私人企业和公民等各种行为体参与的，高度竞争、殖民化和重塑的领域。”①

进入21世纪后，互联网不仅在全球经济和商业往来中发挥越来越重要的作用，对确保国家经济发展、社会稳定和国家安全也日益重要。国家对互联网的依赖程度越深，维护网络安全的需求也就越迫切，“网络主权”或“网络边界”的概念应运而生。如美国学者罗伯特·阿克塞尔罗德（Robert Axelrod）所言：“尽管网络空间并不存在真正的物理边界，但对一国政府而言，网络的每一个节点、每一个路由器甚至每一次转换均发生在民主国家的主权边界之内，因而它必须遵守该国的法律；网络运行的海底电缆或者卫星连接也同样由某个实体公司所控制，该公司的活动也应遵守所在国家的法律。”② 从这个角度来看，网络空间不可能真正脱离国家政府的约束，国家以行使主权的手段介入网络空间治理也成为必然。无论是维基解密事件还是斯诺登泄密事件，都可以看到政府的干预和介入。正因为如此，网络空间治理从一个技术问题演变为国际关系中一个重要的安全议题，并走上大国外交的舞台。

日益突出的网络安全问题，严重威胁着主权国家的安全，但却没有一套专门适用于网络空间安全的全球行为规范和准则③；“当前的网络空间就如同19世纪初蛮荒的美国西部。”④北约盟军欧洲最高司令、美国海军上将詹姆斯·斯塔夫里迪斯（James G. Stavridis）曾表示：“我们的经济被卷入了互联网的汪洋之中，

---

① Nazli Choucri, *Cyberpolitics in International Relations*, Cambridge, MA: The MIT Press, 2012, p. 8.

② P. W. Singer and Allan Friedman, *Cybersecurity and Cyberwar: What Everyone Needs to Know*, New York: Oxford University Press, 2014, p. 182.

③ 2001年11月，由欧洲理事会26个欧盟成员国以及美国、加拿大、日本和南非等30个国家的政府官员在布达佩斯共同签署的《网络犯罪公约》，是全世界第一部也是迄今为止唯一一部针对网络犯罪行为所制定的国际公约。但是，由于它的管辖范围主要针对网络犯罪方面国家间法律与合作的协调，因而也不足以应对网络空间的诸多威胁和挑战。

④ Scott Beidleman, *Defining and Detering Cyber War*, Strategy Research Project, US Army War College, 2009, p. 21.

但这个海洋却不受法律的保护，没有任何行为规范。现在，我们必须开展全球对话来应对这一挑战。”①虽然国际社会在确立全球网络空间规则方面有共识，但对如何制定及制定何种规则却存在严重分歧。

国际社会在现阶段面临的形势与电报发明之后的情形颇为相似。1839 年，首条电报运营线路在英国投入使用，随后在世界范围内扩散，将相隔千里的人们以一种前所未有的方式联系在一起。随着信息通过电报跨越国家边界的传输，问题也产生了：不同的国家收取不同数额的关税，使用不同类型的设备，甚至使用不同的电报码。为解决这种混乱局面，欧洲国家（英国由于其电报网络私营而被排除在外）于 1865 年达成一项要求所有国家必须遵守的统一规范，如国际电报统一关税、所有信息的隐私权保护以及统一使用德国版莫尔斯电码，由此成立了一个新的国家间组织——国际电报联盟（ITU），负责协定管理和监督。作为国家间组织，国际电报联盟在保证全球通信的同时，也保留了国家政府干预的权力。1934 年，国际电报联盟更名为国际电信联盟，将电话与无线电纳入管辖范围，并提出“致力于联通世界”的口号。

如今，将世界各地的人们更紧密地联系在一起的互联网出现了。全世界已经有超过 30 个国家制定了有关网络空间或互联网使用的政策。在国际层面，北约、欧盟、上合组织等国际组织也就网络安全展开了不同程度的合作。国际社会尽快达成一项国家间的网络空间行动准则的重要性和迫切性日益凸显，而国家间利益博弈也随之展开。

---

① House and Senate Armed Services Committees, “Testimony of: Admiral James Stavridis, United States Navy Commander, United States European Command before the 113th Congress”, March 19, 2013, pp. 28 - 29, http://www.armed - services.senate.gov/imo/media/doc/Stavridis% 2003-19-13.pdf.

二　网络空间规则制定的国家间博弈

目前，全球网络空间规则的制定仍然处于初始阶段。费丽莫和斯金克曾经在《国际规范动力学和政治变革》一文中将规范界定为“某个特定身份的行为体行为恰当的标准”，并将规范的生命周期划分为三个阶段：规范兴起（norm emergence）、规范普及（norm cascade）和规范内化（internalization）。作者认为，欲催生新的规范需要两个条件：一是规范倡导者的劝说；二是规范倡导者发挥影响力的制度平台。[①] 在网络空间，全球规则的倡导者主要是各国政府，制度平台包括联合国、北约、欧盟等国际和地区组织，其中联合国因其广泛代表性是全球规范谈判和讨价还价的最重要平台。从国家间互动的角度来看，网络空间规则制定过程中的博弈主要体现在三个层面：技术、军事安全和对策层面。

（一）技术层面

互联网起源于美国，20 世纪 90 年代之前，互联网一直是一个为科研和军事服务的网络，其治理权主要分为两部分：一是顶级域名和地址的分配；二是互联网标准的研发和制定。90 年代初，美国政府将互联网顶级域名系统的注册、协调与维护的职责交给了网络解决方案公司（NSI），而互联网地址资源分配权则交由互联网数字分配机构（IANA）。互联网运行的另一项重要内容是标准的制定和管理。目前，承担互联网技术标准的研发和制定任务的是 1985 年年底成立的互联网工程任务组（IETF），其两个监督和管理机构即互联网工程指导委员会（IESG）和互联网架构

① Martha Finnemore and Kathryn Sikkink, “International Norm Dynamics and Political Change,” *International Organization*, Vol. 52, No. 4, 1998, pp. 895-896.

委员会（IAB）则共同归属于互联网协会（ISOC）管辖。总部位于美国弗吉尼亚的互联网协会成立于1992年，是一个独立的非政府、非营利性的行业性国际组织，它的建立标志着互联网开始真正向商用过渡。由此可见，互联网的控制权虽然归属于独立的非政府组织，但根本上仍是“美国制造”，很大程度上被美国政府所控制。

为了抗议美国政府对互联网的垄断，表明技术专家们在独立和平等的环境中分享互联网技术的愿望，IANA创始人、协议发明大师乔恩·波斯托（Jon Postel）于1998年1月28日发动了互联网世界的第一次“政变”。他发送了一封机密邮件给掌管着世界上12台域名服务器中8台的操作员，要求他们重新配置服务器，认定其南加州大学的计算机为主机，而其余4台服务器仍然认定美国政府的电脑是主机。由于波斯托在互联网行业的巨大声望，这8位操作员冒着被美国政府起诉的危险照做了。这一天，互联网世界一分为二，以实际行动向美国政府宣示，“美国无法从那些在过去30年里建立并维持互联网运转的专家们手中掠夺互联网的控制权”。[①] 然而，在美国政府的压力下，此次“试验”仅持续了一周。

1998年1月30日，美国商务部公布互联网域名和地址管理“绿皮书”，宣称美国政府享有互联网的直接管理权，遭到几乎所有国家及机构的反对。此时，互联网开始在全球范围内迅速普及，美国政府意识到垄断互联网的局面难以继续。1998年6月，经广泛调研，美国重新发布了互联网“白皮书”，决定成立一个由全球网络商业界、技术及学术各领域专家组成的民间非盈利公司ICANN，负责接管包括管理域名和IP地址分配等与互联网相关的业务。虽然美国商务部不再直接参与机构的管理，但仍然牢

① Singer and Friedman, *Cybersecurity and Cyberwar*, 2014.

牢掌握着 ICANN 的控制权和管理权[1]。2014 年 3 月 14 日，美国商务部下属的国家电信和信息管理局（NTIA）宣布将放弃对 ICANN 的控制权，但明确拒绝由联合国或其他政府间组织接管，只同意由 ICANN 管理层与全球“多利益攸关方”讨论接管问题。[2]

国际电信联盟是联合国机构中唯一涉及网络问题的条约组织，在制定技术标准方面发挥着重要作用。它由不同领域的技术人员管理，每个季度向联合国秘书长提交一份威胁评估报告。国际电信联盟在联合国网络安全领域相当重要，它不仅是一个成员国的组织平台，而且是一个自主的规范倡导者，其主要任务是推进其成员制定议程并提出具体倡议。2012 年 12 月，国际电信联盟大会在迪拜举行，俄罗斯、中国以及其他发展中国家倡议将互联网纳入国际电信联盟的管辖范围，允许政府对互联网的运行进行管理，但遭到美国及欧洲国家的强烈反对，它们认为这将改变互联网治理的“无国界”性质，赋予政府干预网络空间的权力。在美欧国家缺席的情况下，国际电信联盟打破传统的一致通过原则，以多数通过方式通过了新协议，但该协议最终能否得到各成员国批准进而生效还面临着很大的不确定性。

在 2014 年 4 月于巴西圣保罗召开的全球互联网治理大会上，西方国家与以中俄为首的发展中国家继续展开激辩。虽然美国在 3 月表示愿意让渡 ICANN 的管理权，但发展中国家仍希望推进互联网改革，打破美国在互联网标准制定方面的垄断。与此同时，美国和欧盟之间也面临着争夺互联网霸主地位的冲突。2014 年 2 月，德国总理默克尔与法国总统奥朗德在巴黎会晤时专门提出要

---

① 2014 年 3 月，美国政府发表公开声明，同意放弃对 ICANN 的管理权，但是只允许将管理权转交给某个独立的非政府机构，目前仍未落实。

② The NTIA, “NTIA Announces Intent to Transition Key Internet Domain Name Functions”, March 14, 2014, http://www.ntia.doc.gov/press-release/2014/ntia-announces-intent-transition-key-internet-domain-name-functions.

建设独立的欧洲互联网，取代当前由美国主导的互联网基础设施。美国希望继续掌握互联网的游戏规则制定权，把互联网看作尽可能不对数据跨境传输进行限制的电子商务平台；但欧洲却希望建设独立的欧洲互联网，夺回一些 IT 主权并减少对外国供应商的依赖。[①]

（二）军事安全层面

在军事安全层面的规则制定博弈主要发生在联大第一委员会[②]。第一阶段的标志性事件是 1998 年 9 月 23 日，俄罗斯在第一委员会提交了一份名为“从国际安全角度看信息和电信领域的发展”的决议草案，[③] 呼吁缔结一项网络军备控制的协定。该决议未经表决就被联合国大会通过，自此被列入联合国大会的议程。但直到 2004 年，该草案始终没有得到其他国家的响应。

这一时期，俄罗斯与美国的不同立场充分折射出两国在网络空间技术的地位差异。俄罗斯担心美国在互联网空间的优势地位会直接转化为军事上的优势，因此希望通过缔结一项国际协定来限制网络军备竞赛。美国自然不希望缔结一项协定来约束自身的优势，认为这样的条约一旦通过，在增加信息和电信安全的幌子下，会被用来限制信息的自由。美国智库哈德森研究所（Hudson Institute）研究员克里斯托弗·福特认为，俄罗斯对信息战和网络空间的治理模式过于强调控制大众媒体的内容，意图影响国外和

---

① 王芳、郑红：《法德探讨建立欧洲独立互联网》，《人民日报》2014 年 2 月 21 日，第 21 版。

② 在联合国框架下，多个部门、附属和专门机构都涉及网络安全的问题，例如大会、安理会、经社理事会、打击跨国有组织犯罪公约缔约方大会等。这些机构对网络安全问题的讨论主要集中在两个层面：一是政治军事层面，例如网络战、网络攻击、网络恐怖主义；二是经济层面，例如有组织的网络犯罪，如毒品、传统的商业犯罪行为。联合国负责网络战规则制定的政府间机构是联合国大会第一委员会，组织平台包括国际电信联盟、联合国裁军研究所和联合国反恐执行工作队。

③ Christopher Ford, “The Trouble with Cyber Arms Control”, *The New Atlantis – A Journal of Technology & Society*, Fall 2010, p. 65.

国内的看法。[1] 这一时期由于俄罗斯势单力孤，美国对这项议题并不重视，默认了这项议题的存在，是国家间利益冲突的蛰伏期。

第二阶段的标志性事件是 2005 年 10 月 28 日，俄罗斯的决议草案首次被美国否决。从次年开始，决议草案的发起国不再只是俄罗斯，中国、亚美尼亚、白俄罗斯等 14 个国家相继加入。从 2005 年到 2009 年的五年间，俄罗斯决议草案的共同发起国迅速增加到 30 个，而美国则始终保持对立立场。

2004 年，联合国大会成立第一个政府专家小组[2]。该小组在 2004 年和 2005 年先后召开三次会议，但由于中俄与美国之间严重的利益分歧，未就网络空间的潜在威胁和合作达成最后共识。这一时期，由于互联网迅猛发展，包括中国在内的越来越多的发展中国家意识到网络空间对于国家安全的重要性，希望通过缔结一项网络战的协定来消减美国的网络优势，确保国家安全。而美国当时正处于小布什的第二任期，先发制人战略与对多边主义的厌恶使得美国与联合国的关系处于低谷。双方的冲突焦点集中在国际人道主义法和国际法是否足以防范通信技术被恶意用于政治军事目的，美国认为没有必要重新缔结一项网络战的新协定，现有国际法足以胜任网络空间的行为规范。

第三阶段开始于 2010 年，其标志是美国立场发生转变并首次成为网络安全决议草案的共同提议国，由此提议国扩大至包括俄罗斯、中国、美国在内的 36 个国家。美国立场转变有两个原因：一是奥巴马政府上台后外交战略思路的变化，重视多边主义；二是格鲁吉亚战争使美国看到，缔结新的协定虽然会约束其能力，

① Christopher Ford, "The Trouble with Cyber Arms Control", *The New Atlantis - A Journal of Technology & Society*, Fall 2010, p. 59.

② 该专家小组成员包括 15 个国家，分别为：美国、英国、德国、俄罗斯、中国、印度、南非共和国、巴西、白俄罗斯、法国、约旦、马来西亚、马里、墨西哥、韩国。

但也是对类似俄罗斯的国家的有力约束。约瑟夫·奈描述了美俄两国在网络安全问题上的对立和立场变化："十多年来，俄罗斯一直寻求缔结一个互联网监管的国际条约，禁止使用可以在战争中激活的恶意软件或电子元件，但美国认为禁止网络攻击能力的措施会破坏国家的网络防御能力，并且反对国家互联网审查制度的合法化。尽管如此，美国开始与俄罗斯展开正式对话，甚至倡导缔结一个类似于《日内瓦公约》的国际条约。"①

但是，分歧依然存在。2012 年，中国、俄罗斯、塔吉克斯坦和乌兹别克斯坦向联合国提交了一份名为"信息安全国际行为准则"的草案，遭到以美国为首的西方国家的强烈抵制。该文件认为，与互联网有关的公共政策问题的决策权属于各国主权范畴，应尊重各国在网络空间的主权。在治理方式上，中俄主张政府是网络空间治理的最主要行为体，在网络空间履行国家职能，负责信息基础设施的安全和运营，管理网络空间的信息，并依法打击网络犯罪行为。但美国认为，网络空间是由人类创造出来的虚拟空间，具有"全球公域"属性，应将其纳入美国的全球公域战略。网络空间既包括国家行为体，也包括公司、非政府组织、学术团体以及个人，网络空间的治理主体应该是"多利益攸关方"，政府应将同等重要的责任和权力分享给其他行为体。②

在此背景下，政府专家小组的工作也开始取得进展。第二个政府专家小组③最终在 2010 年提交了报告，就"信息安全领域现存和潜在的威胁是 21 世纪最严峻的挑战"达成一致。报告兼顾各方共同愿景，承认网络空间指证问题的存在及网络空间的两面性，互联网本身是中性的，取决于使用者的意图。2013 年 6 月，

① Joseph Nye, *Cyberpower*, Cambridge, M. A.: Harvard Belfer Center for Science and International Affairs, May 2010, p. 18.

② 鲁传颖：《试析当前网络空间全球治理困境》，《现代国际关系》2013 年第 11 期。

③ 该工作组于 2009 年开始工作，新增加了爱沙尼亚和以色列等国家。

第三个政府专家组提交的报告进一步强调恶意使用通信技术的威胁，并且提出加强稳定和安全的合作措施，包括规范、增加透明度的自愿措施、各国信心和信任以及能力建设措施。2013 年 12 月，联合国大会通过第 68/243 号决议，决定成立由 20 名专家组成的第四个政府专家小组，其主要任务是讨论现有国际法能否适用于网络空间，美欧赞成将联合国武装冲突法适用于网络空间，但中俄反对，认为这将导致网络空间的军事化。

（三）对策层面

对于国家间的一般性网络冲突，其解决方式更多是依靠冲突双方的外交磋商，如果不能达成一致，则可能诉诸其他多边途径。美国与欧盟等国家因“棱镜门”监听事件导致的冲突等可归为此类。由于这些冲突的起因和情况皆有不同，需要冲突国家之间根据具体情况制定相应的对策。这些冲突的解决办法经由反复的实践而最终沉淀为冲突各方遵守的国际惯例。

以欧美数据跨境流动规则博弈为例。欧盟一贯非常重视个人数据流动中的隐私权保护，2000 年 12 月，美国和欧盟签订了第一份个人数据传输协议《安全港协议》，欧盟委员会在此基础上作出了《安全港决定》，认定美国可以为欧盟公民的数据提供充分保护。2013 年“斯诺登事件”的爆发使美欧在数据保护问题上陷入了信任危机。欧盟委员会也声称美国的大规模监控行为是“不可接受”，要求美国立刻采取补救措施，重新讨论并改进《安全港协议》的内容。2015 年 10 月，欧盟法院做出判决，推翻了《安全港协议》关于美国可以为欧盟个人数据提供充分保护的决定，认定美欧《安全港协议》无效。

此后，经过双方的紧急磋商，美国政府向欧盟委员会出具了书面承诺，保证将对其“出于公共利益获取和使用个人数据”的行为加以限制并提供救济措施，包括承诺建立一个新的国家安全干预监督机制，即独立于美国情报部门的“隐私盾监察员”。在此基础上，美欧于2016年7月达成第二份跨境数据传输协议，即《隐私盾协议》（Privacy Shield Framework），欧盟委员会也据此做出了美国可以对传输至美国的个人数据提供充分保护的《隐私盾决定》。《隐私盾协议》对个人数据隐私保护的标准比《安全港协议》更为严格，不仅规定美国情报机构以国家安全为由从欧盟采集个人数据时必须受到约束和限制，还新增了年度联合审查机制，防止美国政府和企业不履行协议的内容。[①]然而，《隐私盾协议》的签订也并未使欧盟各国感到安全。2017年10月3日，爱尔兰高等法院对美国的相关法律和措施进行审查后认为，美国没有为欧盟公民提供实质上等同于欧盟的保护水平，这与2016年7月欧盟委员会《隐私盾决定》得出的结论不符。2020年7月16日欧盟法院再度做出判决，认定欧盟与美国签订的隐私盾协议无效，并对欧盟与美国之间的跨境数据转移标准合同（SCCs）的有效性提出了重大质疑，这无疑对欧美甚至全球跨境数据流动都将产生深远的影响。

由欧美的几轮博弈可以看出，随着数字时代的到来，数据已经成为对国家创新发展至关重要的战略性资产和生产要素，同时又关系到公民的个人隐私权利和国家安全。欧盟近年来追求“数字主权”的呼声越来越高，2019年11月，德国总理默克尔在一场德国企业领袖会议致辞中呼吁，欧盟必须发展自家的资料管理平台，并减少对亚马逊、微软与谷歌等美国提供云服务科技大厂的依赖，从美国巨头手中夺回“数字主权”。[②] 2020年7月，欧洲议会研究服务中心发表《欧洲的数字主权》，报告指出：“近年来

① 黄志雄、韦欣好：《美欧跨境数据流动规则博弈及中国因应——以〈隐私盾协议〉无效判决为视角》，《同济大学学报》（社会科学版）2021年第2期，第34页。

② 《默克尔：欧盟应从美国巨头手中夺回“数字主权”》，参考消息网，2019年11月15日，http：//news. sina. com. cn/o/2019-11-15/doc-iihnzhfy9301185. shtml。

出现的‘技术/数字主权’是作为促进欧洲在数字领域提升其领导力和捍卫其战略自治的一种途径，欧盟提出的‘数字主权’是指欧洲在数字世界中自主行动的能力，是一种保护性机制和防御性工具，其目标是促进数字创新以及与非欧盟企业的合作……欧洲理事会强调欧盟需要进一步发展具有竞争力、安全、包容和具有伦理道德的数字经济，应重点关注数据安全和人工智能问题。”①正是在这样的背景下，欧盟和美国都想把握全球数字规则制定的主动权，而2018年5月正式生效实施的《一般数据保护条例》（GDPR）是欧盟维护其数字主权的一项重要手段：在前两次博弈的过程中，美国虽不断做出让步，但都未涉及对国内法的修改，但面对此次判决，美国有可能不得不考虑对监控立法和政策进行修改。

三　走向与挑战

在这个时期主要大国在制定网络空间行为准则的必要性方面已经达成共识，但对于条约内涵仍存在较大分歧。由于不同的网络空间治理理念和不同的利益考虑，目前各国对达成“全球网络空间协定”的真实态度并不明朗。美国是当今互联网世界的霸主，虽然其政府官方声明希望就网络空间的行为准则达成一致，但实际上并不愿意放弃目前掌控的技术制高点，不希望在绑住自身手脚的同时，给其他国家赶超机会，甚至出现少数国家背弃协定的情况，因此美国更希望维持现状。此外，中俄与美国对协定的诉求也尖锐对立。2009年，俄罗斯再度提出禁止国家使用任何类型的网络武器和开展网络空间的“军备控制”，但在美国看来，

① Tambiama Madiega, “Digital sovereignty for Europe,” European Parliamentary Research Service Ideas Paper, July 2020, https://www.europarl.europa.eu/RegData/etudes/BRIE/2020/651992/EPRS_BRI(2020)651992_EN.pdf.

俄罗斯的建议虽然约束了国家行为体，但难以限制政府使用“爱国黑客”作为代理人发动网络攻击。美国则更希望通过协定约束网络间谍这种盗窃知识产权的行为和保护脆弱的民用关键基础设施，中国和俄罗斯则担心西方国家借此推销其价值观，侵蚀本国的网络主权。不同的利益诉求和网络空间作为新生事物的“万事开头难”特性，决定了全球协定的达成仍然是长路漫漫。

由于网络空间的特殊性，国际社会很难达成类似 1967 年的《外太空协定》或 1923 年的《海牙航空战公约》的条约。在网络战层面，美国主张将《联合国人道主义法》① 适用于网络空间，但人道主义法对网络战的约束也有相当的局限性。例如，网络攻击何时以及如何被看作战争行为？网络空间的一个关键问题是如何区分军用和民用设施。与传统战争不同，网络空间中军用和民用设施的界限并不清晰，网络既可能是民用也可能是军用，如果将该国际法应用到网络空间恐难有效实施。中国和俄罗斯坚持反对将《联合国人道主义法》适用于网络空间冲突，认为这将导致网络空间的军事化。

北约专门研究网络战的卓越协同网络防卫中心邀请了 20 名法律专家，历时三年，于 2013 年 3 月最终完成了《塔林手册：适用于网络战的国际法》。虽然这部手册并非北约官方文件或者政策，只是一个建议性指南，但它被认为是西方第一份公开出版的、系统化的网络战国际法，被誉为网络战领域的“日内瓦公约”。《塔林手册》对网络战一些关键且敏感的概念进行了界定，直指网络安全问题的核心。它规定一国政府不应在知晓的情形下允许在本国领土内或在政府控制下的网络设施被用来对其他国家发动有害的、不合法的攻击行为；国家对指向其来源并且违背其国际义务

① 《联合国人道主义法》是指出于人道主义原因而设法将武装冲突的影响限制在一定范围内的一系列规则的总称。它保护没有参与或不再参与敌对行动的人，并对作战的手段和方法加以限制，因此也被称作战争法或武装冲突法。

的网络攻击行动应负有国际法责任；明确了使用武力的若干标准，如当网络攻击行动的规模和效果与使用武力的非网络行动相当时，网络行动就被认为是使用武力，培训和装备持有恶意软件的游击队组织也被看作是使用武力，而政治和经济强制（coercion）不能等同于使用武力，资助黑客集团也不构成暴动的一部分。[①] 必须承认，在制定全球网络空间规则方面，北约走在了其他区域和国际组织的前面。这份规则的制定固然有着强烈的北约色彩，但客观来看，就其框架进行探讨可以在某种程度上推进联合国框架内的谈判。

如果没有突发事件，达成一项各国均能接受的全球网络安全准则可能需要很长时间。但这并不意味着制定网络空间规则的进程将止步不前。按照通常的做法，制定规则首先应该从概念界定开始，但这恰恰是现阶段网络空间规则制定的难点和障碍。鉴于当前网络安全问题的日益凸显和对国家间关系的消极影响，尽快推动网络空间规则的制定已经成为各国的共识。在这种情况下，网络规则的讨论应避开当前的障碍，从共识开始，率先就各方共同认可的原则、规则和程序初步达成一致。2013 年 10 月首尔网络空间会议通过了《首尔原则》，认为包括《联合国宪章》在内的国际法准则也应适用于国际网络空间，这无疑是一个进步。

联合国大会的报告和决议则采取了模糊和兼顾的做法。2010 年，第一委员会的决议草案不再要求首先对缔结网络军备条约进行概念界定，并且将“国际原则”的目标替换为“国际概念”和“可能的措施”。[②] 2013 年，政府专家组向大会秘书长提交报告，报告称各国政府必须牵头所有努力，但私营部门和民间社会的适

---

① Michael N. Schmitt, *Tallinn Manual on International Law Applicable to Cyber Warfare*, Cambridge: Cambridge University Press, 2013, pp. 29-30.

② Tim Maurer, *Cyber Norm Emergency at the United Nations*, Science, Technology, and Public Policy Program Explorations in Cyber International Relations Project, Harvard Kennedy School, September 2011.

当参与将促进合作的有效开展。报告并未就现行国际法是否适用给出明确结论，仅表明这对降低国际和平、安全与稳定的风险至关重要，但并不反对今后另行制定准则。专家组还认为，由国家主权产生的国际准则和原则适用于国家开展与信息通信技术有关的活动，各国必须对此类国际不法行为承担国际义务。

尽管这种做法很大程度上是无奈而为之，但对于继续推动网络空间规则的制定仍十分必要。寻求共识并不难，如僵尸网络对所有国家都具有同等的威胁，可以首先认定建立僵尸网络系统为非法。即使不能就如何界定“网络攻击”达成一致，但仍可以从防范共同威胁开始，对各国共同承认的某一类型的攻击进行限制并制定行为规范。明确各国的底线在当前阶段尤为重要，即便不能明确何种行为是符合规范的，也应明确哪些行为是不可接受的。如果国家间能够就不对某些关键基础设施发动网络攻击达成一致，同样也是重大的进步。非正式规则的积极作用在于推动催生一种共同的责任概念。因此，即使协定不能达成，谈判和磋商也有助于制定某些行为准则，通过潜移默化的方式来影响和塑造未来的行为。

此外，还有一些动向值得关注。2013 年以来，美国学界和媒体对网络安全威胁的认识开始回归理性，使喧嚣的网络战降温。《外交事务》（*Foreign Affairs*）杂志刊文称，“我们应该忘记网络战的叫嚣，黑客行为可以减少真实世界的冲突，并且有助于和平。”① 布鲁金斯学会学者彼得·辛格尔（Peter Singer）在 2014 年 3 月的一次访谈中表示，所谓“网络珍珠港”或者“网络 9·11”的景象虽然危险，但近期内真正发生的可能性并不大，美国网络司令部司令凯斯·亚历山大（Keith Alexander）关于“美国军队每天遭受数百万次网络攻击”的说辞过于夸大，因为这些攻

① Thomas Rid, “Cyberwar and Peace: Hacking can reduce Real - World Violence,” *Foreign Affairs*, November/December 2013.

击的确有恶意的，但更多是恶作剧、政治抗议或间谍行为，完全没有达到网络战的程度，美国对网络安全问题的认知仍处于“无知”“狂热”“担忧”的混合状态。[①]他认为，网络安全问题的确存在，它是个人、企业、社会、政府的共同责任，而不应成为美国政府借此夸大威胁、要求增加军费的理由。美国军方与学界的不同声音可能会在未来一段时间内给美国的网络安全政策带来微妙影响：一方面，网络武器的研发和攻防能力的建设还将持续，网络战能力势必成为国家间军力较量的一个重要阵地；另一方面，如“斯诺登事件”等一般性的网络冲突问题将更加现实和突出，亟须加以规范并找到恰当的解决途径。

四　小结

全球网络空间规则的制定仍然处于“提出规则”的初始阶段，在网络恐怖主义与网络犯罪层面以国家间合作为主，而国家间博弈则将集中在一般性网络冲突和网络战两个方面。鉴于美国多年来在互联网技术层面的主导地位，当前国家间的博弈主要表现为美欧与中俄在治理理念和模式上的冲突以及美国与欧盟在互联网的主导权上的争夺。2014 年 2 月，中央网络安全和信息化领导小组（2018 年 3 月改为“中国共产党中央网络安全和信息化委员会”）成立，并且提出了从网络大国向网络强国迈进的目标。作为一个新兴大国，中国应当在现阶段采取积极的对策，参与全球网络规则的制定。

第一，目前在国际层面探讨网络空间规则制定的平台有很多，如联合国（包括联合国大会以及附属机构）、世界贸易组织、世界银行、互联网名称与数字地址分配机构、伦敦议程、欧盟、

① Charles Hoskinson, “The Cyber Threat,” *Washington Examiner*, March 21, 2014.

上合组织等，中国应当积极关注和参与这些平台有关网络规则的讨论，尤其是全球层面的磋商。在打击网络恐怖主义和有组织网络犯罪方面开展国际合作，承担更多的国际责任。在网络战规则的制定以及双边的网络冲突中采取更加积极、灵活的态度，用全面、长远的眼光做好多方面的准备，在确保国家利益的前提下，推动全球网络空间规则的制定，避免网络空间“巴尔干化”的风险。

第二，在全球网络规则的制定过程中，加强与美国、欧盟及发展中国家的交流与合作。既要学习借鉴美国、欧盟国家在网络安全治理、立法等方面的做法，也要增加与其在政府、企业、学界等多轨道的交流合作。尽管与美国、欧盟等国家存在治理理念和模式上的分歧，但这不应成为全球网络规则制定进程的“终结者”。发展中国家普遍面临着互联网设施和技术落后的不利处境，中国应呼吁在制定全球网络规则时充分照顾到这些国家的利益，敦促发达国家向发展中国家提供更多的资金、技术和人员支持。

第三，打铁还须自身硬，中国要想争取互联网的管理权，首先要强化自身的网络能力建设。一方面要加快互联网技术的研发和人才队伍培养，强化网络军事攻防能力建设，尽快缩小与美国等西方发达国家的差距；另一方面应统筹协调国内工信部、外交部等各相关部门之间的关系，把握好网络主权与互联网联通性的关系，在维护国家主权的同时，确保互联网行业的可持续健康发展，使网络成为强国腾飞的一大助力。

第十一章

大变局下网络空间治理的大国博弈

当今世界正在经历“百年未有之大变局”，其最显著的特征是大国力量对比发生深刻变化以及由此而引致的利益与权力的博弈。信息技术革命既是当前大变局产生的重要驱动力，也是大变局中大国博弈的重要载体和工具。本章首先从大变局的时代背景入手，探讨国家在网络时代面临的挑战；接下来从历史的视角出发，分析网络空间中日渐增长的地缘政治因素；最后聚焦于网络空间的大国博弈态势，研判未来网络空间国际治理的大势。

一　大变局、网络空间与地缘政治

透视和把握“百年未有之大变局”应将其放置在历史的长河中考量，不仅看到现象，更应把握本质。张宇燕在《理解百年未有之大变局》一文中提出了理解百年变局的八个维度，即大国实力对比变化、科技进步影响深远并伴随众多不确定性、民众权利意识普遍觉醒、人口结构改变、国际货币体系演化、多边体系瓦解与重建、美国内部制度颓势显露和中美博弈加剧。[1] 可以看出，以信息通信技术为引领的科技革命既是大变局不断深化演变的一

① 张宇燕：《理解百年未有之大变局》，《国际经济评论》2019 年第 5 期，第 9—19 页。

个考察维度，也是导致大国实力变化、民众权利意识觉醒、国际货币体系演化以及全球多边体系重构的重要驱动力，而在日益加剧的中美战略竞争中，网络空间也必然会成为大国博弈的重要载体。

一般语境下，大变局通常会有三层含义：一是新的变化；二是新变化带来的不确定性；三是新变化的影响十分深远。在网络时代，互联网、大数据、人工智能、物联网、云计算等信息通信技术突飞猛进，催生了新的数字经济形态，数据化、智能化、平台化、生态化等特征深度重塑了经济社会形态，引发了数字经济治理的根本变革。[①] 在国际治理层面，网络时代大变局所带来的新变化是新的治理领域出现的同时，原有的治理议题也表现出了新的形式；不确定性则源于信息通信技术发展前景的不确定性，未知的挑战和风险亟须建立新的国际规则和行为规范；新变化的影响则在于它不仅改变了传统的国家政治生态，而且会加速大国力量的此消彼长，重塑国际规则和国际秩序。

国家是现代政治学的基石，也是国际关系中的主要行为体，但在网络时代，虚拟空间与现实空间深度融合，它对传统的国家政治生态带来了深远的影响。美国学者曼纽尔·卡斯特认为，“尽管文化基础和社会架构不同，但基于数字技术的互联网已经将全球社会重新编织为一个新网络”。[②] 从外部环境看，网络空间成为国家权力新的来源。具体表现为：第一，随着人们对互联网的依赖程度越来越高，海量的数据和信息成为新的权力来源，掌控这些数据的社交媒体平台凭借算法和人物画像等技术，具备了塑造社会行为和观念的能力，将传统上被国家政府所垄断的公权力“私有化”；第二，凭借信息在网络的快速和便捷传播，社会

① 中国信息通信研究院：《数字经济治理白皮书》，中国信息通信研究院 2019 年版。

② ［美］曼纽尔·卡斯特：《传播力》，汤景泰、星辰译，社会科学文献出版社 2018 年版。

组织具备了无须组织核心即可快速实施集体行动的能力，这种围绕统一目标、进行松散协作的在线行动模式也被称作“自组织治理”模式；[①] 第三，网络化的扁平结构并不必然带来权力的去中心化，而是会形成新的权力中心，这取决于掌控网络节点的行为体本身的实力，特别是其能够“促成最大数量的、有价值的连接以及导向共同的政治、经济和社会目标的能力”，有学者将其归结为“个体和团体运用软实力”[②] 的能力。

从地缘政治的视角来看，网络空间对国家政治生态的挑战主要体现在以下几个方面。首先，传统的国家地理边界在网络空间不复存在，以地理边界划分为基础的主权原则面临着如何适用的挑战。从物理层来看，国家对网络空间物理层的主权权利是与现实空间主权权利最为接近的，作为网络空间的“骨骼”，基础设施是现实空间有形存在的，其管辖权划分也相对明确；逻辑层则是无形的、不可见的，逻辑层的技术标准和域名地址分配（国家或地区域名除外）由全球技术社群和互联网社群负责制定，在全球统一实施，这个层面不属于任何一个国家的主权管辖范围；国际争议则主要体现在内容层，作为一个开放的全球系统，它没有物理的国界和地域限制，用户可以以匿名的方式将信息在瞬时从一个终端发送至另一个终端，打破了传统意义上的地理疆域，同时也动摇了基于领土的民族国家合法性。[③]

其次，互联网打破了国家对军事力量的垄断，并在很大程度上改变了传统的战争形态。按照马克斯·韦伯的定义，国家是

---

① Benkler, Y., “Hacks of Valor: Why Anonymous Is Not a Threat to National Security”, *Foreign Affairs*, April 4, 2012, https://www.foreignaffairs.com/articles/2012-04-04/hacks-valor.

② Slaughter, A. M., “Sovereignty and Power in a Networked World Order”, *Stanford Journal of International Law*, Vol. 40, No. 2, 2004, pp. 283-327, https://www.law.upenn.edu/live/files/1647-slaughter-annemarie-sovereignty-and-power-in-a.

③ 郎平：《主权原则在网络空间面临的挑战》，《现代国际关系》2019 年第 6 期，第 44—50 页。

“这样一个人类团体，它在一定疆域内成功地宣布了对正当使用暴力的垄断权”①，其他任何团体或个人只有经过国家许可才拥有使用暴力的权力。然而，在网络空间，所有现实空间的人和事物都可以被信息化或者数字化，作为网络武器的软件是无形的，网络武器的生产者可以同时是使用者且很难进行军用和民用的区分，因而网络武器的使用门槛大大降低，网络购买和快速传递也会加大其扩散的范围，无论是作为个人的黑客还是有组织的犯罪或恐怖分子，都可以在网络空间发起暴力行动，甚至是对国家发起网络战。网络攻击不需要派遣地面人员，不必出现流血冲突和人员伤亡，信息控制和无人机等自主作战已经成为未来新的战争形态。

最后，网络空间打破了国家对社会元素的垄断，实现了政治权力的再分配。在数字时代，国家不再是唯一具有巨大权力的社会组织，无论是在商业、媒体、社会、战争和外交领域，其权力均在不同程度上被削弱或者转移。美国哈佛大学克里斯坦森（C. Christensen）等据此提出了“破坏性创新理论”②，他认为在多个核心领域，匿名性和加密数字货币等基于网络和数字技术的“破坏性创新者”正在挑战国家以及国家间组织曾经掌控的功能，其影响正在向更广泛的人群扩散，而国家正在失去其作为“集体行动的最佳机制”的地位。特别是社交媒体平台正集聚了越来越多的线上社交活动以及由此产生的信息，一方面，国家正面临着与日俱增的基于互联网“公民不服从行动”的风险；另一方面，传统上被电视和纸质媒体掌控的舆论权力垄断也正在被由私营资本控制的互联网平台所打破。

---

① ［德］马克斯·韦伯：《学术与政治》，钱永祥等译，上海三联书店2019年版。

② Christensen, C., Baumann, H., Ruggles, R. & Sadtler, T., “Disruptive Innovation for Social Change”, *Harvard Business Review*, December 2006, http://hbr.org/2006/12/disruptive-innovation-for-social-change/ar/I.

二　地缘政治进入网络空间国际治理

当网络空间对传统国家政治生态的影响力和挑战越来越大，地缘政治进入网络空间国际治理领域也就成为历史必然。虽然网络空间作为一项全球治理议题始于2003年的联合国信息社会世界峰会，但此时并没有进入国家战略层面。从地缘政治的视角来看，网络安全问题真正开始被大国重视并进入高级政治领域，经历了一个认知改变的渐进过程。

首先是发生于2011年的西亚北非动机。从2011年年初开始，从突尼斯开始，中东北非的示威狂潮迅速蔓延到埃及、利比亚、也门、叙利亚等多个国家。在政治对抗、暴力冲突乃至国际干预下的内战中，有些国家发生了政权更迭，有些国家危机重重，动荡不止。这些国家发生的政局动荡，固然源于经济全球化背景下暴露的民生危机，以及政府腐败、社会不公和两极分化所激起的广大民众对民主与平等的追求，但互联网的作用的确不可小觑。[①] 突尼斯、埃及等国家的动乱，动员令都是通过互联网和微博网站发布和传播的，推特、脸书等社交媒体“功不可没”，可以说没有互联网，这场骚乱可能不会蔓延得如此快速。这也是互联网作为一种新型的传播平台，首次在重大的国际政治和安全事件中亮相，同时也让很多国家意识到网络媒体在传播中的巨大效力和影响力。

2012年，美欧与中俄在国际电信联盟召开的国际电信世界大会上，围绕国际电信规则的修改而分庭抗礼，形成两大阵营对抗的局势。中俄等国支持修订后的《国际电信规则》，该规则给予所有国家平等接触国际电信业务的权利以及拦截垃圾邮件的能

① 郎平：《中东北非变局》，载李慎明、张宇燕编《全球政治与安全报告2012》，社会科学文献出版社2012年版，第95—117页。

力，但美国和欧盟等发达国家反对国际电信联盟在互联网治理中发挥更大的作用，认为这会赋予政府干预网络空间的权力。自冷战结束之后，这是国际社会首次在一个全球治理问题上出现两大阵营的分裂。值得一提的是，美国政府在这一年承认参与开发了蠕虫病毒等网络武器，参与了针对伊朗核设施的“奥运行动”；美国政府开始指责中国和俄罗斯通过网络窃密开展不正当的商业竞争。2012 年也因此被一些学者看作是网络空间国际秩序之争的“元年”,[①] 网络空间终究不可避免地成为大国博弈的“新战场”。

令全世界轰动的爱德华·斯诺登泄密事件。2013 年 6 月，英国《卫报》和美国《华盛顿邮报》先后公开曝光了美国政府多个秘密情报监视项目，其中包括所谓的“棱镜”（PRISM）项目，后者显示美国政府一直在对全球主要国家进行网络监控，将美国置于颇为尴尬的境地，也使美国与俄罗斯、欧盟、拉美的关系均受到不同程度的冲击。由于俄罗斯允许斯诺登在俄罗斯避难，许多美国议员认为，俄罗斯此举是对美俄关系的严重打击。南卡罗来纳州共和党参议员格雷厄姆（Lindsey Graham）将此事件归结为“改变游戏格局的事件”，亚利桑那州共和党参议员麦凯恩（John McCain）认为，美国应当彻底反思与俄罗斯的关系，加快欧洲导弹防御计划的进程，推进北约东扩。[②] 可以说，“斯诺登事件”对网络空间大国关系的影响尤为深远，它一方面导致了美国商务部在 2014 年宣布将移交对 IANA 的监管权，以平息国际社会对美国政府的不满；另一方面也可视为欧盟对数据保护和个人隐私问题关注的起始点，从而成就了如今欧美之间的《隐私盾协议》以及欧盟的 GDPR 规则，在很大程度上影响到当前的全球数

---

① Segal, A., *The Hacked World Order: How Nations Fight, Trade, Maneuver, and Manipulate in the Digital Age*, NY: Public Affairs, 2016.

② Nissenbaum, D. & Aylward, A., “U. S. Lawmakers See Snowden Asylum as Serious blow,” *The Wall Street Journal*, August 2, 2013, https://blogs.wsj.com/washwire/2013/08/01/u-s-lawmakers-see-snowden-asylum-as-serious-blow/.

据治理议程。

从发展趋势看，网络空间正在成为大国博弈的重要领域和重要工具。首先，网络空间带来了许多新的议题，例如网络攻击、假新闻、数据跨境流动等，亟须制定新的国际规则加以规范和约束，而传统的安全议题在网络空间有了新的形式，例如有组织犯罪、恐怖主义等，也需要探索新的模式加以应对；其次，网络空间与现实空间深度融合，网络空间的利益目标与国家的整体战略密不可分，前者往往是后者不可分割的重要组成部分，而网络议题也会同时具有安全、发展、战略等方面的属性，中美关系中的网络窃密问题就是如此；最后，信息科技竞争已经成为大国竞争的重要焦点，围绕5G、人工智能等新技术标准和技术创新的竞争已经白热化，特别体现在中美关系中，它正成为两国全面竞争的冲突汇聚点，事关两国综合国力比拼的走势。由此判断，地缘政治因素在网络空间国际治理中的作用将会急剧扩大，从高级政治领域向低级政治领域扩展，即便是逻辑层的ICANN也难以避免地会受到地缘政治因素的影响。

三　网络空间的大国博弈

当网络空间逐渐成为大国博弈的主战场和重要工具，大国围绕网络空间国际规则制定和国际秩序建立的竞争与冲突将更趋白热化，其中既体现在价值观的对立，也表现为制度平台的选择和规则制定的讨价还价。下文将从中美、美俄、中俄以及中欧这四对双边关系来探讨这几大政治力量在网络空间的竞争与合作态势。

（一）中美关系：全面竞争

网络空间的互动是中美关系的重要内容。网络空间具有虚拟属性，与现实空间不能完全映射，但它不会脱离两国战略博弈的大框架。特别是随着互联网时代的到来，网络空间的内涵和外延不断扩展并与现实空间加速融合，中美未来的竞争与博弈将聚焦于网络空间，网络空间的战略意义尤为凸显。但同样，中美网络关系也不可能仅表现为竞争的一面，而是会出现竞争与合作并存的态势，只不过竞争的态势在近几年会越发突出，具体而言，它表现在以下几个方面。

1. 价值观和意识形态的竞争

价值观是构建国际秩序的核心要素之一，在价值观基础上形成的意识形态之争始终贯穿于中美关系的起伏变化中。在互联网治理的问题上，美国主张采用由下至上、共识驱动的多利益相关方治理模式，极力推动信息和数据的自由流动，反对政府对互联网内容的管制等；中国则更倾向于多边与多方相互补充的共治理念，强调网络主权，主张政府发挥更大的作用，认为互联网信息和数据的流动应在确保安全的基础上，实现有管理的有序流动。归根结底，中美价值观和意识形态的形成固然与两国的文化差异有关，但更根本的原因在于两国在网络空间实力的差距以及由此而产生的不同利益诉求。

2. 信息通信技术的竞争

科技作为第一生产力，历来是大国综合实力竞争和博弈的焦点。作为当今世界唯一的超级大国，美国当下的核心利益诉求是确保其在科技、经济和军事方面的绝对优先优势，而中国作为世界第二大经济体，必然成为美国瞄准的首要竞争对手。在经济全球化和信息革命的背景下，5G、人工智能等前沿技术的布局和发展水平均已成为中美竞争的战场。美国政府联合其盟国，如澳大利亚、加拿大和新西兰等国，以“中国硬件会带来潜在国家安全风险”为由将华为排除在西方 5G 网络的设备供应商之外，特朗普更是声称美国将跳过 5G 直接研发 6G 技术，就是为了阻挡中国企业在5G领域的优势。人工智能领域也是如此，2019年2月11日，特朗普签署了“维护美国人工智能领导地位”的行政命令，正式启动美国国家层面的人工智能计划；次日，美国国防部发布《人工智能战略》，将加快人工智能在美国军事安全领域的应用。从产业竞争到军事安全，中美在人工智能等技术领域的竞争将日趋激烈。

3. 数字经济和贸易规则的竞争

在大国无战争的核时代，一国的经济实力成为大国综合国力博弈的重要内容。过去数十年间，中国作为新兴大国迅速崛起，对美国的经济竞争力构成了很大的挑战，如何确保美国企业的国际竞争力成为美国对华经贸政策调整的重头戏。2018年以来，美国政府以加征惩罚性关税为手段对华发起贸易战，两国贸易争端不断升级；2019年5月10日，美方宣布对2000亿美元中国输美商品加征的关税从10%上调至25%，中方随后采取了反制措施，中美贸易谈判再度陷入僵局。无论两国经贸摩擦以何种方式得到解决或长期化，美国的目的都是要在诸多结构性问题上与中国达成新的制度安排，并且着眼于全球范围内数字经贸规则（世界贸易组织框架内）的重塑。2019年6月在日本举行的G20峰会上，中美之间就数据跨境流动的国际规则进行了进一步交锋。

4. 网络空间国际安全规则的竞争

网络安全是受大国地缘政治影响最为直接的领域，而不断恶化的网络空间生态也为网络空间国际安全规则的制定增添了迫切性。美国及其领导的北约组织开展了多次大规模网络军事演习，数据泄露滥用、社交媒体假新闻等一般性的网络冲突日益扩散，网络空间的安全形势异常严峻。美国作为网络空间的头号强国，更是提出了“先发制人”“向前威慑”“主动进攻”的攻击性网络安全战略。与美国不同，中国始终反对网络空间军备竞赛，2018年10月，中国与俄罗斯等国一起向联合国提交了一份“从国家安全角度看信息和电信领域的发展”的协议草案，对一些国家正在为军事目的发展信息通信技术能力表示关切；美国则联合加拿大、日本、澳大利亚、爱尔兰等国提交了“从国际安全角度促进网络空间国家负责任行为”的决议草案，要求确认私营部门、学术界和民间社会在国际网络治理中的参与机制，要求联合国加大对国家负责任行为准则以及国际法在网络空间如何适用等议题的研究。2019 年，新一轮的 UNGGE 谈判重新启动，围绕关键基础设施、现有国际法如何适用网络空间等问题，中美两国展开新一轮的博弈。

综上所述，中美网络关系中竞争面上升，但合作面仍然存在。这一方面是因为虚拟的网络空间超越了国家的地理边界，网络攻击、网络犯罪、假新闻等网络安全问题必须依靠国家之间的协作才能应对；另一方面，经济全球化的大势不可逆转，技术创新和研发的全球价值链已经形成，美国能够做得最多是降低其对全球价值链内对中国环节的依赖，而无法与中国完全脱钩。中美在经济和安全等诸多问题上必须携手合作，才有可能制定全球性的国际规则。

（二）美俄关系：地缘政治对抗

美国与俄罗斯在网络空间的互动总体上是两国在现实空间地缘政治对抗的延伸。从舆论战、外交战、制裁反击到军备竞赛，网络关系正逐渐映射出美俄大国关系的紧张。过去一年里，美国继续推进“网络威慑”战略，紧抓网络战争规则主导权的同时，在法律政策、体制机制、技术手段、规则制定等层面日臻完善，俄罗斯则在技术创新、互联网管控、规则制定等方面多措并举，继续保持在网络空间的强势态度。俄罗斯与美国或者西方国家的矛盾和冲突主要体现在双边关系和国际治理层面。其中，前者体现为美国与俄罗斯围绕“黑客门”之间的网络攻击和信息战，后者则主要表现为全球互联网治理理念和路径的完全对立。

1. 黑客攻击与信息战

自2016年年底爆出俄罗斯黑客干预美国大选以来，美国“通俄门”事件不断发酵和升级。历时675天，发出2800多张传票、500多份搜查令，传唤500多名证人的美国“通俄门”调查终于落幕，美国特别检察官穆勒的调查结论是，特朗普及其竞选团队没有与俄罗斯合谋影响2016年的美国总统大选，同时也没有足够证据表明特朗普妨碍司法公正。然而，这并不意味着美俄两国之间的信息战会就此落幕。2018年4月，美国知名智库兰德公司发布报告《现代政治战》，报告指出，信息域是一个越来越重要，甚至是决定性的政治战领域，信息战以各种方式发挥作用，例如放大、混淆和说服，及时提供令人信服的证据是对付虚假信息的最佳办法；报告分析认为，俄罗斯政府认为大众传播是国际政治的重要战场，并且已经建立了广泛的、资金充足的媒体库，以促进其国内和国际目标；鉴于俄罗斯越来越重视“混合威胁”和“信息战”，俄罗斯很可能会继续打磨和扩大其信息战的影响力。[①] 由此可见，黑客攻击和信息战将会继续成为两国间地缘政治对抗的重要工具和手段。

2. 网络空间国际秩序之争

如前文所述，美国和俄罗斯对于网络空间国际秩序的竞争体现在理念和路径两方面。俄罗斯主张颠覆美国所主导的网络空间自由秩序，可谓与美国自由、民主、开放的互联网治理理念背道而驰。俄罗斯是网络主权的坚定支持者，它认为国家应该对信息网络空间行使主权。2019年5月，俄罗斯总统普京签署所谓“互联网主权法案”的动机也正是对美国2018年“激进”网络安全

① Robinson, L., Helmus, T. C., Cohen, R. S., Nader, A., Radin, A., Magnuson, M. & Migacheva, K., *Modern Political Warfare: Current Practices and Possible Responses*, St. Monica: RAND Corporation, 2018.

战略的回应，从而防范美国通过自身网络空间优势“惩罚”俄罗斯。通过这项法律，俄罗斯联邦通信、信息技术和大众媒体监管局（ROSKOM）有权集中管理俄罗斯的互联网，包括互联网交换点。在俄罗斯看来，其面临的最大风险之一是在政治危机中，被美国故意切断互联网连接，使俄罗斯成为信息的孤岛。因而，俄罗斯的愿望是另起炉灶，在国内建立一套独立可控的网络系统，从而摆脱美国的控制。长期以来，美国一直试图通过政府战略和国际协议促进全球互联网的开放性，与俄罗斯所坚持的主权控制模式的冲突还将持续下去，但冲突的结果将主要取决于两国间政治关系的走势。

3. 国家战略的竞争

美国将俄罗斯定位为战略对手，2018 年的《国家网络战略》引言部分有两处提到了俄罗斯，一处是将俄罗斯与伊朗和朝鲜并列，认为其“不计后果的网络攻击伤害了美国和国际商业以及美国的盟国和伙伴，却没有付出可能阻止未来网络侵略的代价”；另一处是“俄罗斯以网络空间作为挑战美国及其盟国和伙伴的手段……利用网络工具破坏我们的民主，在我们的民主进程中制造不和”。美国认为俄罗斯不断开发新的、更有效的网络武器，对美国进行网络攻击的风险正在增加。为了应对俄罗斯的威胁，美国加强了与盟友互动，例如，加强与北约盟国间的网络合作伙伴关系，进行针对俄罗斯的联合网络军演，考虑取消《国防授权法案》中与俄中合作的拨款。从当前国际局势看，特朗普参与联合国平台的意愿并不强烈，而是更希望通过北约、欧安、五眼联盟等组织以及以日本、以色列等盟友国家为基础建立“美国规则”；俄罗斯现有的理念也将持续，坚持信息安全学说中的概念和主张，突出维护信息空间主权，巩固政府的主导角色。

（三）中俄关系：落实战略协作

近年来，中俄两国在信息网络空间的合作与互动日益紧密。

中俄在信息网络空间既具有很强的互补性和合作空间，也有战略和策略上的差异。在治网理念层面，两国都高度认同网络主权的概念，强调政府的作用，但是俄罗斯的立场更加强硬，主张对当前的互联网治理体系采取革命性的颠覆和再造，而中国的立场更具建设性，主张在融入的基础上进行塑造；在技术层面，俄罗斯在军用技术研发、软件产业等方面具有明显的优势，但在电子信息制造业和技术成果转化方面处于劣势，中国的情形则恰好相反；在数字经济层面，中国在移动支付、电子商务领域已经取得了显著的成就，而俄罗斯也在加快该领域的发展，与中国展开相关合作对俄罗斯将是极大的促进；在国际战略层面，两国都希望能够打破西方主导的国际秩序，扩大新兴国家的影响力，但俄罗斯更为关注安全领域，而中国当前最为迫切的任务则是发展，为技术追赶发达国家水平和国内经济、社会的发展创造有利条件。

中俄信息网络空间的合作是中俄两国构建全面战略协作伙伴关系的重要组成部分，在当前国际格局加快质变、大国关系可能出现重大调整的关键时期，也有着极其重要的现实意义。为进一步落实中俄两国的战略协作声明，加强两国间的利益对接，中俄可以在以下三个方面深化合作。

第一，推进科技和信息安全领域的产业合作。

随着“一带一路”建设的快速布局，中俄两国贸易规模和质量不断提升，加之俄信息技术基础实力雄厚，中国在信息技术应用和信息化普及方面成就突出，中俄两国都需要将各自的优势转化为更多务实的合作成果，推动两国信息产业在研发设计、市场运用方面的互利合作和共享，为两国建设全面战略协作伙伴关系奠定基础。目前两国已经联合举办了电子商务、导航应用、信息安全、机器人工业的高峰论坛，积极建设中俄信息产业园。两国信息安全产业合作已经开始，2015 年，中国电子科技集团旗下中国网安与卡巴斯基实验室签订战略合作协议，双方将在互联网、云计算与大数据、反病毒引擎、APT 主动防御、互联网威胁情报共享、云计算虚拟化安全、工控系统安全、人才培养等方面开展深入合作。只有尽可能扩大双边的务实合作，才能推动两国的战略对接走向利益对接，为两国的战略协作奠定稳固的基础。

第二，扩大电子商务合作，强化中俄贸易互补，寻找和培育新的增长点。

中俄跨境电商合作发展迅速，已成为双边经贸合作的新亮点。2021 年，中俄跨境电商保持高速发展，据中华人民共和国商务部统计，2021 年前 11 个月，中俄跨境电商贸易额增长 187%。[①] 目前，中俄双方已制定完成《中俄货物贸易和服务贸易高质量发展的路线图》，为实现两国贸易额 2000 亿美元目标做出了规划，积极促进跨境电商和服务贸易增长，继续积极落实《中国与欧亚经济联盟经贸合作协定》。中俄贸易结构与中美贸易结构有明显不同，有些领域可以替代，有些领域则难以实施。从中国与俄罗斯的贸易结构来看，两国的经济结构互补性较强，经贸合作的潜力较大。作为全球第二大经济体，中国对能源和粮食等的需求量巨大，而俄罗斯经济对石油、天然气等能源出口依赖性较大，且是产粮大国，这为两国加强经贸往来提供良好的基础，电子商务平台的建设必然会为两国的经贸合作平添助力。

第三，提升中俄在网络空间国际治理中的协作，共同推动建立和平、安全、开放、合作的网络空间国际秩序。

中俄在国际层面的协作主要集中在联合国、上合组织、国际电信联盟、金砖国家、亚太经合组织等多边机制内。从内容上看，两国协调的内容包括：强调信息通信技术应用于促进社会和

---

① 《中国连续 12 年稳居俄罗斯第一大贸易伙伴国——中俄经贸合作成果丰硕》，《人民日报》2022 年 2 月 9 日，http://www.gov.cn/xinwen/2022-02/09/content_5672647.htm。

经济发展及人类福祉，促进国际和平、安全与稳定，国家主权原则适用于信息网络空间；构建和平、安全、开放、合作的网络空间，建设多边、民主、透明的国际互联网治理体系，保障各国参与国际互联网治理的平等权利。2011 年，中俄就与其他发展中国家一道向联合国提交了《信息安全国际行为准则》，2018 年，两国又向联合国提交了一份《从国家安全角度看信息和电信领域的发展》的协议草案，在 2019 年开启的 UNGGE 谈判中，中俄继续加强协调合作。此外，在落实《联合国合作打击网络犯罪公约》等议题上，中俄也应继续保持密切沟通。

（四）中欧关系：建设性合作与竞争

欧洲同样可以说是网络空间的先行者，在网络空间国际治理中占有先天优势，但由于实力、历史和传统等多方面的因素，欧洲在网络空间国际治理上的政策立场总是处于美国和中俄等国之间。欧盟尽管是美国传统上的盟友，但这几年可以看到欧美在分合交织中的分离倾向日益显著。一方面，美欧仍然在不断强调彼此共同的价值观和传统的盟友联系，在网络安全合作、数字经济规则以及网络犯罪规则的制定上仍然有很多共同的立场；另一方面，在国家战略层面观察，在美国相对实力衰落、美国优先以及中美关系紧张的大背景下，欧洲国家正在开始重新自我定位，希望能够在国际舞台上发挥更加独特的作用；因此，中欧合作必将既有竞争又有合作。

中欧之间的竞争面主要源于欧洲对华的战略定位。近年来，西方国家频频炒作“中国网络威胁论”，一种声音是指责中国的黑客攻击和网络窃密威胁到其他国家的安全和知识产权保护；另一种声音是担忧中国互联网公司挑战欧洲企业的竞争力。2019 年 3 月 12 日，欧盟委员会发布《欧中战略前景》，认定“中国不可以再被视为发展中国家，应该对以规则为基础的国际秩序承担更多责任”，欧盟承认中国依然是合作伙伴，但在科技领域是经济竞争者，在治理模式领域则是“全面对手”。[①] 可见，对于中国的崛起，欧洲国家还是抱有一定的戒心和防备意识的。

但是，相比较美国在网络空间维持其绝对优势的目标，欧洲国家最为关注的核心利益还是经济增长和公民社会权益的保护。中欧之间在数字经济领域仍有相当大的合作空间和潜力可以挖掘。2019 年 4 月，中国—欧盟领导人举行会晤并发表联合声明，同意继续加强中欧在网络空间的合作与交流，并就制定和实施网络空间负责任的国家行为准则、打击网络空间恶意活动以及开展 5G 等产业间技术合作达成了多项共识；4 月，第七届中英互联网圆桌会议在北京成功举办，在成果文件中，双方同意加强互联网和数字政策领域的合作及经验分享，并且重申“中英互联网圆桌会议”每年举办一次。这些顶层设计和合作框架对于中欧深化双边合作有着积极的意义。

1. 与欧洲国家的双边合作

在中美竞争最为激烈的新兴技术领域，欧洲国家与美国的利益诉求并不一致，美国的首要目标是打压华为这样的中国企业，确保美国企业的领先优势，而欧洲国家更为关注自身的网络安全和经济发展。例如，在美国宣布禁用华为的时刻，欧洲国家就出现了不同的声音。据外媒报道，德国总理默克尔希望与中国达成一项协议，双方互不进行间谍活动；作为交换，德国不会将中国电信巨头华为排除在德国 5G 网络之外。[②] 此前，新西兰总理杰辛达·阿德恩也表示，她的政府正在制定一个程序，如果能够消除政府通信委员会对于国家安全的顾虑，华为仍然可以参与 5G 建

① European Union, *EU-China: A strategic outlook*, Brussels: the European Union, https://ec.europa.eu/commission/news/eu-china-strategic-outlook-2019-mar-12_en.

② 《外媒：德国不想禁用华为 盼与中国签“无间谍”协议》，参考消息网，2019 年 3 月 1 日，http://www.cankaoxiaoxi.com/china/20190301/2373215.shtml。

设；英国网络安全部门主管也表示，在 5G 网络系统中使用华为的技术风险可以得到控制。[①] 因此，中国应继续加强与英、德、法等欧洲国家的双边对话，增信释疑，在欧洲国家确信国家安全不受到威胁的前提下，中欧完全可以寻求共赢的合作。

2. “一带一路”框架下的数字经济合作

与美国不同，出于经济发展的考量，欧洲国家对“一带一路”框架下的合作持非常积极的态度，大力拓展双方在该框架下的多领域合作有助于扩大彼此的共同利益，为管控和解决科技等敏感领域的竞争和冲突创造更大的回旋空间。2018 年 9 月，第九次中欧信息技术、电信和信息化对话会议在北京召开，双方回顾了第八次对话会议以来中欧在信息通信领域合作进展，重点围绕 ICT 政策和数字经济、ICT 监管、5G 研发、工业数字化等议题进行了深入交流，达成了共识，增进了了解。双方表示，中欧在信息通信领域拥有广泛的共同利益和巨大的合作潜力，应认真落实第二十次中国—欧盟领导人会晤联合声明，充分利用中欧信息技术、电信和信息化对话机制，进一步加强政策沟通和相互了解，促进增信释疑，积极拓展 5G、工业互联网、人工智能等领域合作。

3. 网络空间国际规则制定的协调一致

在全球规则制定层面，中欧双方最大的共同利益就是不希望美国一家独大，反对美国霸权，而网络空间的和平与稳定符合双方的共同利益。2018 年 7 月，第二十次中国—欧盟领导人会晤发布联合声明，双方欢迎中欧网络工作组取得的进展，将继续利用工作组增进相互信任与理解，以促进网络政策交流与合作，并如联合国政府专家组 2010 年、2013 年、2015 年报告所述，进一步制订并落实网络空间负责任国家行为准则、规则和原则。2019 年 3 月，中法关于共同维护多边主义、完善全球治理的联合声明中，

---

① 《英国、新西兰、德国准备倒戈了？西方对华为封锁阵营松动……》，参考消息网，2019 年 2 月 21 日，http：//www. globalview. cn/html/global/info_ 30076. html。

第 27 条特别提到：致力于推动在联合国等框架下制定各方普遍接受的有关网络空间负责任行为的国际规范；充分利用中法网络事务对话机制，就打击网络犯罪、恐怖主义和其他恶意行为加强合作。[①] 此外，在欧洲关心的数据保护问题上，GDPR 已经生效并且对大量中国企业产生了实际的法律效力，2019 年 5 月，多家中国产学研机构共同发布了《欧盟 GDPR 合规指引》，也是与欧盟加强对接合作的积极尝试。

四 小结

在世界大变局的背景下，当现实空间正在经历国际秩序的重塑，围绕网络空间规则制定和国际秩序建立的大国间博弈也会进一步加剧。在信息时代，5G、大数据、人工智能等信息通信技术快速发展，数字经济日渐成为大国综合实力比拼的重要领域，而中美之间力量的此消彼长正在成为当下网络空间结构秩序演变的重要推动力，中国在数字经济以及国际舞台上的影响力逐渐增强，美国在军事力量遥遥领先的同时极力确保企业的全球竞争优势。结构性秩序的变化会进一步推动规则秩序的重建，网络空间新规则的确立正在经济、社会和国际等多个层面上展开。不可否认，在国际规则层面，中国的影响力和话语权与欧美等发达国家相比还有较大的差距，在中美两国展开全面竞争的当下，中国在科技、数据跨境流动、数字经济和负责任国家行为规范等方面将会面临着更大的压力，而我们的当务之急是尽快找到自身的痛点，系统性地改善和提高国内的创新环境，从根本上提高自身实力以应对外部环境的挑战。

---

① 《中法发表联合声明共同维护多边主义、完善全球治理》，中新社，2019 年 3 月 27 日，http://www.chinanews.com/gn/2019/03-27/8791316.shtml。

第十二章

数字时代美国对华科技竞争的特点

随着数字技术发展突飞猛进，数字空间也因此构成了国家间互动的重要外部环境。由于网络空间国际秩序仍然在形成过程中，国家间互动没有国际规则或规范可以遵循，大国竞争——特别是中美竞争将主要表现为对网络空间权力的争夺以及国际秩序的塑造。① 特朗普政府执政期间，美国对中国加大防范，中美两国在网络空间的竞争与对抗加剧，围绕信息技术的产业链“脱钩”趋势明显，网络空间进一步分裂的风险加大。在数字时代，中美之间的战略竞争逐渐展现出一些前所未有的特点。美国作为现实空间的唯一超级大国，其在数字空间的实力优势则更为显著，无论是打压华为还是推出清洁网络计划，美国都是将获取数字空间的竞争优势作为确保其国家繁荣、安全以及国际领导力的战略工具。为了在中美科技主导权竞争中获得优势，特朗普政府采取了一系列新的对华科技政策，进一步激化了中美战略竞争。

一 数字时代大国竞争的特点

科技革命是人类社会演进的重要驱动力量，科技也在很大程

① 参见郎平《网络空间国际秩序的形成机制》，《国际政治科学》2018 年第 1 期，第 25—54 页。

度上影响着国际政治的发展进程。诚然，所有的科技都具有社会和政治属性，但与前几次科技革命相比，以互联网为代表的信息技术革命对人类社会的影响更加广泛和深刻。克劳斯·施瓦布（Klaus Schwab）等认为，“全世界进入颠覆性变革新阶段”，“假以时日，这些技术必将改变我们现在习以为常的所有系统，不仅将改变产品与服务的生产和运输方式，而且将改变我们沟通、协作和体验世界的方式”①。尽管处于快速发展进程中的科技革命仍然蕴含着诸多的不确定性，但基于可见的影响亦可看出，互联网所引领的新一轮科技革命的与众不同。在大变局和数字时代的双重力量推动下，数字空间成为大国竞争的主要战场，数字优势竞争成为大国博弈的新领域。

数字技术迅猛发展，它改变了人类的生产、生活方式，正在重塑国家的政治生态；它不仅成为国家发展和繁荣的重要驱动力，也带来了网络攻击、网络犯罪、网络恐怖主义等日益复杂的安全威胁和挑战。肖恩·鲍尔斯和迈克尔·雅布隆斯基认为，国家正在陷入一场“持续的以国家为中心的控制信息资源的斗争，其实施方式包括秘密攻击另一个国家的电子系统，并利用互联网推进一个国家的经济和军事议程，其核心目标是运用数字化网络达到地缘政治目的。”② 当前的世界正在回到某种失序的状态，战争与和平之间的界限变得模糊，国家更多地依靠除全面武装冲突之外的措施来相互制衡；互联网的架构和技术现实为国家间冲突提供了新的渠道和方式，对国际和平和全人类福祉产生重大威胁。在这样的数字时代，科技竞争优势背后所蕴含的是一个国家谋求财富和维护安全的能力。2021 年 1 月，美国智库大西洋理事

---

① ［德］克劳斯·施瓦布、［澳］尼古拉斯·戴维斯：《第四次工业革命：行动路线图：打造创新型社会》，世界经济论坛北京代表处译，中信出版集团 2018 年版，第 23 页。

② Shawn Powers and Michael Jablonski, *The Real Cyber War*: *The Political Economy of Internet Freedom*, Chicago: University of Illinois Press, 2015.

会发布报告指出，世界秩序之所以混乱主要在于对新兴技术的怀疑和不信任，例如美国一直在与中国电信巨头华为作战，使用威胁手段，彻底禁止一些中国公司在美国市场运营。①

数据是数字经济最重要的战略资源，也因而成为当下各大国争夺的焦点。不同于传统战略资源的有限性，数据具有非排他性，信息资源具有无限性，在大数据技术和人工智能的助力下，数据的加工能力和使用能力不断提升，数据的信息价值和战略价值得以深度挖掘。麦肯锡全球研究院报告《数据全球化：新时代的全球性流动》指出，自 2008 年以来，数据流动对全球经济增长的贡献已经超过传统的跨国贸易和投资，不仅支撑了包括商品、服务、资本、人才等其他几乎所有类型的全球化活动，并发挥着越来越独立的作用，数据全球化成为推动全球经济发展的重要力量。② 正因为如此，数据具有“一物三性”的特质：在个人层面它具有个人隐私和财产的属性；在经济层面它是重要的生产要素，关系到产业竞争力和创新活力；在安全层面上大数据分析可以具有战略价值，事关国家的信息安全和政治安全。从这个意义上说，跨境数据贸易规则的制定本身也蕴含着安全利益的考量，是一枚硬币的两面。

信息和数据会被一国利用或操纵来实现其针对他国的地缘政治目标。随着大数据时代的到来，个人信息和数据对国家安全的重要性与日俱增，如果大多数公民有关政治立场、医疗数据、生物识别数据等隐私数据被敌对国家或他国政府捕获，经过人工智能大数据分析，都可能会产生巨大的安全风险——信息操纵。

① Mathew Burrows, Julian Mueller-Kaler, “Smart Partnership amid Great Power Competition: AI, China and the Global Quest for Digital Sovereignty”, Atlantic Council, January 13, 2021.

② Mckinsey Global Institute, “Digital Globalization: The New Era of Global Plows”, http: //www.mckinsey.com/business - functions/mckinsey - digital/our - insights/Digital - globalization- the-new -era-of-global-flows.

2018年4月，兰德公司发布的报告强调，信息域将是一个争夺日趋激烈甚至是决定性的政治战领域，其本质就是一场通过控制信息流动来进行的有关心理和思想的斗争，其行动包括舆论战、心理战以及对政治派别或反对派的支持。① 2019年9月，兰德公司的报告指出，敌意社会操纵的实践者指的是利用有针对性的社交媒体活动、复杂的伪造、网络欺凌和个人骚扰、散布谣言和阴谋论，以及其他工具和方法对目标国家造成损害，包括“宣传”“积极措施”“假情报”“政治战争”等方式。②随着国家安全的威胁日趋多元化以及“混合战”和“灰色地带”战争理论的兴起，信息域的政治战已经成为不容忽视的新的战争形式。

国内学者阎学通认为，数字经济时代中美竞争的特殊性在于，数字经济成为财富的主要来源，网络技术迭代速度快，技术垄断和跨越式竞争以及技术标准制定权的竞争日益成为国际规则制定权的重点，并对大国领导的改革能力提出了新的要求。③ 他将中美战略竞争的时代背景设定为“数字时代初期”，强调对于主要大国，网络空间竞争的重要性已经超越了传统地缘竞争，冷战思维和数字思维将对数字时代的外交决策产生混合影响，进而塑造一种和平但不安定的国际秩序。④ 从科技实力到信息和数据安全，数字时代的中美战略竞争呈现出多域融合的特点，而融合线就是数字技术。科技实力意味着国家掌控数字资源和维护数字空间安全的技术能力；作为数字空间流动的战略资产，信息和数据安全直接关系到个人隐私、企业竞争力和国家政治安全。在上

---

① Linda Robinson, et al., *Modern Political Warfare: Current Practices and Possible Responses*, Rand Corporation, 2018, p. 229.

② Micheal J. Mazarr, et al., *Hostile Social Manipulation: Present Realities and Emerging Trends*, Rand Corporation, September 4, 2019.

③ 阎学通：《数字时代的中美战略竞争》，《世界政治研究》2019年第2辑，第1—18页。

④ 阎学通：《数字时代初期的中美竞争》，《国际政治科学》2021年第1期，第24—55页。

述两者之间，则是中美竞争的另一个焦点议题——供应链安全，设备的安全性和可靠性既事关承载其上的信息和数据安全，同时也体现出国家的科技创新水平，对促进数字经济发展至关重要，这也是美国禁止使用华为5G设备的重要原因。

二 特朗普政府对中美科技竞争的认知

特朗普执政以后，美国政府认识到数字时代大国竞争的特点和发展趋势，并将中国列为全球竞争对手，越来越重视中美在数字技术领域的竞争，对中国科技实力的进步感到担忧。2017年12月美国白宫发布《国家安全战略报告》（*National Security Strategy of the United States of America*）指出，美国将回应在全球范围内面临的日益增长的政治、经济和军事竞争，信息战加速了政治、经济和军事竞争，跟能源一样，数据将影响美国的经济繁荣和未来在世界的战略地位，对于确保美国经济的持续增长、抵制敌对的意识形态以及建立和部署世界上最有效的军事力量而言，利用数据的能力是至关重要的。2018年3月，美国贸易代表办公室发布《与技术转移、知识产权和创新相关的中国法律、政策和措施报告》，即针对中国的“301调查”报告，声称中国政府“牵涉技术转移、知识产权和创新活动的法律、政策及行动是毫无根据或者歧视性的，并给美国商业造成了拖累和限制”。基于这一报告，时任美国总统特朗普签署了所谓《针对中国经济侵略的备忘录》，[①] 对中国发起大规模的“贸易战”，而“贸易战”的重要目标之一，就是逼迫中国在“中国制造2025”等产业政策方面让

① The White House, “Remarks by President Trump at Signing of a Presidential Memorandum Targeting China's Economic Aggression”, March 22, 2018, https://translations.state.gov/2018/03/22/remarks-by-president-trump-at-signing-of-a-presidential-memorandum-targeting-chinas-economic-aggression/.

步，阻止中国高科技产业的发展。

2018 年 9 月，特朗普政府发布《美国国家网络战略》，明确了以互联网为代表的数字技术是促进美国繁荣的重要支柱。文件指出，互联网已经在国内外产生了巨大的经济效益，同时也带来了安全威胁，“在这个日益数字化的世界里，美国试图通过一种连贯且全面的方式来应对这些挑战，捍卫美国的国家安全和利益”；“建立充满活力和弹性的数字经济，其目标是维持美国在科技生态系统与网络空间发展中的影响力，使其成为经济增长和创新的开放引擎。”作为美国政府迄今为止出台的首份国家网络战略，它明确了数字技术对于推广美国自由、安全和繁荣的重要性，同时强调了数字时代中经济安全与国家安全的密切联系，“如今，经济时代的发展越来越以来数字技术的进步，美国政府将推动标准的制定，保护国家经济安全，加强美国市场和技术创新的活力”①。可以说，特朗普政府对于数字时代重要性的认知在这份文件中得到充分的显现，而对中国是美国科技和经济领域最大竞争对手的定位也为此后美国的对华科技竞争举措的层层展开指明了方向。

自 19 世纪以来，美国在所有的关键科技领域均保持着显著的领先优势，科技领先是美国确保其霸权地位的根本保证。进入数字时代，美国政治精英已经认识到，确保美国在先进技术方面的战略优势，是赢得中美竞争的关键。2020 年 10 月，布鲁金斯学会发布报告认为，人工智能、量子计算等新技术的军民两用性模糊了国家经济利益和安全利益之间的界限，使得美国官员有意识或无意识地将数据安全视为国家安全的同义词；而美国对中国科技企业的不信任则来源于对中国战略意图、结构性经济政策、对

① The White House, *National Cyber Strategy of the United States of America*, September 2018.

权力的法制制约等担忧。① 2020 年 11 月，美国国会两党合作的中美科技关系工作小组发布一份政策报告，为美国基础科学研究、5G 数字通信、人工智能和生物技术四个科技领域的发展提出了政策目标，特别强调应尽可能保持一个开放、合乎道德、一体的全球知识体系和创新经济体系，构建多层次风险管理战略，而非仅针对中国。② 2021 年 1 月，美国信息技术与创新基金会发布报告指出，美国要想在信息技术领域确保其全球领导者的地位，美国政府必须以“数字现实主义政治”（Digital Realpolitik）为基础制定一项大战略，其首要优先项是通过推广美国数字创新政策和限制数字对手——例如中国——来推进美国的利益。③

尽管美国社会各界对于采取何种方式与中国展开科技竞争仍有分歧，但对于中国的挑战已经成为美国在数字时代的头号优先事项，特别是在 5G 领域已成为共识。从技术上看，5G 的特点是超宽带、超高速度和超低延时，基于 5G 的一系列新技术将会带来从无人驾驶汽车到智能城市，从虚拟现实到作战网络等众多领域的重大创新，然而，美国联邦通信委员会将毫米波频谱作为 5G 核心的选择策略给了在 Sub-6G 领域处于领先优势的中国领先机会，这也使得中国第一次在一个通用技术领域实现了超越，这对美国而言是不可接受的。2019 年 4 月，美国国防部创新委员会发布报告指出，5G 给国防部的未来带来严重的潜在风险，如果中国

① Brookings, “Beyond Huawei and Tiktok: Untangling US concerns over Chinese Tech Companies and Digital Security”, October 31, 2020, https://www.brookings.edu/research/beyond-huawei-and-tiktok-untangling-us-concerns-over-chinese-tech-companies-and-digital-security/.

② The Working Group on Science and Technology in US-China Relations, “Meeting the China Challenge: A New American Strategy for Technology Competition, A Project of the 21st Century China Center under the Auspices of the Task Force on US-China Policy”, November 16, 2020.

③ Information Technology & Innovation Foundation, *A U. S. Grand Strategy for the Global Digital Economy*, January 2021.

在 5G 基础设施和系统领域处于领先地位，那么国防部未来的 5G 生态系统可能会将中国组件嵌入其中，从而对国防部业务和网络安全构成严重威胁。① 2020 年 2 月，美国司法部部长威廉·巴尔（William Barr）强调与中国进行 5G 竞争的重要性，认为中美博弈实质是一种零和游戏，中国目前已经在全球 5G 基础设施市场占据了 40%的市场份额，如果工业互联网依靠中国技术，中国就有能力切断外国的消费者与工业赖以生存的技术和设备，让美国目前的经济制裁手段在中国的技术优势面前失效。②

三　特朗普政府的对华科技竞争手段

在数字革命和实力对比双重力量的推动下，中美关系的质变在特朗普政府执政时期得到充分的体现。自 2018 年美国政府对华经贸摩擦逐步升级以来，以华为、中兴为首的中国互联网企业开始成为美国政府制裁的对象，这一趋势在 2020 年进一步加剧和扩大化。至 2021 年 12 月 22 日，共有 611 家中国公司、机构及个人被纳入美国制裁的“实体清单”。制裁领域从 5G、人工智能等信息技术核心产业链扩展至电信运营商、内容和云服务商以及相关的高校和科研机构，其制裁手段包括贸易、投资以及人员交流限制等多种措施，旨在遏制中国对美核心竞争力优势具有挑战能力的领域，从而确保美国在大国竞争中的霸权地位和绝对领先优势。

---

① Defense Innovation Board, *The 5G Ecosystem: Risks & opportunities for DoD*, April 2019, https://media.defense.gov/2019/Apr/03/2002109302/-1/-1/0/DIB_5G_STUDY_04.03.19.PDF.

② “Barr's Call for U.S. Control of 5G Providers Quickly Rebuked”, *Associated Press*, February 7, 2020, https://www.usnews.com/news/business/articles/2020-02-07/barrs-call-for-us-control-of-5g-providers-quickly-rebuked.

（一）强化立法和战略设计

为从贸易、投资、人才等多渠道打压中国在5G领域的领先优势铺平道路。2020年3月，特朗普签署《2019年安全可信通信网络法案》，该法律将禁止使用联邦资金从对美国国家安全构成威胁的公司购买设备，并制定了一项补偿方案，以支持运营商拆除和更换由存在安全风险的实体制造的设备，该法案被认为针对美国农村地区使用的华为和中兴网络设备。紧接着，特朗普政府又发布《5G安全国家战略》，制定了“与我们最亲密的合作伙伴和盟友紧密合作，领导全球安全可靠的5G通信基础设施的开发、部署和管理”的战略目标，并提出了四项实施路径：（1）促进国内5G的推广；（2）评估风险并确定5G基础架构的核心安全原则；（3）利用5G基础架构来管理对我们的经济和国家安全的风险；（4）促进负责任的全球5G基础设施开发和部署。① 同时，特朗普还签署《2020年5G安全和超越法案》，对国家战略的实施提出了详尽的路径。② 8月，美国国土安全部网络安全和基础设施安全局发布了《5G战略：确保美国5G基础设施安全和韧性》，提出五项战略举措，承诺提供一个供应链框架，研究使用“不可信”设备的长期风险，以保障美国5G网络免受广泛的漏洞威胁。③

---

① The White House, *National Strategy to Secure 5G of the United States of America*, March 2020, https://www.whitehouse.gov/wp-content/uploads/2020/03/National-Strategy-5G-Final.pdf.

② *Public Law 116-129*, March 23, 2020, https://www.congress.gov/116/plaws/publ129/PLAW-116publ129.pdf.

③ CISA, *CISA 5G Strategy: Ensuring the Security and Resilience of 5G Infrastructure in Our Nation*, August 24, 2020, https://www.cisa.gov/sites/default/files/publications/cisa_5g_strategy_508.pdf.

（二）技术封锁

美国对华遏制措施首先从技术封锁开始。早在2018年8月，美国商务部工业安全局开始以国家安全和外交利益为由，将包括航天二院、中电科、中国高新技术产业进出口总公司等在内的44家中国企业（8个实体和36个附属机构）列入出口管制实体清单。[1] 2019年5月，美国商务部再次以“国家安全方面的担忧”为由，将华为及其下属的68家非美国关联企业列入实体清单，今后如果没有美国政府的批准，华为将无法向美国企业购买元器件；[2] 同时，特朗普依据《国际紧急经济权力法》（*International Emergency Economic Powers Act*），签署了行政命令，要求美国企业不得使用对国家安全构成风险的企业所设计、开发、制造的通信技术或提供的服务。[3] 随后，谷歌、ARM、微软和Facebook等相继停止与华为的合作。2019年6月，美国商务部再度将包括中科曙光、天津海光等五家中国实体列入出口管制实体名单，禁止美国供应商采购这五家中国实体的部件，其理由是“参与了旨在违背美国国家安全和外交政策利益的活动”；[4] 8月，美国商务部宣

---

① BIS, “Addition of Certain Entities and Modification of Entry on the Entity List”, August 1, 2018, https://www.federalregister.gov/documents/2018/08/01/2018-16474/addition-of-certain-entities-and-modification-of-entry-on-the-entity-list.

② US Department of Commerce, “Department of Commerce Announces the Addition of Huawei Technologies Co. Ltd. to the Entity List”, May 15, 2019, https://www.commerce.gov/news/press-releases/2019/05/department-commerce-announces-addition-huawei-technologies-co-ltd.

③ The White House, *Executive Order on Securing the Information and Communications Technology and Services Supply Chain*, May 15, 2020, https://www.whitehouse.gov/presidential-actions/executive-order-securing-information-communications-technology-services-supply-chain/.

④ BIS, Commerce, “Addition of Entities to the Entity List and Revision of an Entry on the Entity List”, June 24, 2019, https://s3.amazonaws.com/public-inspection.federalregister.gov/2019-13245.pdf.

布将把华为购买美国产品的临时通用许可证”再次延长 90 天（至 11 月 19 日），同时新增 46 家与华为有关联的企业，列入实体清单；[①] 10 月，实体清单增加了包括大华技术、海康威视、科大讯飞等在内的 28 家中国机构和公司，原因是“参与或有能力对美国政府的海外政策利益相左”。[②]

如果说 2019 年美国对华技术封锁的理由主要是供应链安全，那么新冠肺炎疫情暴发之后，中美竞争进一步加剧，美国对华企业技术封锁的理由和范围不断扩大和升级。2020 年 5 月，美国商务部发布公告，将针对华为出口管制规则中 25%的美国技术含量标准降低至 10%，以严格和战略性地限制华为获得所有美国软件和技术生产的产品；同时，美国商务部再次将实体清单中的 28 家中国企业扩大至 33 家。[③] 7 月，美国商务部工业安全局宣布，因为所谓的新疆人权问题，将 11 家中国企业列入“实体清单”，这 11 家公司将无法购买美国原创产品，包括商品和技术；[④] 8 月，美国商务部工业安全局进一步升级了对华为及其在“实体清单”上的非美国分支机构使用美国技术和软件在国内外生产的产品的限制，并将华为在全球 21 个国家或地区的 38 家分支机构纳入“实体清单”，对所有受出口管理条例（EAR）约束的项目都规定了

---

① BIS, Commerce, “Addition of Certain Entities to the Entity List and Revision of Entries on the Entity List”, August 21, 2019, https://s3.amazonaws.com/public-inspection.federalregister.gov/2019-17921.pdf.

② BIS, Commerce, “Addition of Certain Entities to the Entity List”, October 9, 2019, https://s3.amazonaws.com/public-inspection.federalregister.gov/2019-22210.pdf.

③ US Department of Commerce, “Commerce Department to Add Nine Chinese Entities Related to Human Rights Abuses in the Xinjiang Uighur Autonomous Region to the Entity List”, May 22, 2020, https://www.commerce.gov/news/press-releases/2020/05/commerce-department-add-nine-chinese-entities-related-human-rights.

④ US Department of Commerce, “Commerce Department Adds Eleven Chinese Entities Implicated in Human Rights Abuses in Xinjiang to the Entity List”, July 20, 2020, https://www.commerce.gov/news/press-releases/2020/07/commerce-department-adds-eleven-chinese-entities-implicated-human.

许可证要求，全面封杀华为向第三方采购芯片；[①] 接着美国商务部宣布将24家中国企业列入制裁名单，限制其获取美国技术。[②] 同时，美国国防部决定将包括中国交通建设集团有限公司等在内的11家中国企业列入中国军方拥有或控制的公司清单，为美国出台新一轮的制裁措施奠定了基础。

（三）“净网行动”

除技术封锁之外，中美科技领域摩擦正在向整个网络空间蔓延。2020年4月，美国国务卿蓬佩奥宣布，国务院将要求所有进入和离开美国外交机构的5G网络流量通过的是“清洁路径”。“5G清洁路径”是一种端到端的通信路径，其中不使用任何不可信IT厂商（如华为和中兴通讯）的传输、控制、计算或存储设备，这也意味着在即将到来的5G网络中，进入美国外交系统的移动数据流量如果经过华为设备，将受到新的严格要求。8月，蓬佩奥宣布从五方面扩大针对中国的“净网行动”范围，涉及电信运营商、应用商店、应用程序、云服务和海底光缆，试图在通信网络领域与中国企业完全“脱钩”，以便全面保护美国公民隐私和关键基础设施安全。该计划指出，“清洁网络”旨在应对威权恶意行为者对自由世界带来的数据隐私、安全、人权和有原则合作的长期威胁；“清洁网络”植根于国际公认的数字信任标准，它意味着政府需要在可信赖的合作伙伴联盟的基础上，基于迅速变化的全球市场技术和经济状况，制定一个长期的、全政府的、

---

① US Department of Commerce, “Commerce Department Further Restricts Huawei Access to U. S. Technology and Adds Another 38 Affiliates to the Entity List”, August 17, 2020, https: //www. commerce. gov/news/press - releases/2020/08/commerce - department - further - restricts-huawei-access-us-technology-and.

② U. S. Department of Commerce, “Commerce Department Adds 24 Chinese Companies to the Entity List for Helping Build Military Islands in the South China Sea”, August 26, 2020, https: //www. commerce. gov/index. php/news/press - releases/2020/08/commerce - department - adds-24-chinese-companies-entity-list-helping-build.

持久的战略加以推进。①

作为“出头鸟”，位居美国市场下载量第二的 TikTok 和在中国社交媒体市场占据绝大份额的微信成为美国“清洁网络”计划的第一批目标。蓬佩奥表示，特朗普政府因安全风险，敦促美国公司从手机下载应用商店中删除不可信的中国应用程序，并将 TikTok 和微信称为“重大威胁”。8 月，特朗普签署两项行政命令，依据 5 月宣布的关于“确保信息和通信技术与服务供应链安全”的国家紧急情况行使《国际紧急经济权力法》的职权，自发布日后 45 天起禁止 TikTok 和 WeChat 两款应用程序与美国公司进行任何交易，以防范其带来的国家安全，外交政策和经济威胁。随后，根据美国外国投资委员会的建议，特朗普总统发布第二道行政令，要求字节跳动 90 天内必须完成 TikTok 美国业务出售交易的交割。② 与前一个行政令相比，此次行政令的依据为美国《1950 年国防生产法》（*Defense Production Act*）修正案，其内容包括：强迫字节跳动在限期内剥离 TikTok 美国业务，并明确了 TikTok 美国业务完成交易的交割时间为 11 月 12 日；命令字节跳动立即着手按照 CFIUS 要求从 TikTok 中撤资，包括一切与 TikTok 有关的有形及无形资产，以及所有从 TikTok 或 Musical. ly 提取或衍生出的与美国用户有关的数据；字节跳动须在剥离后，向 CFIUS 确认其已销毁所有需要剥离的数据及副本，并接受 CFIUS 的审计。

（四）外交围堵

特朗普政府以保护国家安全和数据安全为名，一方面试图游

---

① US Department of State, “The Clean Network”, https://www.state.gov/the-clean-network/.

② Paul LeBlanc and Maegan Vazquez, “Trump Orders TikTok's Chinese-owned Parent Company to Divest Interest in US Operations”, CNN, Aug. 15, 2020, https://edition.cnn.com/2020/08/14/politics/tiktok-trump-executive-order/index.html.

说其盟友禁用华为的5G设备；另一方面也加紧抵制华为参与全球产业规则的制定，大力呼吁各国政府和行业盟友加入其中，对华实行外交围堵。2019年5月，美国联合全球32国政府和业界代表共同签署了布拉格提案，警告各国政府关注第三方国家对5G供应商施加影响的总体风险，特别是依赖那些易于受国家影响或尚未签署网络安全和数据保护协议国家的5G通信系统供应商，尽管该提案并未直接提及中国，但却是在美国大肆渲染中国通信系统威胁的背景下产生的，其背后的真实意图已不言而喻，美国政府更是表示“计划将该提案作为指导原则，以确保我们的共同繁荣和安全”。[①] 此后，美国在欧洲展开一系列外交活动，与波兰、爱沙尼亚、罗马尼亚、芬兰等国发布了一系列包含5G内容的联合声明，其中部分声明直接提到“来自中国公司的5G安全风险”，试图将“布拉格提案”的内容落实到双边协议中，用双边规范将华为等中国企业排除在欧美市场之外。进入2020年，美国陆续与多国签署5G安全宣言，承诺在开发5G网络时严格评估供应商和供应链，认真考虑“法治、安全环境、供应商的道德状况以及供应商是否符合安全标准和最佳实践”。7月，英国政府正式做出决定，将禁止本国运营商采购华为的5G设备，并要在2027年前逐步将华为设备从本国5G网络中清除。目前已有三十多个国家和地区与美国签署了有关5G安全的条款，其中包括加拿大、澳大利亚、英国、法国、希腊、挪威、瑞典、日本、越南、斯洛文尼亚、塞尔维亚等。

在美国的示范效应影响下，印度、澳大利亚等国纷纷跟进，借机加大对华互联网企业的打压和围堵。2020年6月，印度信息技术部援引印度2000年《信息技术法案》第六十九条第一款（发出指令以阻止通过任何计算机资源公开访问任何信息的权

---

① The White House, “Statement from the Press Secretary”, May 3, 2019, https://www.whitehouse.gov/briefings-statements/statement-press-secretary-54/.

力），宣布在移动和非移动互联网接入设备中禁用包括 TikTok、微信等在内的 59 款中国应用，理由是“盗用并以未经授权的方式秘密地将用户数据传输到印度以外的服务器”，声称这些应用“损害印度的主权和完整，损害国家安全和公共秩序”并存在数据安全以及个人隐私保护等方面的安全问题。[①] 据印度媒体报道，印度将对 270 多款中国应用进行审查以确定是否存在任何所谓“损害印度国家安全及侵犯用户隐私”的行为；9 月，印度电子和信息技术部（MEIT）发布公告，宣称禁用 118 款中国 App，其中包括微信企业版、微信读书、支付宝等。[②] 此外，据彭博社报道，日本、印度和澳大利亚正在就“供应链弹性计划”进行磋商，意图寻求建立更强大且多元化的供应链系统以对抗中国的主导地位。[③]

（五）利用技术规则

如果要在全球市场上限制中国科技产业的影响力，仅靠中美双边博弈显然无法满足美国维持其全球领导力的政策目标；同时，由于中美两国在经济全球化进程中经济相互依存程度很深，美国很难做到全面而彻底的对华科技“脱钩”，从这两个维度看，“规锁”就成为美国在世界范围内对华科技竞争的长期目标和策略。“规锁”的基本意思有两个：一是用一套新的国际规则来规范或限定中国在高科技领域的行为；二是借此把中国在全球价值链的位势予以锁定，使中美在科技层级上维持一个恒定且尽可能

① “India bans 59 Chinese apps”, June 29, 2020, https://indianexpress.com/article/india/china-apps-banned-in-india-6482079/.

② 《印宣布禁用 118 款中国 App，称其“参与危害印度主权与完整的活动”》，环球网，2020 年 9 月 2 日，https://baijiahao.baidu.com/s?id=1676725958849839694&wfr=spider&for=pc。

③ “Japan, Australia and India to Launch Supply Chain Initiative”, Bloomberg News, September 1, 2020, https://www.bloomberg.com/news/articles/2020-09-01/japan-australia-and-india-to-discuss-supply-chains-alliance.

大的差距。[①] 特朗普政府执政以来，中美在国际规则层面的博弈主要集中在个人隐私、数据安全和数据跨境流动方面，两国截然不同的立场与各自的国家利益诉求紧密相关。

在与经贸有关的国际数据规则的谈判进程中，大国地缘政治博弈的角力愈加显著。与欧盟保护主义色彩浓厚的数字战略相比，美国的数字经济战略更具扩张性和攻击性，其目标是确保美国在数字领域的竞争优势地位。美国一方面主张个人数据跨境自由流动，进一步扩大自身的领先优势；另一方面界定重要数据范围，限制重要技术数据出口和特定数据领域的外国投资，遏制战略竞争对手的发展。在 2019 年 G20 大阪会议上，G20 主席国日本首提“有信任的数据流动”，并最终被纳入 2019 年度数字经济部长宣言和领导人宣言，得到了美欧国家的响应。2020 年 6 月，美国在 APEC 事务会议上提议修改 APEC 成员和地区的企业跨越边境转移数据的规则，即“跨境隐私规则”，使其从 APEC 中独立出来，有分析认为，美国意在将加入 APEC 的中国从框架中排除，避免获取左右国家竞争力的数据。[②] 面对美国的攻势，中国也在积极调整本国的政策立场，目前来看，由于国内相关治理机制尚不完善，中国在跨境数据流动、电信服务市场准入、网络内容管理、计算设施本地化和数据管辖权等议题上仍处于被动防守地位。[③]

2020 年 9 月，国务委员兼外交部部长王毅发布《全球数据安全倡议》，基于围绕数据和供应链安全的中美争议提出八条倡议，呼吁平衡处理技术进步、经济发展与保护国家安全和社会公共利益的关系。2020 年 11 月，布鲁金斯学会发布报告，建议美国发

---

① 张宇燕：《统筹发展和安全，把握发展主动权》，中国社会科学网，2021 年 1 月 14 日，http：//ex. cssn. cn/zx/bwyc/202101/t20210114_ 5244655. shtml。

② 《美国提议修改 APEC 数据流通规则》，日经中文网，2020 年 8 月 21 日。

③ 徐程锦：《WTO 电子商务规则谈判与中国的应对方案》，《国际经济评论》2020 年第 3 期。

起多边数字贸易倡议，在进行国内立法的同时，寻求与在数据安全和互操作性方面有强大投入的国家建立数字贸易的共同立场，在由志同道合的国家所组成的联盟中构建可执行的数字贸易协定；报告认为，美国下一届政府很可能在数字贸易领域构建更严格和全面的规则。①

四　小结

2021年2月4日，拜登总统在其首次外交政策讲话中将中国定位为“最严峻的竞争对手”，称其挑战了美国的“繁荣、安全和民主价值观”，但只要符合美国的利益，美国就准备与中国进行合作；同时拜登表示将提升网络议题在政府中的地位，包括在国家安全委员会任命首位“网络与新兴技术”国安委副主任，启动一项提升网络空间能力、成熟度和韧性的紧急计划。② 尽管其对中国的新战略还并没有正式出台，但是科技竞争将在未来数十年中成为中美关系演进的主要矛盾已经没有悬念。基于美国两党对中国战略竞争对手定位的共识以及大变局下数字时代的国际背景，美国对华科技竞争的战略目标不会改变，即进一步确保美国在数字时代的科技主导权和全球领导地位。

与特朗普政府不同，拜登政府会加大美国科研投入，对华制裁会更多考虑对美负面效应，并第一时间修复与传统盟友的关系，在关键技术领域形成针对中国的“盟友圈”，缩小中国的外交回旋空间。特朗普政府时期，美国在5G、供应链安全和数据安全等问题上以意识形态为由联合盟国发布了“布拉格倡议”和

---

① Ryan Hass, Ryan Mcelveen and Robert D. Williams, “The Future of US Policy toward China: Recommendations for the Biden Administration”, Brookings, November 2020.

② “Remarks by President Biden on America's Place in the World”, February 4, 2021, https://www.whitehouse.gov/briefing-room/speeches-remarks/2021/02/04/remarks-by-president-biden-on-americas-place-in-the-world/.

“27国网络空间负责任国家行为声明”，但是因为特朗普单边主义的做法极大损害了美国与盟友的关系，特朗普政府遏制中国的“联盟”并不稳固，也没有得到所有盟国的认同。拜登在竞选中多次强调将修复与盟友的关系作为外交政策的重点，并且带领美国重新回到全球多边主义和全球治理进程中来，这会在很大程度上缩小中国与欧洲、日本和韩国的合作空间。

然而，不论美国哪个政府上台，大国竞争中的数字逻辑都将持续发生作用，数字空间已经成为大国竞争的重要领域和重要工具。当前中美两国在数字空间竞争主要围绕科技创新、供应链安全以及数据安全等问题展开，而其科技主导权争夺的背后则是中美两个大国全方位的竞争。如果说中美关系从整体上看仍然是竞争与合作共存，那么在数字空间，美国毫无疑问已经将中国视为最大的竞争对手，这场战略性的竞争将会在未来数十年中持续。数字时代，中美竞争将是一场融合意识形态、科技、经济和安全等多领域实力和治理能力的比拼和较量。正如美国在强夺TikTok事件中所采取的全政府—全社会模式所揭示的，哪个国家能够更有效地融合各领域的国力并将其投射在网络空间，哪个国家就能够在新一轮的科技革命竞争中获胜。

技术不但改变了经济和社会，而且是国家权力的重要组成部分，因此数字时代中美战略竞争的地缘政治本质并没有变化，即主权国家之间的权力博弈以及对财富和安全的追求，但竞争的内容发生了变化，表现为对数据、半导体、人工智能、5G以及量子计算等颠覆性技术的争夺，只不过主体变成了谷歌、苹果、脸书、华为、腾讯、阿里巴巴等大科技公司。在大国竞争的背景下，中美竞争首先表现为对科技主导权的争夺，但从深层次看，科技主导权争夺的背后是国家主权的考量，与国家经济和安全利益密切相关。如果说冷战思维是过去半个世纪中大国关系发展史的一贯的逻辑，那么数字思维体现的则是数字时代的大环境对于国家行为塑造的影响力。中国作为正在快速发展中的大国，面对复杂严峻的国际环境特别是美国的防范，坚持新发展理念，坚定不移推进改革开放，沉着有力应对风险和挑战。作为当今世界最大的两个经济体，中美在数字时代的战略竞争将成为国际秩序演进和重塑的主导力量，决定着世界的未来和走向。

第十三章

全球数字地缘版图初现端倪

自2020年新冠肺炎疫情暴发以来，“百年未有之大变局”加速演进：疫情重创世界经济，全球政治与安全形势呈现出更多的冲突性和竞争性，全球化进程遭遇逆流，中美战略竞争不断加剧，数字空间成为大国发展与安全利益博弈的重要领域，中美欧三极鼎立的全球数字地缘版图已初现端倪。

一　数字空间的战略意义

进入21世纪，第四次科技革命浪潮汹涌而至，以互联网、大数据、人工智能和物联网为重要驱动力，人类正在迈向数字化和智能化的新时代。所有的科技都具有社会和政治属性，但与前几次科技革命相比，数字技术革命对人类社会的影响更加广泛和深刻。克劳斯·施瓦布等在其2018年的著作《第四次工业革命——行动路线图：打造创新型社会》中提出“全世界进入颠覆性变革新阶段”这一论断，他认为这些新兴技术不是在目前数字技术上的渐进式发展，而是真正颠覆性变革，假以时日，这些技术必将改变我们现在习以为常的所有系统，不仅将改变产品与服务的生产和运输方式，而且将改变我们沟通、协作和体验世界的方式。[①] 尽管处于快速发展进程中的科技革命仍然蕴含着诸多的不确定性，但基于可见的影响亦可看出，新一轮数字技术革命正给世界带来具有颠覆性和创新性的巨大影响。

在数据全球化和疫情冲击的双重作用下，数字经济不仅成为各国尽快走出经济衰退的重要举措，也为未来全球经济的发展注入了长效动力。在疫情发生之前，2019 年，全球数字经济规模再上新台阶，47 个国家数字经济规模达到 31.8 万亿美元，较前一年增长 1.6 万亿美元；全球数字经济在国民经济中地位持续提升，47 国数字经济占 GDP 比重达到 41.5%，比前一年提升 1.2 个百分点；全球数字经济增速逆势上扬，平均名义增速 5.4%，高于同期全球 GDP 名义增速 3.1 个百分点。[②] 在新冠肺炎疫情期间，为了避免物理接触和保持社交距离，网上购物、机器人服务、远程办公、远程医疗、在线教育、线上旅行等新的业态逐渐兴起。2020 年 11 月，经合组织（OECD）发布报告《2020 数字经济展望》指出：新冠肺炎疫情加速了数字化转型，经合组织国家正在加强其数字化转型的战略方针，从顶层设计到国家 5G 和人工智能战略、数据共享、数字安全创新以及区块链和量子计算研发，成员国之间的互联互通持续改善，互联网的使用迅速增加。[③] 2020 年 9 月，世界经济论坛的一份报告认为，新兴经济体正在出现四种主要的数字化趋势，即促进数字基础设施建设，加快研发用于教育和再技能化的数字工具，推动跨越式发展与创新以及不断增强隐私保护，而这些趋势可能会对全球未来的发展产生重大

① ［德］克劳斯·施瓦布、［澳］尼古拉斯·戴维斯：《第四次工业革命——行动路线图：打造创新型社会》，世界经济论坛北京代表处译，中信出版集团 2018 年版。

② 中国信息通信研究院：《全球数字经济新图景（2020 年）》，http：//www.caict.ac.cn/kxyj/qwfb/bps/202010/P020201014373499777701.pdf。

③ OECD, *OECD Digital Economy Outlook 2020*, Paris: OECD Publishing, 2020.

的影响。[①]

但不可否认，数字空间在释放发展新动能的同时，它所带来的阴暗面和安全风险也正在日益加剧。疫情期间，发达国家和发展中国家之间的数字鸿沟依然存在，大数据为企业和消费者创造了新的机遇，同时也给安全和隐私带来了新的挑战。2020 年 12 月，微软公司总裁布拉德・史密斯撰文称：网络安全面临着至暗时刻，呼吁国际社会正视全球网络安全威胁演变的三个趋势，认为国家级网络攻击的决心和复杂性持续上升，它们与私营企业出现技术融合，并且与社会危机交叉融合。[②] 同月，北约前秘书长索拉纳在辛迪加网站撰文称：过去 20 年中我们与他人的关系已发生前所未有的巨变，互联网已无所不在，社交网络已成为我们这个时代的“阿哥拉”市集，但数字工具同时也带来了负面的影响，追求利润最大化的算法帮助制造了回音室，公众辩论变得极为贫乏，数字领域已成为包括网络攻击和大规模虚假宣传运动的“混合战争”的沃土。[③]

二　主要大国的数字发展战略

在信息技术发展日新月异的当下，数字空间不在蕴含着美好的发展前景的同时，其事关国家政治、经济安全，其对国家发展的战略价值显而易见。一些主要大国纷纷升级本国的数字发展战

---

① WEF, “Here are 4 Technology Trends from Emerging Economies”, September 9, 2020, https://www.weforum.org/agenda/2020/09/here-are-4-technology-trends-from-emerging-economies/.

② Jacob Knutson, “Microsoft President: Cyberattack ‘Provides a Moment of Reckoning’”, December 18, 2020, https://www.axios.com/microsoft-cyberattack-russia-united-states-reckoning-835590b4-b055-4ce8-935c-bc41d7af75a3.html.

③ Avier Solana, “Putting the Twenty-First Century Back on Track”, December 23, 2020, https://www.project-syndicate.org/commentary/new-course-for-world-after-covid-19-by-javier-solana-2020-12.

略，推动数字化转型升级，试图在新一轮的科技竞争中抢夺战略高地。从美国、欧盟等国发布的文件来看，国家数字发展战略的核心内容主要包括科技创新发展、数据共享与流动以及数字安全三大支柱。

第一，重视顶层设计、保障关键技术的创新发展是实施国家数字战略的基本目标。美国继 2018 年发布《美国机器智能国家战略报告》（*A National Machine Intelligence Strategy for the United States*）提出六大国家机器智能策略之后，2019 年启动“美国人工智能计划”，发布了最新的《国家人工智能研究和发展战略计划》（*The National Artificial Intelligence Research and Development strategic Plan*：2019 *Update*），旨在加速人工智能发展，维持领先地位。2020 年 9 月，新美国安全中心发布报告《构思美国数字发展战略》，提出四项指导原则和五项关键举措，确保美国能够在 AI、5G、量子计算等可能影响未来国家安全和经济增长的关键新兴技术变革中发挥领导力。① 2020 年 7 月，欧洲议会研究服务中心发表报告《欧洲的数字主权》，阐述了欧洲的数字主权战略：“欧盟提出的‘数字主权’是指欧洲在数字世界中自主行动的能力，是一种保护性机制和防御性工具，其目标是促进数字创新以及与非欧盟企业的合作……欧洲理事会强调欧盟需要进一步发展具有竞争力、安全、包容和具有伦理道德的数字经济，应重点关注数据安全和人工智能问题。”② 德国早在 2018 年就提出了《高技术战略 2025》（HTS 2025）和《德国人工智能发展战略》（*Outline for a German Strategy for Artificial Intelligence*），为人工智能的发展和应用提出整体政策框架。日本在 2019 年发布《科学技术创新综合战略》，提出实现超智能社会的建设目标。

---

① CNAS，“Designing a U. S. Digital Development Strategy”，September 10，2020，https：//www. cnas. org/publications/commentary/designing-a-u-s-digital-development-strategy.

② European Parliamentary Research Service，*Digital Sovereignty for Europe*，January 2020.

第二，如何在促进数据流动和共享中获得最大的发展红利是各国实现数字发展的最终目标。作为一种新型的生产要素，数据已经成为数字时代重要的战略性资源，数据流动对全球经济增长的贡献已经超过传统的跨国贸易和投资，不仅支撑了包括商品、服务、资本、人才等其他几乎所有类型的全球化活动，并发挥着越来越独立的作用，数据全球化成为推动全球经济发展的重要力量。① 2018 年 5 月正式生效实施的欧盟《通用数据保护条例》（GDPR）是欧盟维护其数字主权的一项重要手段，而欧美之间的跨大西洋个人数据保护机制则通过 2016 年 2 月达成的“隐私盾协议”加以规制。2020 年 9 月，欧洲议会工业、研究和能源委员会（ITRE）发布《欧洲数据战略（草案）》，明确提出数据是欧洲工业和人工智能发展的先决条件，并就欧洲数据治理框架、数据访问、互操作性、基础设施和全球数据规则等提出了建议。② 与欧盟相比，美国的数字经济战略更具扩张性和攻击性，其目标是确保美国在数字领域的竞争优势地位。美国一方面主张个人数据跨境自由流动，进一步扩大自身的领先优势；另一方面界定重要数据范围，限制重要技术数据出口和特定数据领域的外国投资，遏制战略竞争对手的发展。中国《网络安全法》明确了数据存储、保护等基本制度，旨在保障网络数据的完整性、保密性、可用性，主张数据存储本地化和跨境有序流动。

第三，保障数字空间安全是各国追求数字发展红利的必要条件和重要保障，特别是供应链安全和数据安全。从过去一年的中美科技对抗来看，华为 5G 争端背后是美国对供应链安全的关注，而 TikTok 禁令背后则是对数据安全的担忧，两者之间彼此关联，

① Mckinsey Global Institute, “Digital Globalization: The New Era of Global Flows”, February 24, 2016, https://www.mckinsey.com/business-functions/mckinsey-digital/our-insights/digital-globalization-the-new-era-of-global-flows.

② ITRE, *Draft Report on a European Strategy for Data*, Brussels: European Parliament, May 12, 2020.

互为因果。就供应链安全而言，如前所述，2020 年 3 月，白宫发布《5G 安全国家战略》；同年 8 月，美国国土安全部网络安全和基础设施安全局（CISA）发布了《5G 战略：确保美国 5G 基础设施安全和韧性》。就数据安全而言，其背后则是对信息操纵和国家安全的担忧。随着国家安全威胁的日趋多元化以及“混合战”和“灰色地带”战争理论的兴起，社交媒体的武器化趋势日益显著，网络空间中的信息和数据也会被一国作为工具以实现其针对他国的地缘政治目标，这也是特朗普强迫出售社交媒体 TikTok 认为其“可能会危害美国国家安全”的原因。2020 年 9 月 8 日，中国外交部部长王毅发布《全球数据安全倡议》，对当前围绕数据和供应链安全的中美争议给出了正式回应，并呼吁开启全球数据安全规则谈判。

三　数字空间初现三极格局

当今世界正处于百年未有之大变局，而尚不知何时结束的全球新冠肺炎疫情加速了世界政治经济格局的演进。尽管信息技术的发展带来了又一轮全球权力的转移，信息技术推动权力从国家向非国家行为体和全球力量转移，但对于仍然被国家行为体主导的国际舞台，大国间的竞争只会由于政府权力的相对收缩而变得更加激烈，以便于后者去追求更大的权力。中美欧三方凭借各自的综合国力和科技实力，凸显三极鼎立的全球数字地缘格局。

如同现实空间一样，数字空间的地缘格局也是由国家实力所决定的，美国仍然占据绝对领先优势，中欧则各有所长，但在整体实力上仍然与美国有着明显差距。2020 年 9 月，哈佛大学贝尔福科学与国际事务研究中心发布了国家网络能力指数（NCPI）排名，基于对 30 个国家的网络综合能力进行评估。有报告评估了中美在半导体集成电路、软件互联网云计算、通信和智能手机等

ICT 领域的地位，认为中国在通信和智能手机终端市场已处于世界领先水平，半导体集成电路领域取得积极进展但仍难以撼动美国的垄断地位，软件互联网云计算等领域最为薄弱；美国则是半导体集成电路、软件互联网云计算和高端智能手机市场的绝对霸主，而华为已经在通信、芯片设计等数个领域撕开了美国构筑的高科技垄断壁垒。

首先，中美在科技领域的竞合将成为两国关系中的重头戏。在数字空间的全球地缘格局中，对全局影响最大的变量是美国对华科技遏压和中美关系走向。以特朗普政府时期的打压华为和“清洁网络计划”为标志，美国对华技术“脱钩”的政策意图目前还只是围绕供应链安全和数据安全两个焦点，但很可能随之扩散蔓延至数字空间的基础设施、互联网服务以及相关的贸易、金融和人员交流等领域。作为对美国政策的回应，中国在扩大开放力度的同时，也在加大自主创新，在“卡脖子”的关键技术领域力图做到自主研发，减少对美国的依赖，从而在事实上推动中美双方解除在过去几十年中形成的技术领域的高度相互依赖。2020 年 10 月，前美国国务院政策规划官员杰拉德 · 科恩在《外交事务》发文，倡议美国等“科技民主国家”建立全新的国家集团 T12，以对抗中国等国家在新技术领域的迅速崛起，恢复布雷顿森林体系建立以来西方国家多边合作的历史传统。中美博弈是一盘 3D 棋局，拜登新政府上台后，中美关系面临着新的机会窗口，竞争与合作交织，两国在数字空间的博弈也会更加复杂化。

其次，欧盟强势推出“数字主权”，美欧在数字空间的利益分歧扩大。从欧洲对“数字主权”的表述——促进欧洲在数字领域提升其领导力和捍卫其战略自治的一种途径——来看，一些欧洲国家对于抓住数字时代的发展机遇、重振欧洲的国际地位抱有强烈的期待。然而，在特朗普政府“美国优先”和孤立主义的战略导向下，美欧之间的合作遇到了很大的阻力。2020 年 7 月，欧盟法院（CJEU）在 Schrems Ⅱ（case C-311/18）案中认定欧盟与美国签订的“隐私盾协议”无效，并对欧盟与美国之间的跨境数据转移标准合同（SCCs）的有效性提出重大质疑，使得美欧在数据跨境流动规制的问题上分歧进一步扩大。2020 年 12 月，美国信息技术与创新基金会发布报告称，隐私盾协议失效将会对跨大西洋贸易和创新带来十分不利的影响，加剧数字经济碎片化现象，并导致双方企业的全球竞争力下降。① 美欧在数据保护以及数字税方面的根本分歧在于美国希望保护本国科技企业的竞争力，而没有充分考虑欧洲自身的利益诉求。拜登政府上台后的首要外交政策目标就是修复与盟友的关系，但是如果结盟主要是为了与中国展开全球竞争而不充分考虑欧洲的地缘利益的话，美欧在数字空间的合作还将面临挑战。

最后，中欧关系的战略意义凸显，中欧两国在数字空间面临着新的合作空间和发展机遇。2020 年是中欧建交 45 周年，新冠肺炎疫情暴发以来，中国与欧洲国家领导人就双边合作进行了多次在线会晤，均表达了深化科技与数字经济合作的愿望，而 2020 年 12 月 30 日“中欧投资协定”谈判的如期完成向国际社会释放了一个重要的信号，那就是双方对与美国未来关系的思考以及对未来数字空间地缘格局的重构。德国执政党主席候选人默茨强调说：“对华关系是欧美首要议题，我永远不想看到我们必须在中美之间作选择的情况。”而美欧利益并不总是一致的，2021 年 1 月 2 日，因担心在中国市场受到排挤，欧洲巨头爱立信 CEO 鲍毅康表示，如果对华为的禁令仍然存在，爱立信将离开瑞典。“中欧投资协定”生效后，中欧在数字空间将面临更多的发展机遇和更大的合作空间，在技术发展、供应链安全、数据安全等方面都可以扩大合作。欧盟倡导数字主权，中国呼吁尊重网络主权，双

---

① ITIF, *Schrems Ⅱ: What Invalidating the EU-US Privacy Shield Means for Translatic Trade and Innovation*, December 2020.

方都强调国家应在数字空间的治理中发挥更多的作用；尽管双方仍然存在竞争和分歧，但合作多于竞争，共识大于分歧，增信释疑、互惠共赢将是中欧关系的主旋律。

四 小结

展望后疫情时代，数字技术及其应用将迎来蓬勃发展的高光时刻，而其中蕴含的安全风险更加不容忽视。拜登新政府上台后，美国将会尝试恢复自由主义的国际秩序，重建美国的全球领导力，然而数字时代的国际关系已不可能回到美国独领风骚的过去，国家之间、国家与非国家之间一次全球权力的重新分配已然开始。数字技术的力量正在安静而汹涌地冲击着固有的边界和堤坝，国际规则和秩序的重塑也将会在国际舞台上推进和展开；大国竞争日趋扩大化和复杂化，因而更需要精细化应对，大国关系将进入融合国力竞争的新时代。

结论与展望

第十四章

互联网如何改变国际关系

当今世界正处于以互联网为代表的信息技术革命快速发展的进程中。在过去的半个世纪中，以互联网为代表的信息技术在创新通信方式和提高计算效率的同时，跨越传统的国家地理边界，在全球构建了一个互联互通的网络空间。网络空间深刻改变了人们的生活方式、生产方式和社会互动方式，给国家的政治、经济、社会、文化和安全秩序带来诸多的冲击和挑战。当主权国家成为网络空间治理的重要行为体，地缘政治因素逐渐渗透并显著影响着网络空间的国际治理进程；与此同时，网络空间也会反作用于主权国家的行为模式和互动结果，冲击原有的国家政治生态、国家安全和国际秩序，这在一定程度上助推了当今世界“百年未有之大变局”。那么，互联网如何改变国际关系？具体而言，以互联网为代表的信息技术会通过何种方式、在哪些方面改变当前主权国家主导的国际关系？有哪些主要因素决定了以互联网为代表的信息技术能够改变国际关系的程度和方向？

一　问题的提出

进入21世纪，我们正处于所谓的第四次科技革命浪潮。以互联网、大数据、人工智能和物联网为重要驱动力，人类正在逐步迈向数字化和智能化的新时代，网络空间构成了国家间互动的重要外部环境。与此同时，互联网成为当今世界“百年未有之大变局”的重要推动力之一：科技革命助推了大国实力对比变化，网络文化传播推动了民众权利意识觉醒，数字贸易和数字货币的崛起加速了国际贸易金融体系的重构。与以往以电力、蒸汽机和原子能为代表的工业革命不同，以互联网为代表的信息技术浪潮对国际政治的影响是由下至上的，它首先改变的是人们的思想和生活方式，接下来才逐步实现与传统工业的融合，从而加速重构经济发展、社会秩序与政府治理模式。在数字时代，信息和数据已经成为国家重要的战略资源和权力来源，也成为大国竞争的新领域和新焦点，“世界进入颠覆性变革新阶段”。这些新兴技术不是目前数字技术的渐进式发展，而是真正颠覆性变革，这些技术必将改变我们现在习以为常的所有系统，不仅将改变产品与服务的生产和运输方式，而且将改变我们沟通、协作和体验世界的方式。①

然而，随着互联网在技术上从通信网络到信息网络再到计算机网络的演进，网络空间自身的特征和属性也有了很大的变化。网络空间不仅成为国家发展和繁荣的重要驱动力，也带来了网络攻击、网络犯罪、网络恐怖主义等日益复杂的安全威胁和挑战。互联网先驱伦纳德·克兰罗克回忆：“我们在创造互联网时的想法是：开放、自由、创新和共享，因此没有对使用施加任何限制，也没有采取任何保护措施；然而，我们当时并没有预料到，互联网的黑暗面会如此猛烈地涌现出来。”② 不断快速发展和迭代

---

① ［德］克劳斯·施瓦布、［澳］尼古拉斯·戴维斯：《第四次工业革命——行动路线图：打造创新型社会》，世界经济论坛北京代表处译，中信出版集团 2018 年版，第 23 页。

② Leonard Kleinrock, “Opinion: 50 Years Ago, I Helped Invent the Internet. How Did It Go so Wrong?”, *Los Angeles Times*, Oct. 29, 2019, https://www.latimes.com/opinion/story/2019-10-29/internet-50th-anniversary-ucla-kleinrock.

的新兴技术正将世界引入“一半是火焰，一半是海水”的数字时代，网络空间成为大国竞争与博弈的重要领域和重要工具。那么，演进中的互联网会如何改变国际关系？

国际关系学界对互联网与国际关系的研究始于罗伯特·基欧汉和约瑟夫·奈。在1977年出版的《权力与相互依赖》一书中，基欧汉和奈对网络空间中的信息治理进行了研究，他们认为，信息传播成本和时间的降低加深了全球相互依赖，而网络空间中信息资源的配置和使用会影响到国际政治的权力关系，信息自由、信息隐私、知识产权保护、网络情报收集等议题都会成为新的议题。① 在《权力大未来》一书中，约瑟夫·奈特别分析了基于网络产生的权力，他认为网络空间中的权力可以分为强制性权力、议程设置权力和塑造偏好的权力，而国家不是网络空间唯一的行为体，权力正在从国家行为体向非国家行为体扩散。② 2014年，约瑟夫·奈提出了网络空间治理的机制复合体理论，通过建立一个由深度、宽度、组合体和履约度四个维度构成的规范性框架，可以分别对网络空间的域名解析服务、犯罪、战争、间谍、隐私、内容控制和人权等不同治理的子议题进行剖析，以此来确定在特定议题下的主导行为体。③

如果说2015年以前国际关系学界的研究聚焦于网络空间的治理问题，那么2015年之后，国际关系学界则更多将关注点转向网络空间所带来的安全威胁及其对现存国际秩序的挑战。亨利·基

① Keohane, Robert O. and Joseph S. Nye Jr., “Power and Interdependence”, *Survival*, Vol. 15 No. 4, 1973, pp. 158-165; Robert O. Keohane and Joseph S. Nye, *Power and Interdependence: World Politics in Transition*, Boston: Little, Brown, and Company, 1977; [美] 罗伯特·基欧汉、约瑟夫·奈：《权力与相互依赖》，门洪华译，北京大学出版社2012年版，第250页。

② [美] 约瑟夫·奈：《权力大未来》，王吉美译，中信出版集团2012年版，第160—176页。

③ Joseph S. Nye, “The Regime Complex for Managing Global Cyber Activities”, *Global Commission on Internet Governance Paper Series*, No. 1, 2014, pp. 5-13.

辛格在《世界秩序》一书中指出，新的互联网技术开辟了全新途径，网络空间挑战了所有历史经验，并且网络空间带来的威胁尚不明朗，无法定义，更难定性；互联网技术还超越了现有的战略和学说，“在这个新时代，对于能力还没有共同的解释，甚至没有共同的理解。对于使用这些能力，尚缺少或明或暗的约束”。[①]亚历山大·克里姆伯格认为，在不远的将来，互联网这个在很大程度上被认为是促进自由和繁荣的领域，很可能会变成一个充满征服与被征服的暗网；当前的世界正在回到某种失序的状态，战争与和平之间的界限变得模糊，国家更多地依靠除全面武装冲突之外的措施来相互制衡，互联网的架构和技术为国家间冲突提供了新的渠道和方式，对国际和平与秩序产生重大威胁。[②]信息革命改变了全球政治并带来又一次全球权力转移，网络和连通性成为权力和安全的重要来源；个人和私人组织都有权在世界政治中发挥直接作用；信息的传播意味着权力分配更加广泛，非正式网络可以削弱传统官僚机构的垄断地位；网络信息的快速传播意味着政府对议事日程的控制力减弱，公民面临新的脆弱性。[③]

可以说，数字时代的国际关系迈入了一个新阶段。与以往不同，以互联网为代表的信息技术对主权国家和国际关系的塑造是由下至上的：它赋权社会，改变了国家行为体的权力边界；它被利用或应用于军事领域，为国际安全带来了更多风险和不稳定因素；它成为大国竞争的新焦点，为大国博弈注入了新的内涵。但是，互联网不会改变主权国家的政治地理学本质，也不会改变以实力为基础的国际政治博弈逻辑，它改变的是国家的组织和行动

① ［美］亨利·基辛格：《世界秩序》，胡利平等译，中信出版集团2015年版，第452页。

② Alexander Klimburg, *The Darkening Web: The War for Cyberspace*, NY: Penguin Press, 2017, p. 11.

③ Nye, Joseph S. Jr., “The Other Global Power Shift”, *Project Syndicate*, August 6, 2020, https://www.project-syndicate.org/commentary/new-technology-threats-to-us-national-security-by-joseph-s-nye-2020-08.

方式以及大国竞争的内容和手段。在当前力量此消彼长、国际秩序面临解构与重构的“百年未有之大变局”下，这些改变正在同步发生和演进，它所带来的变与不变相互交织、共同作用，正在推动国际关系走向一个更加不确定的未来。

二　互联网改变国家行为体

国家是国际关系中的主要行为体，每一轮重大的科技创新都会给国家政治格局带来重大的变化，信息技术也不例外。与其他科学技术不同的是，互联网带来的不仅仅是一次科技革命，更是一场信息革命，信息成为数字社会发展的重要战略资源，并且从政治、经济、社会、文化和认知方式等多个层面重构着社会。曼纽尔·卡斯特指出，一种新的社会结构——网络社会正在兴起：知识和信息是网络社会生产力的原料，并且在网络逐渐占据支配性结构的过程中起到主要作用；网络化是这个社会不同于以往的关键特色，它重构了社会，使得社会的结构充满了弹性，“这在以不断变化与组织流动为特征的社会里是一种决定性的特性”，以便适应剧烈变化的外部环境。① 网络化的逻辑正在不断冲击着原有的社会秩序，自下而上对社会单元进行权力重构，重要的是，互联网正在逐渐改变传统的国家权力边界。

（一）互联网赋权社会

互联网赋权公民和社会或许是网络时代与以往科技革命最大的不同。按照卡斯特的定义：网络社会是由基于数字网络的个体和组织网络建构而成的，通过互联网及其他计算机网络进行通信；这种历史性的特定社会结构，产生于信息和通信技术方面的

---

① ［美］曼纽尔·卡斯特：《网络社会的崛起》，夏铸九译，社会科学文献出版社2006年版，第84页。

新技术范式与一些社会文化变革的相互作用。[①] 从技术范式来看，网络之所以能够对社会赋权是源于其革命性的传播方式，即“互联网是当地的、国家的、全球的信息和传播技术以相对开放的标准和协议以及较低的进入门槛形成的一对一、一对多、多对多、多对一”[②] 的万网之网。在这个人人都可以发声的扁平化网络上，网民不仅是信息的消费者，还是信息的生产者和提供者，它颠覆了传统的大众传播模式中公民个体仅仅作为信息接收者的被动地位，使得网民首次拥有了信息生产者和信息散播者的主导能力。

权力是一种关系能力，它使得某个社会行为体能够以符合其意志、利益和价值观的方式，非对称地影响其他社会行为体的决定。[③] 正是借助网络，网络意见领袖比以往拥有了更多的、更大的塑造社会价值和构建社会机制的权力，而近年来出现的“网络自组织治理”模式就充分体现了个体权力向社区汇聚后而形成的政治影响力。克莱·舍基认为，以往需要协作和体系化的结构才能实现的集体性活动，如今可以通过社交网络关系、常见的临时结盟、统一的目标等松散的协作方式在线发起行动。[④]在这种模式下，借助网络提供的公共平台，世界各地原本毫无关联的普通民众和机构都可以在网络上发起合作社区，相互影响，相互帮助，建立信任；即使没有管理中心和一个体系化的结构，基于互联网的“集体行动”仍然可以实现。有学者将“社区成员所交换的信息和思想等同于军事和经济力量”，认为这已经成为政治权力的

---

① ［美］曼纽尔·卡斯特：《传播力》，汤景泰、星辰译，社会科学文献出版社 2018 年版，第 VII 页。

② ［英］安德鲁·查德威克：《互联网政治学：国家、公民与新传播技术》，任孟山译，华夏出版社 2010 年版，第 9 页。

③ ［美］曼纽尔·卡斯特：《传播力》，汤景泰、星辰译，社会科学文献出版社 2018 年版，第 8 页。

④ Clay Shirky, *Here Comes Everybody*: *The Power of Organizing without Organizations*, NY: Penguin Press, 2008.

关键来源。①

对于社会而言，技术是中性的，权力也是如此。互联网赋权后的个体和社会一方面可以借助互联网提供的便捷工具和平台参与公共事务，实现民意的汇聚和公共利益的表达，强化公众和舆论的政治监督作用；另一方面，网络的匿名性和快速传播放大了社会阴暗面的负面效应，为敌对势力、恐怖分子和不法分子提供了新的宣传渠道，社会心理、技术平台以及政治的结合也可能会带来社会的撕裂和分化。随着上网人数的不断增多，网络也变得越来越复杂，基于互联网的“公民不服从”行动常常更具危险性和颠覆性，一旦被操纵或利用，就可能给社会稳定和国家安全带来重大的挑战。

（二）互联网赋权平台企业

如果说网民个体由信息消费者向生产者的角色转换使其获得了更大的政治话语权，那么作为数字时代排头兵的互联网私营企业则凭借其对数字时代关键资源的掌控能力，在国家的经济和政治生活中获得了更大的影响力和主导权。随着互联网公司和平台的不断发展和壮大，少数科技巨头所掌控的经济和社会资源几乎可以与民族国家相匹配，并且会给现有的经济、政治和社会秩序带来重要的冲击和挑战。

作为数字技术的创新和应用主体，互联网企业是网络社会中最重要的技术节点和信息流动节点。如果说网络权力来源于“促成最大数量的、有价值的连接以及导向共同的政治、经济和社会目标的能力”，② 那么互联网企业正是网络权力的主要受益者。与

① Irene S. Wu, *Forging Trust Communities*: *How Technology Change Politics*, Baltimore, MD: Johns Hopkins University Press, 2015.

② Annie Marie Slaughter, “Sovereignty and Power in a Networked World Order”, *Stanford Journal of International Law*, 2004, No. 40, p. 283.

传统的企业不同，互联网企业利用先进的信息技术，大力发展共享经济，一系列植根于代码和算法的新规范正在创建，并试图取代传统上由政府设定和主导的规范；借助区块链、人工智能等新技术，互联网企业可能从根本上改变工作的本质与社会经济发展的模式，特别是会触及传统上由国家主导的贸易、金融和财政系统的运作。正是在这个意义上，互联网企业被称作“破坏性的创新者”。这些基于网络和数字技术的“破坏性的创新者”正在多个核心领域挑战国家以及国家间组织，其影响正在广泛扩散。在此情况下，国家正在失去其作为“集体行动的最佳机制”的地位。①

当前，网络安全已经成为国家面临的重大安全威胁，针对国家关键基础设施的黑客攻击行动，窃取和侵犯公民个人信息和商业机密的网络犯罪活动，发布假消息和进行信息操纵等信息安全威胁，针对供应链和产业链的安全攻击以及网络恐怖主义活动等安全威胁与日俱增。面对日益严峻的网络安全形势，技术治网已经成为国家维护网络安全的重要支柱，应对任何一种安全威胁都离不开网络安全企业的支持。在全球层面，互联网企业特别是科技巨头更是在安全规则的制定中发挥了积极的作用。2017 年，微软公司敦促各国政府缔结“数字日内瓦公约”，建立一个独立小组来调查和共享攻击信息，从而保护平民免受政府力量支持的网络黑客攻击；② 2018 年，微软再次联合脸书、思科等 34 家科技巨头签署《网络科技公约》，加强对网络攻击的联合防御，加强技

① Clayton Christensen et al. , “Disruptive Innovation for Social Change”, *Harvard Business Review*, December 2006, http://hbr. org/2006/12/disruptive-innovation-for-social-change/ar/I.

② Microsoft, “A Digital Geneva Convention to Protect Cyberspace”, Dec. 19, 2017, https://www. microsoft. com/en-us/cybersecurity/content-hub/a-digital-geneva-convention-to-protect-cyberspace.

术合作，承诺不卷入由政府发动的网络安全攻击。①此外，在联合国网络安全规则开放式工作组的推进过程中，微软、卡巴斯基等互联网科技巨头也纷纷提出方案和建议，就全球网络空间安全规则的制定建言献策。可以说，维护国家和全球的网络安全离不开互联网企业的参与。

由于集聚了越来越多的线上社交活动以及由此产生的数据，社交媒体已经成为网络时代文化传播和信息沟通的重要平台，是日常生活不可或缺的一部分。社交媒体打破了传统大众媒体的舆论垄断并且其影响力已经超越了后者，成为网络时代的舆论场；社交媒体还可以凭借算法和人物画像等技术，具备了塑造社会行为和观念的能力，将传统上被国家政府所垄断的公权力“私有化”。有学者认为，社交媒体是在模仿生物生活的基本规则和功能，其文化基因作为网络社会基本的组成单元，它们越来越像一个“全球大脑”，正在重塑人类沟通、工作和思考的方式。②社交媒体对网络空间和社会的影响都不可忽视。拥有大量数据流量的互联网公司通过对在线内容进行过滤和算法推荐，不但会影响我们获取信息的内容和范围，还可能传播虚假和违法信息，扰乱正常的社会秩序。③此外，社交媒体在维护政治稳定、反恐等领域都发挥着关键的作用，有着重要的战略意义。

（三）互联网改变国家权力边界

由于互联网对社会和私营部门的赋权，国家行为体传统的权

---

① Brad Smith, “34 Companies Stand up for Cybersecurity with a Tech Accord”, April 17, 2018, https://blogs.microsoft.com/on-the-issues/2018/04/17/34-companies-stand-up-for-cybersecurity-with-a-tech-accord/.

② Oliver Luckett and Michael Casey, *The Social Organism: A Radical Understanding of Social Media to Transform Your Business and Life*, NY: Hachette Books, 2016.

③ Susan Jackson, “Turning IR Landscape in a Shifting Media Ecology: The State of IR Literature on New Media”, *International Studies Review*, Vol. 21, No. 3, 2019, pp. 518-534.

力边界也遇到了新的挑战。从绝对主权的角度来说，国家行使主权的疆域相较过去有了新的增量，一国基于国家主权对本国的网络设施、网络主体、网络行为、网络数据和信息等享有管辖权、独立权、平等权和防御权；从相对主权的角度来看，网络空间打破了国家对社会元素的垄断，实现了政治权力的再分配，国家不再是享有社会秩序制定权力的唯一主体。那些通过技术赋权的团体、公司和自组织网络，正在对传统的国家主权边界发起挑战，在商业、媒体、社会、战争和外交领域，国家的权力均在不同程度上被削弱或者转移。①

国家权力边界之所以在不同程度上被侵蚀，是因为网络空间的技术属性。首先，传统的国家地理边界在网络空间不复存在。作为一个开放的全球系统，网络空间没有物理的国界和地域限制，用户可以以匿名的方式将信息在瞬时从一个终端发送至另一个终端，它不仅正在打破传统意义上的地理疆域，同时也可能削弱基于领土的主权国家合法性。其次，以信息和数据为表现形式的互联网内容层不仅关系到公民的个人信息和隐私保护权利，更关系到国家主权和政治安全。然而，海量的数据大大增加了确权和甄别的难度，而数据掌控在私营企业手中也限制了政府预判形势和管控危机的能力。再次，与传统上国家主权来源于政府自上而下的权威不同，网络权力取决于其能够“促成最大数量的、有价值的连接以及导向共同的政治、经济和社会目标的能力”，也即“个体和团体运用软实力”的能力。② 网络化的扁平结构削弱了政府的权力，却并不必然带来权力的去中心化，反而会根据控制流量的大小在不同的节点上形成新的权力中心。

① 参见郎平《主权原则在网络空间面临的挑战》，《现代国际关系》2019 年第 6 期，第 44—50 页。

② Anne-Marie Slaughter, “Sovereignty and Power in a Networked World Order”, *Stanford Journal of International Law*, No. 40, 2004, pp. 283-327, https://www.law.upenn.edu/live/files/1647-slaughter-annemarie-sovereignty-and-power-in-a.

更重要的是，互联网动摇了国家垄断军事力量的基础，并在很大程度上改变了传统的战争形态。按照马克斯·韦伯的定义，国家是“这样一个人类团体，它在一定疆域内成功地宣布了对正当使用暴力的垄断权”，[①] 其他任何团体或个人未经国家许可都不具有使用暴力的权力。然而，在网络空间，所有现实空间的人和事物都可以被信息化或者数字化，网络武器的生产者与使用者可以是相同的，并且很难对网络武器进行军用和民用的区分。网络武器的使用门槛大大降低，网络购买和快速传递也会加大其扩散的范围，黑客、有组织的犯罪团体和恐怖分子都可以在网络空间发起暴力行动，甚至是对国家发起网络战。网络攻击不需要派遣地面人员，不必出现流血冲突和人员伤亡，信息控制和无人机等自主作战已经成为未来新的战争形态。

综上所述，国家与私营部门和其他行为体的权力边界正在发生变化，国家不再是唯一具有巨大权力的社会行为体。诚如约瑟夫·奈所言：“随着信息革命的发展，主权国家的地位会不断衰落，各类依托信息网络技术的非政府组织将拥有跨越领土边界的能力，从而改变现有的社会治理方式。”[②] 一方面，政府和其他行为体的绝对权力边界都在向网络空间延伸，催生了新的权力；另一方面，国家和私营部门之间的相对权力边界发生了移动，企业对互联网关键基础设施和资源的掌控力显著增强，政府的主权行使能力受到了很大制约。国家外部主权面临的情形也是如此，即使是在经济和安全等传统的主权管辖范围内，例如打击网络恐怖主义、网络犯罪和数字贸易规则制定等，仅仅依靠传统的政府间治理机制已难以奏效，而互联网企业和非政府间组织则在积极参

① ［德］马克斯·韦伯：《学术与政治》，钱永祥等译，上海三联书店2019年版。

② Joseph S. Nye, “Cyber Power”, Belfer Center for Science and International Affairs, Harvard Kennedy School, 2010, https://www.belfercenter.org/sites/default/files/legacy/files/cyber-power.pdf.

与到国际规则的制定中。

三　互联网改变国际安全

当国家主权由基于领土的地理边界延伸至基于信息技术的虚拟空间，网络空间不可避免地成为国家安全新的威胁来源；网络空间改变了国家的外部安全环境，同时也为国际安全形势增加了诸多不稳定因素，威胁的复杂性和破坏性都在增加。1991 年的海湾战争被认为是现代战争的一个重要分水岭，强大的军事力量不再是战场获胜的唯一法宝，更重要的是要具备赢得信息战和确保信息主导权的能力。美国兰德公司在 1993 年的一份研究报告中首先警告称“网络战即将到来”。[①] 尽管网络空间的“珍珠港事件”并没有真的发生，但是在 2007 年爱沙尼亚危机、2008 年格鲁吉亚战争和 2010 年伊朗核设施遭受“震网”蠕虫病毒攻击之后，网络空间成为继海、陆、空、太空之后的“第五战场”的想法逐渐变成了真实的存在。网络安全问题开始进入国家军事战略层面，成为一项重要的国家安全议题。

21 世纪 10 年代以来，世界开始真正进入信息时代，互联网上升为国家关键信息基础设施，国家的主权、发展与安全在各个方面都与网络空间息息相关。然而，虽然互联网能够发挥“促进自由和繁荣”的积极作用，但其消极影响也在不断上升：首先，网络攻击事件愈演愈烈，借助高危漏洞、黑客入侵、病毒木马等工具进行的恶意网络攻击事件频发。2019 年 1 月，Windows 系统爆出零日漏洞[②]，该漏洞允许越权读取系统上全部的文件内容；

① John Arquilla and David F. Ronfeldt，“Cyberwar is Coming!”，*Comparative Strategy*，Vol. 12，No. 2，1993，pp. 141-65.

② 零日漏洞，又称零时差攻击，是指被发现后立即被恶意利用的安全漏洞，具有突发性与破坏性。

2019年全年的大流量DDoS攻击超过2万次，与2018年相比增长超过30%。[①]其次，智能化、自动化、武器化的网络攻击手段层出不穷，网络攻击正在逐步由传统的单兵作战、单点突破向有组织的网络犯罪和国家级网络攻击模式演变，电力、能源、金融、工业等关键基础设施成为网络攻防对抗的重要战场。最后，人工智能、区块链、物联网等新一代信息技术快速发展，还可能与网络攻击技术融合催生出新型攻击手段。例如，量子计算可以极大降低破解加密算法的时间，人工智能技术催生了自主攻击能力，算法推荐可能衍生出有害信息传播的新模式。

在国家安全层面，网络空间正在变成一张充满征服与被征服的“渐暗的网”[②]。网络攻击肆虐致使国家关键基础设施面临着重大安全风险，利用网络环境实施的传统犯罪行为和利用网络攻防技术实施的网络窃密等犯罪行为屡有发生，利用网络对他国的政治攻击和颠覆活动愈演愈烈，恐怖组织将网络空间作为新的战场并将社交媒体作为其宣传、招募人员、行动组织的重要工具。互联网和信息技术不仅可以被用来在国家间冲突和战争中实施大规模破坏行为，而且可以被用来支持电子战等传统军事任务，甚至是公开攻击关键基础设施和军事指挥网络的战争行为。鲍尔斯和雅布隆斯基认为国家正在陷入一场“持续的以国家为中心的控制信息资源的斗争”，其实施方式包括秘密攻击另一个国家的电子系统，并利用互联网推进一个国家的经济和军事议程，其核心目标是运用数字化网络达到地缘政治目的。[③]

简言之，互联网给国际安全形势带来了三个层面的新威胁：

---

① 绿盟科技：《2019年DDos攻击态势报告》，2019年12月26日，http://blog.nsfocus.net/ddos-attack-landscape-2019/。

② Alexander Klimburg, *The Darkening Web: The War for Cyberspace*, NY: Penguin Press, 2017.

③ Shawn Powers and Michael Jablonski, *The Real Cyber War: The Political Economy of Internet Freedom*, Chicago: University of Illinois Press, 2015.

一是日益显化的网络空间军备竞赛和针对关键基础实施的网络攻击，威胁到国家的经济和军事安全；二是网络空间的政治战，特别是社交媒体的武器化，威胁到国家的政治安全；三是人工智能等颠覆性技术不断应用于军事领域所带来的潜在安全风险。

（一）网络攻击/网络战

从计算机安全的角度看，网络攻击是指针对计算机信息系统、基础设施、计算机网络或个人计算机设备的、任何类型的进攻动作；对于计算机和计算机网络来说，破坏、揭露、修改、使软件或服务失去功能、在没有得到授权的情况下偷取或访问任何一台计算机的数据，都会被视为对计算机和计算机网络的攻击。[①] 网络攻击被认为是国家在网络空间面临的重大安全威胁，在很大程度上源于网络空间的技术和虚拟特性。由于互联网在设计之初仅考虑了通信功能而没有顾及安全性，它所采用的全球通用技术体系和标准化的协议虽然保证了异构设备和接入环境的互联互通，但这种开放性也使得安全漏洞更容易被利用，而联通性也为攻击带来了更大的便利。

不同于传统军事打击，网络攻击的特殊性在于：首先，攻击者可以无视国家的地理边界，在网络空间对其他国家的关键基础设施发动攻击，给被攻击国家经济运行和社会稳定带来极大的破坏和损失，却不致造成重大的人员伤亡和流血冲突。其次，网络攻击具有极强的隐蔽性，攻击者可以使用网络攻击程序动态切换网络接入位置并调用大量攻击设备，从而使得攻击的溯源和防护非常困难。最后，发动网络攻击的门槛相对于发动武装冲突而言要低得多，且军用和民用设施相互融合难以区分，在溯源、确定反击阈值和对等报复等方面的困难使得传统的军事威慑手段难以

① IBM Services, “What Is a Cyber Attack?”, December 1, 2020, https://www.ibm.com/services/business-continuity/cyber-attack.

在网络空间奏效。

网络攻击能够对国家产生破坏力，是源于代码的武器化，即作为攻击工具的网络武器，其破坏力堪比传统的军事力量和武器。网络武器是指“用于或旨在用于威胁或对结构、系统或生物造成物理、动能或精神伤害的计算机代码”。① 例如，据俄罗斯卡巴斯基实验室报告，2017 年全球爆发的“wannacry”病毒所使用的黑客工具“永恒之蓝”就来源于美国国家安全局的网络武器库。从 20 世纪 90 年代开始，很多学者就开始研究网络武器所具备的“网络能力”（cyber capabilities），并将其类比为非致命武器和精确制导武器。②与非致命武器相似，网络行动可以攻击某个计算机系统的核心部位，控制它们或让其瘫痪。例如，窃取敏感数据以破坏计算机系统数据的机密性，输入恶意指令或破坏重要数据以破坏计算机系统的完整性，或者破坏计算机系统的可用性从而导致其在关键时刻无法接入互联网。同时，如精确制导武器一样，网络武器也可以提供一种潜在的高度精确打击能力，可以只影响特殊目标，进一步提高兵力损失交换比，让攻击发起方面临最小的伤亡风险。

目前来看，网络攻击的效果介于“外交活动和经济制裁”与“军事行动”之间，是否能够实现更大的政治与军事目标还有待观察。网络攻击固然有隐蔽性、低伤亡、灵活和精准打击等优势，但网络攻击也面临着很多局限性。首先，网络攻击行动的成功有赖于能够获得关于攻击目标充分且准确的情报，例如电力系统的控制设计、系统漏洞等，这要求行动发起者具有很高水平的情报获取能力。其次，网络攻击的目标通常是 IT 系统的软硬件，

① ［美］托马斯·里德：《网络战争：不会发生》，徐龙第译，人民出版社 2017 年版，第 46 页。

② George Perkovich and Ariel E. Levite, eds., *Understanding Cyber Conflict*: *24 Analogies*, Wasington, D. C.: Gerogetown University Press, 2017, pp. 47-60.

而后者是可以被不断更新和升级的，漏洞发现也会被修补，这就使得网络攻击的效果有很大的不确定性。最后，由于网络空间的民用和军用设施常常难以区分，如果在打击军事目标时导致民用设施遭到破坏，会提高使用“网络武器”的政治成本，因而需要对网络攻击发起的时间、方式和地点进行审慎的评估。

按照发起者不同，网络攻击可以分为三类：第一类是作为个体的黑客，他们进行网络攻击的目的通常是宣泄个人情绪或者实施犯罪，一般不具有很大的政治和经济破坏性；第二类是有组织的犯罪集团或者恐怖主义组织，他们利用网络攻击窃取数据以实施有组织的犯罪或实施恐怖活动，对于社会的稳定和经济运行均可造成相当程度的伤害；第三类是国家或国家支持的组织，其发起网络攻击的目标常常是目标国的关键基础设施或军事设施，具有明确的政治和军事动机，第三类网络攻击活动日益影响着国际安全形势。例如，2019 年 3 月，美国对委内瑞拉的电力系统、通信网络和互联网发动了一次网络攻击，行动命令来自五角大楼，由美国南方司令部直接执行。① 伊朗也曾经遭受了来自美国的网络攻击。2019 年 6 月，美国对伊朗发动了网络攻击，抹掉了伊朗准军事武装用于秘密计划袭击波斯湾油轮的数据库和计算机系统，短暂削弱了其袭击油轮的能力。② 2020 年 7 月，美国总统特朗普公开证实曾于 2018 年批准了对俄罗斯互联网研究所的网络攻击，并承认该起攻击是在美俄两国政治对抗日益激烈的背景下进行的。③

---

① 《指责大停电是美网络攻击，马杜罗称将请求中俄等国协助调查》，环球网，2019 年 3 月 13 日，https：//baijiahao. baidu. com/s？ id = 1627873072663719586&wfr = spider&for = pc。

② Julian E. Barnes，Thomas Gibbons-Neff，“US Carried Out Cyberattacks on Iran”，*New York Times*，June 22，2019，https：//www. nytimes. com/2019/06/22/us/politics/us-iran-cyber-attacks. html.

③ 《俄媒：美首次承认对俄网络机构进行攻击》，《人民日报》（海外网），2020 年 7 月 12 日，https：//baijiahao. baidu. com/s？ id = 1671995507523151374&wfr = spider&for = pc。

尽管国际社会和学界对“网络攻击”和“网络战”的界定和认识存在分歧,[①] 但两者之间的一个显著区别是后者仅发生在有政府主体参与的情形。按照克劳塞维茨的定义，“战争是以另一种手段进行的政治，是政治的继续”，因而政治是也应当是国家政策的军事工具。[②] 因此，只有国家主导或发起的、具有明确军事动机的网络攻击行动才属于网络战范畴。尽管有学者坚持认为真正的网络战必须有重大伤亡，其效果具有毁灭性且等同于武装攻击，或在武装冲突期间发生的网络攻击才能称之为“网络战争”,[③] 但是随着现实空间战争的形式逐渐由常规战争向非常规作战和混合战转变，国家间网络冲突——在网络空间发生的具有军事性质的冲突——被认为是现实世界非常规战争的网络再现，“网络战”的概念界定也随之向现实回归，通常用来指国家行为体采用网络攻击的方式破坏目标国的关键基础设施或军事力量，被视为21世纪新型的战争形式。[④]

由于现行的国际法框架无法管控网络冲突、溯源困难以及网络威慑的作用有限，国家之间因而会陷入一种“网络安全困境”：虽然两个国家都不想伤害对方，但由于彼此不信任，往往会发现发动网络入侵才是最明智的选择，而保护自身安全的手段就是威

---

① “攻击”一词在国际法中受到严格限制，意味着重大的伤亡或者破坏。大多数欧洲国家认为，任何严重违反数据保密的行为都构成“网络攻击”；美国认为，任何严重侵犯数据完整性以及可用性的行为都可能被视为攻击，例如通过大规模的、不可恢复的数据删除行为来彻底摧毁美国的金融系统；俄罗斯和中国则将通过网络实施“宣传战争”也认定为“网络攻击”，但这种观点遭到多数西方国家的反对。Alexander Klimburg, *The Darkening Web*: *The War for Cyberspace* , NY: Penguin Press, 2017.

② ［美］詹姆斯·多尔蒂、小罗伯特·普法尔茨格拉夫：《争论中的国际关系理论（第五版）》，阎学通、陈寒溪等译，世界知识出版社2003年版，第200页。

③ Jeffrey Caton, *Distinguishing Acts of War in Cyberspace*: *Assessment Criteria*, *Policy Considerations*, *and Response Implications*, P. A. : US Army War College Press, 2014.

④ 也有学者将其称为国家间的“网络冲突”，认为国家间网络冲突应被看成实施“超限战”的一个重要武器。美国在2011年宣布将把“网络攻击”行为等同于战争行为，并可以用传统军事手段进行惩罚。参见 George Lucas, *Ethics and Cyber Warfare*: *The Quest for Responsible Security in the Age of Digital Warfare*, NY: Oxford University Press, 2016。

胁他国安全，最终导致冲突不断升级。[①] 美国特朗普政府上台后，在“美国优先”的保守主义思想指引下，美国网络军事力量发展更加激进，试图通过“持续交手”“前置防御”将行动空间拓展到他国主权范围。俄罗斯网络作战部队隶属于俄军信息对抗体系，2017 年 2 月，俄罗斯国防部长绍伊古表示已经建立了一支负责发动信息战的专业部队，据俄《生意人报》称，俄信息战部队的规模在 1000 人左右，每年获得约 3 亿美元的经费支持。[②] 德国、巴西和以色列的网络军事化水平也不容忽视。在当前的网络空间冲突中，保护本国的关键基础设施不受网络攻击已经成为各国政府在网络安全领域面临的首要任务。

（二）信息域的政治战

与网络攻击将代码作为武器不同，网络空间的内容也会被一国利用或操纵来实现其针对他国的地缘政治目标，信息域正在成为一个越来越重要的现代政治战领域。所谓“政治战”是指利用政治手段迫使对手按自己的意志行事，它可以与暴力、经济施压、颠覆、外交等手段相结合，但其手段主要是使用文字、图像和思想。[③] 从目标来看，“政治战”意在影响一个国家的政治构成或战略决策，因为使用的手段是非军事的，因而也常常被称为“心理战”“意识形态战”“思想战”（the war of ideas）。[④]在信息时代，政治战有了新的媒介和工具，那就是网络空间可以瞬时向全球传递信息。2018 年 4 月，美国兰德公司发布关于《现代政治

---

① Ben Buchanan, *The Cybersecurity Dilemma*: *Hacking*, *Trust and Fear Between Nations*, NY: Oxford University Press, 2017.

② 《俄防长：俄已组建信息战部队》，新华网，2017 年 2 月 23 日，http://www.xinhuanet.com/world/2017-02/23/c_129492633.htm。

③ Paul A. Smith Jr., *On Political War*, Darby, PA: Diane Pub. Co., 1989.

④ Carnes Lord, “The Psychological Dimension in National Strategy”, in Carnes Lord and Frank R. Barnett, eds., *Political Warfare and Psychological Operations*: *Rethinking the US Approach*, Washington, D.C.: National Defense University Press, 1989, p. 16.

战》(*Modern Political Warfare*) 的报告，强调信息域将是一个争夺日趋激烈甚至是决定性的政治战领域，其本质就是一场通过控制信息流动来进行的有关心理和思想的斗争，其行动包括舆论战、心理战以及对政治派别或反对派的支持。①

在信息域，国家面临的首要威胁是本国的信息和数据安全问题。如果说传统的情报活动是在信息传递过程中截获流动的信息，那么数字时代的常见途径就是通过互联网到计算机硬盘、移动存储介质和数据库中获取情报，例如在硬件芯片上做手脚或在软件程序中预留“后门”等。② 2013 年 6 月，“斯诺登事件”中曝光的“棱镜门”(PRISM) 计划凸显了美国以自身的网络空间优势肆无忌惮窃取他国数据的现实，此后各国政府开始关注本国的数据安全问题，尤以 2018 年 5 月生效的欧盟《通用数据保护条例》(GDPR) 为典范。特别是随着大数据时代的到来，个人信息和数据对国家安全的重要性与日俱增，特别是当大多数公民有关政治立场、医疗数据、生物识别数据等隐私数据被敌对国家或他国政府捕获后，经过人工智能大数据分析，都将会产生巨大的安全风险——信息操纵。

信息战在军事领域的应用早已有之，但近十年来，社交媒体的武器化成为现代政治战的突出趋势。信息战的基本作用机制是信息渠道，通过操纵信息，尤其是对“敌意的社会操纵”，聚集了大量互联网用户的社交媒体成为现代政治战的前沿阵地。操纵敌意社会的行为体可以利用有针对性的社交媒体活动、复杂的伪造、网络欺凌和个人骚扰、散布谣言和阴谋论，以及其他工具和方法对目标国家造成损害，包括宣传、积极措施、假情报和政治

① Linda Robinson et al., “*Modern Political Warfare: Current Practices and Possible Responses*”, *Rand Corporation*, 2018, p. 229.

② 沈昌祥、左晓栋：《信息安全》，浙江大学出版社 2007 年版，第 28 页。

战争等方式。[①] 克林特·瓦茨认为，为在政治上攻击有竞争或者敌对关系的国家或颠覆其政权，竞争对手可以利用一国网民的社交媒体信息来描绘其个人的社交网络，识别其弱点，并控制偏好，进而策划各种阴谋，其手段包括新闻推文、网页匿名评论、恶意挑衅和僵尸型社交媒体账户、虚假主题标签和推特活动等。[②] 社交媒体已经成为一个虚拟的战场，攻击行为随时可能发生，政治战和心理战都在社交媒体中找到了新的展现形式。彼得·辛格等指出，对于这个战场，我们所有人都身处其中，无处可逃，通过社交媒体武器化，互联网正在改变战争与政治。[③]

社交媒体武器化引起国际社会的广泛关注始于2016年美国大选曝出的“黑客门”事件。自特朗普赢得大选之后，时任美国总统奥巴马指责俄罗斯政府授意并帮助黑客侵入民主党网络系统，窃取希拉里及其团队的电子邮件，交给“维基解密”等公之于众，制造希拉里丑闻，通过信息操纵干扰美国总统竞选。这起事件被认为是一次超越传统间谍界限的、试图颠覆美国民主的尝试。[④] 约瑟夫·奈认为，随着大数据和人工智能的发展，互联网技术已经成为挑战西方民主的重要工具；基于信息操纵的锐实力（sharp power）正在严重冲击国家的软实力，使得西方民主制度面临危机。[⑤] 黑客组织通过综合利用网络攻击、虚假信息和社交媒

---

① Micheal J. Mazarr, et al., “Hostile Social Manipulation: Present Realities and Emerging Trends”, Rand Corporation, September 4, 2019.

② Clint Watts, *Messing with the Enemy: Surviving in a Social Media World of Hackers, Terrorists, Russians, and Fake News*, London: Harper Collins Publishers, 2019.

③ P. W. Singer and Emerson T. Brooking, *Like War: The Weaponization of Social Media*, Boston: Eamon Dolan/Houghton Mifflin Harcourt, 2018.

④ Brianna Ehley, “Clapper Calls Russia Hacking a New Aggressive Spin on the Political Cycle”, *Politico*, October 20, 2016, http: www.politico.com/story/2016/10/russia-hacking-james-clapper-230085.

⑤ Joseph S. Nye, “Protecting Democracy in an Era of Cyber Information War”, Harvard Kennedy School, Belfer Center for Science and International Affairs, February 2019, https://www.belfercenter.org/publication/protecting-democracy-era-cyber-information-war.

体操纵活动操纵美国选民，它不仅是美国网络安全领域中具有里程碑意义的事件，更给国际社会敲响了社交媒体武器化和信息操纵的警钟。

随着大数据和人工智能等新技术的发展和应用，以国家为主导、多种行为体参与、智能算法驱动、利用政治机器人散播虚假信息的计算政治宣传，正在越来越多地应用在政治战中。所谓的国家计算政治宣传，是指政府借助算法、自动化和人工管理账户来有目的地通过社交媒体网络管理和发布误导性信息的信息操纵行为。例如，操纵者可以通过制造假新闻和垃圾信息改变公众认知；通过社交机器人进行社会动员、政治干扰，进而有效干预政治舆论；算法可以模拟人际沟通，包括内容生产和传播的时间模式以及情感的表达。① 在国家安全威胁日趋多元化的背景下，信息域的政治战已经成为不容忽视的新的战争形式。

（三）颠覆性技术在军事领域的应用

信息技术仍然处于快速发展的进程中，同时也蕴含了更多的不确定性和风险。随着互联网应用和服务逐步向大智移云②、万物互联和天地一体的方向演进，颠覆性技术正在成为引领科技创新、维护国家安全的关键力量。颠覆性技术是能通过另辟蹊径或对现有技术进行跨学科、跨领域创新应用，对已有技术产生根本性替代作用并在其领域起到“改变游戏规则”的重要驱动作用的技术，这已经成为各国抢占战略制高点、提升国家竞争力的关键

① Samuel C. Woolley and Philip N. Howard, *Computational Propaganda: Political Parties, Politicians, and Political Manipulation on Social Media*, NY: Oxford University Press, 2018；韩娜：《国家安全视域下的计算政治宣传：运行机理、风险识别与应对路径》，北邮互联网治理与法律研究中心，2020 年 6 月 23 日，https://mp.weixin.qq.com/s/1RA7ne5lc-hk0u8_qr9aGQ。

② 大数据、人工智能、移动互联网和云存储合称为“大智移云”。

要素，但同时也带来了更多的安全风险。①

在当前阶段，人工智能、物联网、云计算、大数据和量子计算等都是代表性的颠覆性技术，但这些颠覆性技术在应用过程中很容易引发新的安全风险，特别是应用或恶意利用颠覆性技术超高的计算、传输和存储能力，实施更为高效、有针对性、难以防守和溯源的网络攻击。例如，利用人工智能技术，攻击者可以高准确度猜测、模仿、学习甚至是欺骗检测规则，挑战网络防御的核心规则；与既有攻击手段融合，在网络攻击效率、网络攻击范围、网络攻击手段等方面加剧网络攻防长期存在的不对等局面；人工智能与区块链、虚拟现实等技术结合还可催生出新型有害信息，形成有针对性的传播目标，衍生有害信息传播新模式，并加大数据和用户隐私全面泄露的风险②。此外，随着物联网以及可穿戴设备的普及，颠覆性技术的使用很有可能使其成为全新的攻击载体，开启了利用网络能力攻击个人的大门，网络武器转变成“致命性攻击武器”的风险大大提升。

颠覆性技术应用在军事领域必然会给人类带来新的战争威胁。首先，量子计算技术的发展潜力将使信息控制在战争中处于核心地位。当代全球暴力的范式已经从传统的脚本战争（scripted war）1.0 向基于图像的战争 2.0 迈进，而量子计算将使得战争的语言摹本由具有确定性的文字、数字和图片进化到一种不确定的、概率的和可观察的量子战争。③ 理论上，量子计算机能够大大推进人工智能的突破发展，具备处理和理解海量实时监控数据的能力，那么在信息化的作战环境中，特别是面对海量的监控图

① 可参见［美］克莱顿·克里斯坦森《颠覆性创新》，崔传刚译，中信出版集团 2019 年版。

② 笔者基于参加中国信息通信研究院安全研究所有关“网信领域颠覆性技术”研讨会内容的整理。

③ James Der Derian, “From War 2.0 to Quantum War: The Superpositionality of Global Violence”, *Australian Journal of International Affairs*, Vol. 67, No. 5, 2013, pp. 570-585.

片、图像和人体生物信息，掌控量子计算权力的国家会在信息控制和信息解读方面获得巨大的优势，而这在很大程度上意味着一种新的作战时代的到来。尽管量子计算的理论体系还有待完善，现阶段尚未发展出大规模、可商用的计算能力，配套的产业链和软硬件各方面都还有很多技术和产业难题没有克服，但其对战争、甚至是国际秩序的潜在影响力是巨大的。美国国防部网络评估办公室主任安德鲁·马歇尔（Andrew Marshall）认为，如果说第一次世界大战是化学家的战争，第二次世界大战是物理学家的战争，那么第三次世界大战将是信息研究者的战争。①

如果说量子计算改变的是战争的语言摹本，那么人工智能在军事领域的应用将会在很大程度上改写战争的中枢神经系统，给战争带来重大而深远的影响。随着机器算力的提高和大数据技术的发展，人工智能在计算机视觉、语音识别、自然语言处理和机器人技术等领域的应用取得了突破性进展，并被广泛应用于军事领域，例如情报收集和分析、后勤保障、网络空间作战、指挥和控制以及各种军用自主驾驶平台等。其中，机器人的蜂拥控制可以对多个机器人进行规则编程，使其具备应对突发事件的能力，尤其是在遭遇军事威胁时可以做出实时反应，具有比人工控制的机器人更快的反应速度。人工智能对作战方式最大的影响在于其自主武器系统可以对敌方作战系统进行学习和分析，并根据敌方系统特点弥补己方漏洞或根据敌方系统弱点实施针对性打击，这也意味着该系统不仅可以在无人操作的情况下自动攻击敌方目标，而且可以大大缩短己方观察、调整、决策、行动的循环周期。② 此外，机器学习系统还可以通过模式识别技术，分析敌方

---

① Taylor Owen, *Disruptive Power: The Crisis of the State in the Digital Age*, NY: Oxford University Press, 2015, p. 172.

② Forest E. Morgan and Raphael S. Cohen, "Military Trends and the Future of Warfare: The Changing Global Environment and Its Implication for the US Air Force", Rand Corporation, 2020.

战术或找出敌方隐藏目标，协助情报分析人员从海量信息中提取有价值的军事情报，提高决策的准确度。

然而，颠覆性技术自身的缺陷和不确定性也必然隐藏着巨大的安全风险。以人工智能为例，首先，在技术层面，人工智能的决策能力严重依赖于数据的完整和准确，一旦出现数据不完整或错误的情况，其数学计算的结果就可能出现偏差，决策的能力和准确度都会出现偏差。其次，在安全层面，人工智能系统一旦遭遇黑客或敌对势力的攻击造成数据损坏或系统被操纵，就可能“精神错乱”，对军事行动发出错误的指令，造成难以估量的后果。再次，在伦理和法律层面，人工智能不具备人类的价值判断能力，例如，自主作战系统只能根据数学概率识别敌我目标，无法区分战斗人员和非战斗人员，也无法对人身伤亡负法律责任。最后，在战略层面，自主武器系统无法在数学计算中加入对冲突升级、武力威慑、战略稳定等因素的战略考量，缺少对于战场上稍纵即逝的时机的把握。

由此可见，颠覆性技术发展的不确定性及其在军事领域的应用大大增加了网络战争的风险和破坏力。由于某种“未知的未知”，其蕴含的巨大风险和不确定性往往使得行为主体倾向于追求对抗的、单边的行为策略，网络空间军事化已成不争的事实。人工智能等颠覆性技术的融合正在成为网络空间攻防对抗的重要技术手段，“进攻占优”的网络攻防过程打破了传统的力量平衡，致使各国大力研发基于颠覆性技术的网络武器，网络空间军备竞赛更是愈演愈烈。[①] 在颠覆性技术的驱动下，国际安全格局的力量结构面临着重新调整，大国将围绕致命性自主武器等新安全风险的国际规范制定展开新一轮的博弈。

---

① 刘杨钺：《技术变革与网络空间安全治理：拥抱“不确定的时代”》，《社会科学》2020 年第 9 期，第 41—50 页。

四　互联网改变大国竞争

数字时代既是当今世界“百年未有之大变局”得以形成的重要时代背景，也是大变局不断演进和深化的重要驱动力。从全球化进程来看，信息技术发展、跨境数据流动以及数字空间与现实空间的深度融合，意味着全球化进入了一个全新的数字时代。如果说传统上大国竞争的内容是争夺有限的领土和自然资源，那么数字世界最重要的资源——数据——是无限的，数字化程度越高，接入的范围越广，数据的战略价值就越大。然而，与数字世界无限延展的内在驱动力相悖，国家基于主权的权力边界是有限的，为了获得数字世界的主导权，国家主权在网络空间不断延伸和拓展，网络空间的碎片化趋势日趋显著，这又反过来抑制了数字经济扩张的内在动力。中美在网络空间的战略竞争就是在这样的背景下展开的，一方面，中美竞争和对抗的范围和力度在不断加大；另一方面，数字世界扩张的自身规律和市场的张力也在发挥作用，两者此消彼长的博弈进程将在很大程度上决定未来全球格局的发展方向。

中美在网络空间日趋激烈的战略竞争，既源自中国快速发展后两国之间的结构性冲突，也是特朗普政府大力推进“美国优先”战略所导致的必然结果。特朗普政府上台以后，网络空间在美国的国家战略定位中有了明显提升，从奥巴马政府时期将网络作为一个安全领域转变为将网络看作促进国家安全和繁荣的时代背景，加速了网络议题与经济和安全等其他领域的融合。2017 年年底，特朗普政府出台的美国《国家安全战略报告》将网络安全上升为国家核心利益。2018 年 9 月，美国白宫发布美国《国家网络战略》，15 年来首次全面阐述了美国的国家网络战略，提出保护安全和促进繁荣的四大支柱,[①] 列出了包括保护关键基础设施、保持美国在新兴技术领域的领导地位、推进全生命周期的网络安全等诸多优先事项，并且明确提出中国和俄罗斯是美国的战略竞争对手。2020 年 5 月，美国白宫发布《美国对华战略方针》指出，中国正在经济、价值观和国家安全观三个方面对美国构成挑战。

在上述顶层设计的指引下，美国开始逐步推进在网络空间与中国竞争和“脱钩”的战略意图。从 2018 年对华发起贸易争端指责中国网络窃密、强化美国外国投资委员会（CFIUS）的投资审查、成立特别工作组保护 ICT 供应链，到 2019 年扩大审查中国科技公司的范围、将包括华为在内的数十家企业列入实体清单、全面封杀和遏制华为，再到 2020 年进一步收紧对华为获取美国技术的限制、发布《5G 安全国家战略》、提出“清洁 5G 路径”和“净网计划”、发布针对 TikTok 和微信的行政令、提议修改 APEC 数据流通规则，美国的数字“铁幕”正缓缓落下，未来出现两个平行体系的可能性正在逐步上升。在大国竞争背景下，尽管中国在网络空间的实力整体上仍然与美国有很大的差距，但考虑到中国互联网企业的快速发展以及网络空间给国家安全带来的诸多挑战和不确定性，美国大力推动对华全面“脱钩”既有国家安全的考量，也有遏制中国赶超的考虑。

---

① 四大支柱：通过保护网络、系统、功能和数据来保卫家园；通过培育安全、繁荣的数字经济和强大的国内创新，促进美国繁荣；通过加强美国的网络能力来维护和平与安全——与盟国和伙伴合作，阻止并在必要时惩罚那些出于恶意目的使用网络工具的人；扩展开放、可互操作、可靠和安全的互联网的关键原则，扩大美国在海外的影响力。The White House，“National Cyber Strategy of the United States of America”，September 2018，https：//www.whitehouse.gov/wp-content/uploads/2018/09/National-Cyber-Strategy.pdf#：~：text = The%20National%20Cyber%20Strategy%20demonstrates%20my%20commitment%20to，steps%20to%20enhance%20our%20national%20cyber%20-%20security。

（一）科技主导权

科技是第一生产力，在大国战略竞争中始终发挥着至关重要的作用，科技水平不仅直接关系到国家的经济实力，而且对于国家的军事实力更为重要。互联网是在美国诞生的，美国在网络空间已经占据了先天优势，那么在下一轮以 5G、人工智能、量子计算为代表的数字技术竞争中，能够占据先机的国家可以依靠数字技术提升综合国力，成为国际格局变化的新动力。为此，打压和遏制竞争对手的发展势头、争夺科技领域的主导权就必然成为大国竞争的重头戏。阎学通认为，数字经济成为财富的主要来源，技术垄断和跨越式竞争、技术标准制定权的竞争日益成为国际规则制定权的重点；这些特点对国家的领导力提出了更高的要求，如果沿用传统的地缘政治观点来理解当前的国际战略竞争，很可能使国家陷入被动局面。①

5G 技术已经成为中美战略竞争的焦点。5G 技术的特点是超宽带、超高速度和超低延时，在军事领域，5G 技术可以提升情报、监视和侦察系统及处理能力，启用新的指挥和控制方法，精简物流系统、提高效率。② 5G 技术更好的连通性可以转化为更强大的态势感知能力，有助于实现大规模无人机的驾驶以及近乎实时的信息共享，因而具有巨大的商业和军事应用前景。③ 为此，美国除了在国内推出对华为的全面封杀，在国际上也加大对华为的围堵，一方面试图游说其盟友禁用华为的 5G 设备；另一方面也加紧抵制华为参与全球产业规则的制定。2019 年 5 月，美国联合全球

---

① 阎学通：《数字时代的中美战略竞争》，《世界政治研究》2019 年第 2 期，第 1—18 页。

② John R. Hoehn and Kelly M. Sayler, "National Security Implications of Fifth Generation Mobile Technologies", *Congressional Research Service*, June 12, 2019, https://crsreports.congress.gov/product/pdf/IF/IF11251.

③ Richard M. Harrison, "The Promise and Peril of 5G", May 2019, https://www.afpc.org/publications/articles/the-promise-and-peril-of-5g.

32国政府和业界代表共同签署了“布拉格提案”，警告各国政府关注第三方国家对5G供应商施加影响的总体风险，特别是依赖那些易于受国家影响或尚未签署网络安全和数据保护协议国家的5G通信系统供应商；美国政府表示“计划将该提案作为指导原则，以确保我们的共同繁荣和安全”。[①] 2019年9月，美国还与波兰共同发表了“5G安全声明”，将“布拉格提案”的内容落实到双边协议中，用双边规范将华为等中国企业排除在欧美市场之外。2020年7月，英国政府决定自2021年起禁止该国移动运营商购买华为5G设备，并要在2027年以前将华为排除出英国的5G设备供应。

科技革命往往有助于推动国家实力的增长和国家间权力的转移。从现实来看，一方面，实力原本强大的国家往往会具备更强的创新能力和应用能力，会更容易在新一轮竞争中占据先发优势；另一方面，重大技术创新或颠覆性技术的影响也会具有不确定性，掌握了某个关键节点优势的国家很可能在某个方面打破原有的权力格局，削弱强大国家的绝对垄断优势。因而，有报告称尽管中国在AI领域取得了快速的进步，但美国的优势地位会进一步扩大，也有报告认为美国传统的优势反而会让美国在数字时代处于不利的地位。[②] 因此，我们可以看到技术对国家实力和权力的影响具有两面性，它既可能强化既有的垄断地位，也可能改变原有的权力获取路径。在既有实力差距的客观前提下，国家是否能够在科技竞争中获得更大权力更多取决于国家的变革能力和适

① The White House, “Statement from the Press Secretary”, May 3, 2019, https: //www. whitehouse. gov/briefings-statements/statement-press-secretary-54.

② Daniel Castro, Michael McLaughlin and Eline Chivot, “Who is Winning the AI Race: China, the EU or the United States?”, August 19, 2019, https: //www. datainnovation. org/2019/08/ who-is-winning-the-ai-race-china-the-eu-or-the-united-states/, 访问时间：2020年11月8日；Jack Goldsmith and Stuart Russell, “Strengths Become Vulnerabilities: How a Digital World Become Disadvantages the United States in Its International Relations”, June 6, 2018, https: //www. lawfareblog. com/strengths-become-vulnerabilities-how-digital-world-disadvantages-united-states-its-international-0.

应能力。

（二）数字经贸规则

随着信息通信技术与传统制造业领域的深度融合，数字经济占比在主要大国经济总量中都占据相当的比重。根据中国信息通信研究院的《全球数字经济新图景（2019）》白皮书，2018年，各国数字经济总量排名与GDP排名基本一致，美国仍然高居首位，达到12.34万亿美元；中国达到4.73万亿美元，位居世界第二；德国、日本、英国和法国的数字经济规模均超过1万亿美元，位列第三至六位。英国、美国、德国的数字经济在GDP中已占据绝对主导地位，分别为61.2%、60.2%和60.0%；韩国、日本、爱尔兰、法国、新加坡、中国和芬兰则位居第四至十位。2018年，在全球经济增长放缓的不利条件下，有38个国家的数字经济增速明显高于同期GDP增速，占所有测算国家的80.9%。①

鉴于数字经济对于国家综合国力竞争的重要性，数字经济规则的制定必然会成为大国博弈的焦点。作为一种新型的生产要素，数据已经成为数字时代重要的战略性资源，一方面，数据是人工智能、量子计算等新技术发展应用的基础和动力；另一方面，基于数据的预测与决策也在很大程度上成为许多产业向前发展的动能和保障，为数字经济发展注入新动能，并且在很大程度上助推了经济社会形态及个人生活的重构。来自麦肯锡全球研究院的研究报告指出，自2008年以来，数据流动对全球经济增长的贡献已经超过传统的跨国贸易和投资，不仅支撑了包括商品、服务、资本、人才等其他类型的全球化活动，并发挥着越来越独立

---

① 中国信通院：《全球数字经济新图景（2019）》，2019年10月，http://www.caict.ac.cn/kxyj/qwfb/bps/202010/t20201014_359826.htm。

的作用，数据全球化成为推动全球经济发展的重要力量。[①] 联合国《2019年数字经济报告》认为，数字化在创纪录时间内创造了巨大财富的同时，也导致了更大的数字鸿沟，这些财富高度集中在少数国家、公司和个人手中；从国别看，数字经济发展极不均衡，中美两国实力大大领先其他国家，国际社会需要探索更全面的方式来支持在数字经济中落后的国家。[②]由此可见，数字经济规则事关大国在数字经济领域的地位和权力分配，对大国综合国力竞争的重要性将愈加凸显。

目前，数字经济规则的谈判在双边、区域和全球等各层面展开。与几个世纪前大国争夺资源的竞争不同，中美的竞争追求的是对全球规则制定以及贸易和技术领导地位的争夺。[③] 由于国家的实力、价值观和政策偏好不同，不同国家的政策框架难免会出现差异。基于强大的综合数字优势，美国的数字经济战略更具扩张性和攻击性，其目标是确保美国在数字领域的竞争优势地位。美国主张个人数据跨境自由流动，从而利用数字产业的全球领先优势主导数据流向，但同时又强调限制重要技术数据出口和特定数据领域的外国投资，遏制竞争对手，确保美国在科技领域的主导地位。欧盟则沿袭其注重社会利益的传统，认为数据保护首先是公民的基本人权，其次在区域内实施数字化单一市场战略，在国际上则以数据保护高标准来引导建立全球数据保护规则体系。中国的立场则偏重在确保安全的基础上实现有序的数据流动，采

---

① “Digital Globalization: the New Era of Global Flows”, Mckinsey Global Institute, February 24, 2016, https://www.mckinsey.com/business-functions/mckinsey-digital/our-insights/digital-globalization-the-new-era-of-global-flows#.

② The UNCTAD, “Digital Economy Report 2019”, September 4, 2019, https://unctad.org/en/pages/PublicationWebflyer.aspx? publicationid=2466.

③ James Andrew Louis, “Technological Competition and China”, Center for International Strategic and International Studies, November 30, 2019, https://www.csis.org/analysis/technological-competition-and-china.

取了数据本地化的政策。①日本的立场与欧美更为接近。在 2019 年 G20 峰会上，日本提出要推动建立新的国际数据监督体系，会议联合声明强调："数据、信息、思想和知识的跨境流动提高了生产力、增加了创新并促进了可持续发展；通过应对与隐私、数据保护、知识产权及安全问题相关的挑战，我们可以进一步促进数据自由流动并增强消费者和企业的信任。"②

作为数字经济发展的核心要素，数据跨境流动既涉及个人隐私和信息保护，又涉及国家安全，因而它既是安全问题，也是贸易和经济问题。数据跨境流动需要在个人、经济和安全三者之间寻找平衡：过于强调安全，限制数据的跨境流动性，无疑会限制企业的技术创新能力，对经济增长不利；一味坚持自由流动，则必然会引发对数据安全、国家安全和主权问题的担忧。因此，围绕数据跨境流动规则的国际谈判必将是一个艰难且长期的讨价还价的过程，但它又是一项迫切的任务，因为只有通过国际合作与协调，让国家在制定本国政策框架的同时尽可能照顾到政策的外部性，在安全性和成长性之间寻求平衡，在国家与国家之间实现共识，数字经济的红利才能被各国最大限度地共享。

（三）网络空间国际安全规范

在数字时代，网络空间会影响国家的安全和发展，然而，随着网络空间的军事化和武器化加剧，如何应对复杂严峻的网络空间安全威胁以及如何规范国家间的行为，就成为各国面临的严峻挑战。尽管联合国大会从 2004 年就成立了专家组，"从国际安全角度看信息和电信领域的发展"进行研究，并且在 2015 年达成

---

① 上海社会科学院：《全球数据跨境流动政策与中国战略研究报告》，2019 年 8 月，https：//www. secrss. com/articles/13274。

② "G20 Ministerial Statement on Trade and Digital Economy"，June 2019，https：//www. g20. org/pdf/documents/en/Ministerial_ Statement_ on_ Trade_ and_ Digital_ Economy. pdf.

了11条“自愿、非约束性”的负责任国家行为规范，然而遗憾的是，由于中俄与美欧等西方国家在武装冲突法适用于网络空间这个关键节点上立场相左，各大国并未就国际规范达成一致。在缺乏国际秩序和规则约束的状况下，由于利益诉求不同，国家在网络空间的行为常常具有战略进攻性、行为不确定性、政策矛盾性等特点，使得网络空间大国关系处于缺乏互信、竞争大于合作并且冲突难以管控的状态，进而导致网络空间处于一种脆弱的战略稳定。①

2017年联合国信息安全政府专家组谈判失败，其直接原因是“有关国家在国际法适用于网络空间的有关问题（特别是自卫权的行使、国际人道法的适用以及反措施的采取等）上无法达成一致”。② 美欧等西方国家支持将武装冲突法适用于网络空间，认为恶意的网络行动应该受国际法的约束和制裁。俄罗斯则认为“自卫权、反制措施等概念本质上是网络强国追求不平等安全的思想，将会推动网络空间军事化，赋予国家在网络空间行使自卫权将会对现有的国际安全架构如安理会造成冲击”③。中方认为将现有武装冲突法直接运用到网络空间可能会加剧网络空间的军备竞赛和军事化，网络空间发生低烈度袭击可以通过和平、非武力手段解决，④ 反对给予国家在网络空间合法使用武力的法律授权。

---

① 鲁传颖：《网络空间大国关系演进与战略稳定机制构建》，《国外社会科学》2020年第2期，第96—105页。

② 黄志雄：《网络空间负责任国家行为规范：源起、影响和应对》，《当代法学》2019第1期，第60—69页。

③ Andrey Krutskikh, “Response of the Special Representative of the President of the Russian Federation for International Cooperation on Information Security Andrey Krutskikh to TASS's Question Concerning the State of International Dialogue in This Sphere”, June 29, 2017, https：//www. mid. ru/en/mezdunarodnaa-informacionnaa-bezopasnost/-/asset_ publisher/US-CUTiw2pO53/content/id/2804288.

④ Ma, Xinmin, “Key Issues and Future Development of International Cyberspace Law”, *China Quarterly of International Strategic Studies*, Vol. 2, No. 1, 2016, pp. 119-133.

但从根本上看，美欧与中俄两个阵营的分野源于双方在网络空间战略利益诉求的差异。与现实空间不同的是，网络空间存在“玻璃房效应”，军事实力的绝对优势并不意味着绝对的安全，一国的互联网融入程度越高，对网络空间的依赖越大，它在面对网络攻击等安全威胁时的脆弱性就越大。即使美国在网络空间的军事力量已经处于绝对领先的优势地位，但也同样面临着“越来越多的网络安全漏洞，针对美国利益的毁灭性、破坏性或其他破坏稳定的恶意网络活动，不负责任的国家行为”等不断演进的安全威胁和风险。[①] 为此，特朗普政府推出了“持续交手”[②]、“前置防御”[③] 和“分层威慑”[④] 的进攻性网络安全战略，放开了美军在采取进攻性网络行动方面的限制，扩大了美军防御行动的范围，使其能够更自由地对其他的国家和恐怖分子等对手开展网络行动，而不受限于复杂的跨部门法律和政策流程。基于美国自身的网络安全战略，美国在国际规则制定中的利益诉求非常明确，即尽可能获得在网络空间采取行动的法律授权，因此，特朗普政府并没有动力去达成一个约束自己行动能力的国际规则。例如，对伊朗授权使用网络攻击手段的实践就是美国在未来网络空间展开军事行动的体现。

---

① The White House, “National Cyber Strategy of the United States of America”, September 2018, https：//www. whitehouse. gov/wp-content/uploads/2018/09/National-Cyber-Strategy. pdf#：~：text = The% 20National% 20Cyber% 20Strategy% 20demonstrates% 20my% 20commitment%20to，steps%20to%20enhance%20our%20national%20cyber%20-%20security.

② “持续交手”是指在不爆发武装攻击（armed attack）的前提下，打击对手并获取战略收益。

③ “前置防御”是指在网络危害发生前，提前收集对手的信息，使对手放弃攻击行动，“从源头上破坏或阻止恶意网络活动，包括低烈度武装冲突”。

④ 2020 年 3 月，根据《2019 年国防授权法案》授权成立的美国“网络空间日光浴委员会”（CSC）发布报告，提出“分层网络威慑”的新战略，核心内容包括塑造网络空间行为、拒止对手从网络行动中获益、向对手施加成本三个层次，并提出六大政策支柱以及 75 条政策措施。迄今该战略是否会被美国政府采纳还未定论，但却在很大程度上可以看出美国网络威慑战略的走势。

特朗普政府进攻性的网络空间安全战略不仅加剧了自身的安全困境，而且导致大国间的战略竞争面临失控的风险。尽管2019年联合国网络空间安全规则的谈判进程进入了政府专家组（UNGGE）和开放工作组（OEWG）“双轨制”运行的新阶段，但客观上看，近几年谈判前景并不乐观：首先，在大国无战争的核时代，大国战略竞争不可能通过霸权战争来决定权力的再分配，但是却可以通过网络空间的战争来实现这一目标，从而使得网络攻击越来越多地被用作传统战争的替代或辅助手段，信息战和政治战的重要性将明显上升。其次，由于技术发展带来的不确定性以及网络空间匿名性、溯源难的特性，网络空间所蕴含的不安全感会促使国家去尽可能地探究维护安全的各种路径，特别是网络空间军事能力建设。但在网络空间军民融合、军备水平难以准确评估的情况下，即便能够达成一些原则性、自愿遵守的国际规范，网络空间的军备竞赛还将在事实上持续，直到未来触及彼此都认可的红线。换言之，在网络空间军事力量没有达到一个相对稳定和相对确定的均势之前，网络空间的大国竞争将始终处于脆弱的不稳定状态。

五　小结

当今世界仍然处于互联网引领科技革命的早期阶段，数字时代作为一个背景元素正在渗透至国家政治、经济和社会生活的方方面面，或早或晚国家体系的各个节点必须进行新的调适以适应新的现实，而最终呈现的结果将是网络力量与传统力量的融合。国家权力尽管遭遇多方的挑战，但它必然会试图掌握从网络空间中衍生出来的各种权力，以达到某种新的权力平衡；网络空间冲突正在成为大国在战争与和平之间较量的“灰色地带”，而胜负的结果在某种程度上仍然有赖于国家实力在网络空间的投射。国家必须在新的时代背景中谋求自身的发展和安全，此时大国格局的基础不仅有赖于传统的国家实力，还有赖于国家在网络空间的力量，特别是两者力量的有机融合以及是否能够彼此促进和强化。无论是从国家内部还是从大国竞争的角度看，一项重大的“权力再平衡”正在进行中，国家的力量正在强势进入网络空间。

尽管如此，在不确定中锚定确定性，特别是在当今国际政治经济格局加速演进、深刻调整的背景下，未来的大国竞争将是一种“融合国力”的竞争：哪个国家能够更有效地融合各领域的国力并将其投射在网络空间，哪个国家就能够在新一轮的科技革命竞争中获胜。这种融合性首先体现在网络议题本身的融合特征上。基于互联网技术和国家行为而衍生的治理问题常常会兼具技术、社会与政治的多重属性，技术、经济和政治议题彼此关联或融合，无论是数据安全还是网络窃密，这些议题往往同时涉及国家在意识形态、经济、政治、安全和战略层面的多重利益和博弈。其次表现为竞争手段的融合。由于信息技术在各领域的应用以及地缘政治因素的强力介入，网络空间的碎片化趋势已经成为必然，这决定了大国对网络空间话语权的争夺将在多领域多节点展开，在客观上对一国政府融合、调配各领域资源的能力提出了更高的要求。

诚如尼尔·弗格森在其著作《广场与高塔：网络和权力，从共济会到脸书》中所言，我们生活在一个网络化的世界中，等级和网络的世界相交并产生互动。① 互联网不会从根本上改变世界，而是与世界既冲突又融合，在无政府世界的丛林中推动构建新的国际秩序。作为当今世界最大的两个经济体，中美两国的战略竞争聚焦于网络空间，未来的国际秩序走向在很大程度上取决于两

① Niall Ferguson, *The Square and the Tower: Networks and Power, from the Freemasons to Facebook*, NY: Penguin Press, 2018.

国“融合国力”的竞争。因此，与后冷战时代技术、经济和安全议题的竞争进程相对独立不同，“政经分离”的现象在数字时代会越来越难以维系，数字时代的“融合国力”竞争比拼的不是各领域实力的综合相加，而是国家在不同领域实力的融合，这需要政府各部门之间更有效地相互协调与配合，而这最终取决于政府的治理能力、变革能力以及国际领导力。

参考文献

中文著作

崔保国、杭敏、赵曙光主编：《传媒经济与管理研究前沿》，清华大学出版社 2012 年版。

方滨兴主编：《论网络空间主权》，科学出版社 2017 年版。

郭帆编著：《网络攻防：技术与实战》，清华大学出版社 2018 年版。

何宝宏：《风向：如何应对互联网变革下的知识焦虑、不确定与个人成长》，中国工信出版集团、人民邮电出版社 2019 年版。

李少军：《国际战略报告》，中国社会科学出版社 2005 年版。

李少军：《国际战略学》，中国社会科学出版社 2009 年版。

李慎明、张宇燕主编：《全球政治与安全报告 2012》，社会科学文献出版社 2012 年版。

李慎明、张宇燕主编：《全球政治与安全报告 2016》，社会科学文献出版社 2016 年版。

李艳：《网络空间治理机制探索》，时事出版社 2018 年版。

鲁传颖：《网络空间治理与多利益攸关方理论》，时事出版社 2016 年版。

秦亚青：《权力·制度·文化》，北京大学出版社 2005 年版。
王帆：《大国外交》，北京联合出版公司 2016 年版。
王缉思：《大国战略》，中信出版集团 2016 年版。
王艳主编：《互联网全球治理》，中央编译出版社 2017 年版。
王元杰、杨波等编著：《一本书读懂 TCP/IP》，人民邮电出版社 2016 年版。
阎学通：《世界权力的转移：政治领导与战略竞争》，北京大学出版社 2015 年版。
阎学通：《中国国家利益分析》，天津人民出版社 1996 年版。
杨剑：《数字边疆的权力与财富》，上海人民出版社 2012 年版。
俞可平主编：《全球化：全球治理》，社会科学文献出版社 2003 年版。
张宇燕主编：《全球政治与安全报告 2018》，社会科学文献出版社 2018 年版。
张蕴岭：《百年大变局：世界与中国》，中共中央党校出版社 2019 年版。
赵月枝：《传播与社会：政治经济与文化分析》，中国传媒大学出版社 2011 年版。
中国信通院：《2018 年 ICT 深度观察》白皮书，中国工信出版集团、人民邮电出版社 2018 年版。
中国信通院：《数字经济治理白皮书（2019）》，中国信息通信研究院 2019 年版。

中文论文

蔡翠红、李娟：《美国亚太同盟体系中的网络安全合作》，载《世界经济与政治》2018 年第 6 期。
蔡翠红、王天禅：《特朗普政府的网络空间战略》，载《当代世界》2020 年第 8 期。
蔡翠红、王远志：《全球数据治理：挑战与应对》，载《国际问题研究》2020 年第 6 期。
蔡翠红：《“数字金砖”的机遇与挑战》，载《国际观察》2017 年第 1 期。
蔡翠红：《国际关系中的大数据变革及其挑战》，载《世界经济与政治》2014 年第 5 期。
蔡翠红：《国际关系中的网络政治及其治理困境》，载《世界经济与政治》2011 年第 5 期。
蔡翠红：《国家-市场-社会互动中网络空间的全球治理》，载《世界经济与政治》2013 年第 9 期。
蔡翠红：《美国网络空间先发制人战略的构建及其影响》，载《国际问题研究》2014 年第 1 期。
蔡翠红：《试论美国信息自由的法律基础及其限度——以维基揭密事件为例》，载《国际问题研究》2011 年第 1 期。
蔡翠红：《试论网络对当代国际政治的影响》，载《世界经济与政治》2001 年第 9 期。
蔡翠红：《网络空间的中美关系：竞争、冲突与合作》，载《美国研究》2012 年第 3 期。
蔡翠红：《云时代数据主权概念及其运用前景》，载《现代国际关系》2013 年第 12 期。
蔡翠红：《中国参与网络空间全球治理的世界意义》，载《信息安全与通信保密》2017 年第 12 期。
蔡拓：《全球化的政治挑战及其分析》，载《世界经济与政治》2001 年第 12 期。
程群：《互联网名称与数字地址分配机构和互联网国际治理未来走向分析》，载《国际论坛》2015 年第 1 期。
程群：《网络军备控制的困境与出路》，载《现代国际关系》2012

年第 2 期。
黄志雄：《德国互联网监管：立法、机构设置及启示》，载《德国研究》2015 年第 3 期。
黄志雄：《国际法视角下的“网络战”及中国的对策——以诉诸武力权为中心》，载《现代法学》2015 年 37 卷第 5 期。
黄志雄：《论网络攻击在国际法上的归因》，载《环球法律评论》2014 年第 5 期。
黄志雄：《网络空间负责任国家行为规范：源起、影响和应对》，载《当代法学》2019 第 1 期。
蒋昌建、沈逸：《大众传媒与中国外交政策的制定》，载《国际观察》2007 年第 1 期。
李艳、李茜：《国际互联网治理规则制定进程及对中国的启示》，载《信息安全与通信保密》2016 年第 11 期。
李艳：《2016 年网络空间国际治理进程回顾与 2017 年展望》，载《信息安全与通信保密》2017 年第 1 期。
李艳：《当前国际互联网治理的新动向探析》，载《现代国际关系》2015 年第 4 期。
李艳：《对互联网治理热潮的观察与思考》，载《中国信息安全》2014 年第 9 期。
李艳：《美国强化网络空间主导权的新动向》，载《现代国际关系》2020 年第 9 期。
李艳：《社会学“网络理论”视角下的网络空间治理》，载《信息安全与通信保密》2017 年第 10 期。
李艳：《网络空间国际治理机制的分析方法、框架与意义》，载《信息安全与通信保密》2019 年第 9 期。
李艳：《网络空间国际治理中的国家主体与中美网络关系》，载《现代国际关系》2018 年第 11 期。
刘兴华：《奥巴马政府对外网络干涉政策评析》，载《现代国际关系》2013 年第 12 期。
刘杨钺、杨一心：《网络空间"再主权化"与国际网络治理的未来》，载《国际评论》2013 年第 6 期。
刘杨钺：《技术变革与网络空间安全治理：拥抱"不确定的时代"》，载《社会科学》2020 年第 9 期。
鲁传颖、范郑杰：《欧盟网络空间战略调整与中欧网络空间合作的机遇》，载《当代世界》2020 年第 8 期。
鲁传颖、约翰·马勒里：《体制复合体理论视角下的人工智能全球治理进程》，载《国际观察》2018 年第 4 期。
鲁传颖：《奥巴马政府网络空间战略面临的挑战及其调整》，载《现代国际关系》2014 年第 5 期。
鲁传颖：《保守主义思想回归与特朗普政府的网络安全战略调整》，载《世界经济与政治》2020 年第 1 期。
鲁传颖：《国际政治视角下的网络安全治理困境与机制构建——以美国大选"黑客门"为例》，载《国际展望》2017 年第 4 期。
鲁传颖：《试析当前网络空间全球治理困境》，载《现代国际关系》2013 年第 11 期。
鲁传颖：《试析中欧网络对话合作的现状与未来》，载《太平洋学报》2019 年第 11 期。
鲁传颖：《网络空间安全困境及治理机制构建》，载《现代国际关系》2018 年第 11 期。
鲁传颖：《网络空间大国关系面临的安全困境、错误知觉和路径选择——以中欧网络合作为例》，载《欧洲研究》2019 年第 2 期。
鲁传颖：《网络空间大国关系演进与战略稳定机制构建》，载《国外社会科学》2020 年第 2 期。
鲁传颖：《网络空间治理的力量博弈、理念演变与中国战略》，载

《国际展望》2016 年第 1 期。
鲁传颖：《网络空间中的数据及其治理机制分析》，载《全球传媒学刊》2016 年第 4 期。
鲁传颖：《中美关系中的网络安全困境及其影响》，载《现代国际关系》2019 年第 12 期。
鲁传颖：《主权概念的演进及其在网络时代面临的挑战》，载《国际关系研究》2014 年第 1 期。
马海群、范莉萍：《俄罗斯联邦信息安全立法体系及对我国的启示》，载《俄罗斯中亚东欧研究》2011 年第 3 期。
齐爱民、盘佳：《数据权、数据主权的确立与大数据保护的基本原则》，载《苏州大学学报（哲学社会科学版）》2015 年第 1 期。
邵国松：《损益比较原则下的国家安全和公民自由权——基于棱镜门事件的考察》，载《南京社会科学》2014 年第 2 期。
沈逸、刘建军：《网络政治：特性、挑战及其限度》，载《国际观察》2012 年第 2 期。
沈逸：《后斯诺登时代的全球网络空间治理》，载《世界经济与政治》2014 年第 5 期。
沈逸：《美国国家网络安全战略的演进及实践》，载《美国研究》2013 年第 3 期。
沈逸：《全球网络空间治理与金砖国家合作》，载《国际观察》2014 年第 4 期。
沈逸：《全球网络空间治理原则之争与中国的战略选择》，载《外交评论（外交学院学报）》2015 年第 2 期。
沈逸：《数字空间的认知、竞争与合作——中美战略关系框架下的网络安全关系》，载《外交评论（外交学院学报）》2010 年第 2 期。
沈逸：《网络安全与中美安全关系中的非传统因素》，载《国际论坛》2010 年第 4 期。

沈逸：《以实力保安全，还是以治理谋安全？——两种网络安全战略与中国的战略选择》，载《外交评论（外交学院学报）》2013 年第 3 期。

沈逸：《应对进攻型互联网自由战略的挑战——析中美在全球信息空间的竞争与合作》，载《世界经济与政治》2012 年第 2 期。

时殷弘：《论民族国家及其主权的被侵蚀和被削弱——全球化趋势的最大政治效应》，载《国际论坛》2001 年第 8 期。

汪晓风：《社交媒体在美国对华外交中的运用》，载《美国研究》2014 年第 1 期。

王军：《网络民族主义、市民社会与中国外交》，载《世界经济与政治》2010 年第 10 期。

王孔祥：《国际化的“互联网治理论坛”》，载《国外理论动态》2014 第 3 期。

王明国：《全球互联网治理的模式变迁、制度逻辑与重构路径》，载《世界经济与政治》2015 年第 3 期。

王明国：《网络空间全球治理的制度困境与新兴国家的突破路径》，载《国际展望》2015 年第 6 期。

吴洪等：《疯狂的数字化货币：比特币的性质与启示》，载《北京邮电大学学报（社会科学版）》2013 年第 6 期。

徐程锦：《WTO 电子商务规则谈判与中国的应对方案》，载《国际经济评论》2020 年第 3 期。

阎学通：《数字时代初期的中美竞争》，载《国际政治科学》2021 年第 1 期。

阎学通：《数字时代的中美战略竞争》，载《世界政治研究》2019 年第 2 辑。

阎学通：《外交转型、利益排序与大国崛起》，载《战略决策研究》2017 年第 3 期。

阎学通：《无序体系中的国际秩序》，载《国际政治科学》2016 年第 1 期。

杨剑：《新兴大国与国际数字鸿沟的消弭——以中非信息技术合作为例》，载《世界经济研究》2013 年第 4 期。

俞晓秋、张力、唐岚、张晓慧、张欣、李艳：《国家信息安全综论》，载《现代国际关系》2005 年第 4 期。

张妍：《信息时代的地缘政治与“科技权”》，载《现代国际关系》2001 年第 7 期。

张宇燕、任琳：《全球治理：一个理论分析框架》，载《国际政治科学》2015 年第 3 期。

张宇燕：《构建以合作共赢为核心的新型国际关系——全球治理的中国视角》，载《世界经济与政治》2016 年第 9 期。

张宇燕：《理解百年未有之大变局》，载《国际经济评论》2019 年第 5 期。

译著

[德] 克劳斯·施瓦布、[澳] 尼古拉斯·戴维斯：《第四次工业革命：行动路线图：打造创新型社会》，世界经济论坛北京代表处译，中信出版集团 2018 年版。

[德] 马克斯·韦伯著：《学术与政治》，钱永祥等译，上海三联书店 2019 年版。

[加] 马歇尔·麦克卢汉著：《理解媒介：论人的延伸》，何道宽译，译林出版社 2019 年版。

[美] 丹尼·罗德里克著：《全球化的悖论》，廖丽华译，中国人民大学出版社 2011 年版。

[美] 弗里曼著：《战略管理：利益相关者方法》，王彦华、梁豪

译，上海译文出版社 2006 年版。
［美］汉斯·摩根索著：《国家间政治：权力斗争与和平》，徐昕、郝望、李保平译，北京大学出版社 2006 年版。
［美］亨利·基辛格著：《世界秩序》，胡利平等译，中信出版集团 2015 年版。
［美］克莱顿·克里斯坦森著：《颠覆性创新》，崔传刚译，中信出版集团 2019 年版。
［美］肯尼思·华尔兹著：《国际政治理论》，信强译，上海人民出版社 2017 年版。
［美］劳拉·德拉迪斯著：《互联网治理全球博弈》，覃庆玲、陈慧慧等译，中国人民大学出版社 2017 年版。
［美］劳伦斯·莱斯格著：《代码 2.0：网络空间中的法律（修订版）》，李旭、沈伟伟译，清华大学出版社 2018 年版。
［美］罗伯特·J. 多曼斯基著：《谁治理互联网》，华信研究院信息化与信息安全研究所译，电子工业出版社 2018 年版。
［美］罗伯特·基欧汉、约瑟夫·奈著：《权力与相互依赖》，门洪华译，北京大学出版社 2012 年版。
［美］马克·格雷厄姆、威廉·H. 达顿著：《另一个地球：互联网+社会》，胡泳等译，电子工业出版社 2015 年版。
［美］曼纽尔·卡斯特著：《认同的力量》，曹荣湘译，社会科学文献出版社 2006 年版。
［美］曼纽尔·卡斯特著：《千年终结》，夏铸九等译，社会科学文献出版社 2006 年版。
［美］曼纽尔·卡斯特著：《传播力》，汤景泰、星辰译，社会科学文献出版社 2018 年版。
［美］曼纽尔·卡斯特著：《网络社会的崛起》，夏铸九译，社会科学文献出版社 2006 年版。
［美］弥尔顿·L. 穆勒著：《从根上治理互联网：互联网治理与

网络空间的驯化》，段海新、胡泳等译，电子工业出版社 2019 年版。

［美］弥尔顿·L. 穆勒著：《网络与国家：互联网治理的全球政治学》，周程等译，上海交通大学出版社 2015 年版。

［美］尼古拉·尼葛洛庞帝著：《数字化生存》，胡泳、范海燕译，电子工业出版社 2017 年版。

［美］乔纳森·齐特林著：《互联网的未来：光荣、毁灭与救赎的预言》，康国平等译，东方出版社 2011 年版。

［美］塞缪尔·亨廷顿著：《文明的冲突与世界秩序的重建》，周琪等译，新华出版社 2018 年版。

［美］托马斯·谢林著：《冲突的战略》，王水雄译，华夏出版社 2019 年版。

［美］吴修铭著：《总开关：信息帝国的兴衰变迁》，顾佳译，中信出版集团 2011 年版。

［美］小约瑟夫·奈、［加］戴维·韦尔奇著：《理解全球冲突与合作：理论与历史》，张小明译，上海人民出版社 2018 年版。

［美］亚历山大·温特著：《国际政治的社会理论》，秦亚青译，上海人民出版社 2014 年版。

［美］约翰·米尔斯海默著：《大国政治的悲剧》，王义桅、唐小松译，上海人民出版社 2008 年版。

［美］约瑟夫·奈著：《权力大未来》，王吉美译，中信出版集团 2012 年版。

［美］詹姆斯·N. 罗西瑙著：《没有政府的治理——世界政治中的秩序与变革》，张胜军、刘小林等译，江西人民出版社 2001 年版。

［美］詹姆斯·多尔蒂、小罗伯特·普法尔茨格拉夫著：《争论中的国际关系理论（第五版）》，阎学通、陈寒溪等译，世界

知识出版社 2003 年版。
[美] 兹比格涅夫·布热津斯基著:《战略远见:美国与全球权力危机》,洪漫、于卉芹、何卫宁译,新华出版社 2012 年版。
[瑞典] 英瓦尔·卡尔松、[圭] 什里达特·兰法尔主编:《天涯成比邻——全球治理委员会的报告》,赵仲强、李正凌译,中国对外翻译出版公司 1995 年版。
[瑞士] 约万·库尔巴里贾:《互联网治理》,鲁传颖等译,清华大学出版社 2019 年版。
[塞尔维亚] Jovan Kurbalija、[英] Eduardo Gelbstein 著:《互联网治理:问题、角色、分歧》,中国互联网协会译,人民邮电出版社 2005 年版。
[英] 尼尔·弗格森著:《广场与高塔》,周逵、颜冰璇译,中信出版集团 2020 年版。
[英] 安德鲁·查德威克著:《互联网政治学:国家、公民与新传播技术》,任孟山译,华夏出版社 2010 年版。
[英] 戴维·赫尔德等著:《全球大变革:全球化时代的政治经济与文化》,杨雪冬等译,社会科学文献出版社 2001 年版。
[英] 弗兰克·韦伯斯特著:《信息社会理论》,曹晋等译,北京大学出版社 2011 年版。
[英] 格里·斯托克、华夏风:《作为理论的治理:五个论点》,《国际社会科学(中文版)》1999 年第 1 期。
[英] 托马斯·里德著:《网络战争:不会发生》,徐龙第译,人民出版社 2017 年版。

英文文献

Stenersen, A., "The Internet: A Virtual Training Camp?", *Terrorism and Political Violence*, Vol. 20, 2008.

Adam Segal, *The Hacked World Order: How Nations Fight, Trade, Maneuver, and Manipulate in the Digital Age*, NY: Public Affairs, 2016.

Alexander Klimburg, *The Darkending Web: The War for Cyberspace*, New York: Penguin Press, 2017.

Annie Marie Slaughter, "Sovereignty and Power in a Networked World Order," *Stanford Journal of International Law*, No. 40, 2004.

Ariely, G. A., "Adaptive Responses to Cyberterrorism," in T. M. Chen et al., eds., *Cyberterrorism: Understandings, Assessment, and Response*, NY: Springer Science & Business Media, 2014.

Ariely, G. A., "Knowledge management, Terrorism, and Cyber Terrorism," in Janczewski, L., and Colarik, A. eds., *Cyber Warfare and Cyber Terrorism*, Hershey: IGI Global, 2008.

Ben Buchanan, *The Cybersecurity Dilemma: Hacking, Trust and Fear Between Nations*, NY: Oxford University Press, 2017.

Carnes Lord, "The Psychological Dimension in National Strategy," in Carnes Lord and Frank R. Barnett, eds., *Political Warfare and Psychological Operations: Rethinking the US Approach*, Washington, D. C.: National Defense University Press, 1989.

Christopher Ford, "The Trouble with Cyber Arms Control," *The New Atlantis - A Journal of Technology & Society*, Fall 2010.

CISA, *CISA 5G Strategy: Ensuring the Security and Resilience of 5G Infrastructure in Our Nation*, Washington, D. C.: U. S. Department of Homeland Security, June 2020.

Clay Shirky, *Here Comes Everybody: The Power of Organizing without Organizations*, NY: Penguin Press, 2008.

Clint Watts, *Messing with the Enemy: Surviving in a Social Media World of Hackers, Terrorists, Russians, and Fake News*, London:

Harper Collins Publishers, 2019.

David D. Clark and Marjory S. Blumenthal, "Rethinking the Design of the Internet: The End to End Arguments vs. the Brave New World," *ACM Transactions on Internet Technology*, Vol. 1, No. 1, 2001.

David Johnson and David Post, "Law and Borders: The Rise of Law in Cyberspace," *Stanford Law Review*, Vol. 48, No. 5, May 1996.

Geoffrey G. Parker, Marshall Van Alstyne, et. , *Platform Revolution: How Networked Markets Are Transforming the Economy – and How to Make Them Work for You*, W. W. Norton & Company, 2016.

George Lucas, *Ethics and Cyber Warfare: The Quest for Responsible Security in the Age of Digital Warfare*, NY: Oxford University Press, 2016.

George Perkovich and Ariel E. Levite, eds. , *Understanding Cyber Conflict: 24 Analogies*, Wasington, D. C. : Gerogetown University Press, 2017.

Irene S. Wu, *Forging Trust Communities: How Technology Change Politics*, Baltimore, MD: Johns Hopkins University Press, 2015.

ITRE, *Draft Report on a European Strategy for Data*, Brussels: European Parliament, May 12, 2020.

Ivan Simonovi, "Relative Sovereignty of the Twenty First Century," *Hastings International & Comparative Law Review*, Vol. 25, No. 3, 2002.

Jack L. Goldsmith, "The Internet and the Abiding Significance of Territorial Sovereignty," *Indinana Journal of Global Legal Studies*, Vol. 5, No. 2, 1998.

Jack Goldsmith and Tim Wu, *Who Controls the Internet? Illusions of a Borderless World*, Oxford University Press, 2006.

James Der Derian, "From War 2.0 to Quantum War: The Superpositionality of Global Violence," *Australian Journal of International Affairs*, Vol. 67, No. 5, 2013.

Jeffrey Caton, *Distinguishing Acts of War in Cyberspace: Assessment Criteria, Policy Considerations, and Response Implications*, P. A.: US Army War College Press, 2014.

John Arquilla and David F. Ronfeldt, "Cyberwar is Coming!", *Comparative Strategy*, Vol. 12, No. 2, 1993.

Jonathan Zittrain, *The Future of the Internet: And How to Stop it*, New Haven, CT: Yale University Press, 2008.

Joseph S. Nye Jr., "The Regime Complex for Managing Global Cyber Activities." *Global Commission on Internet Governance Paper Series*, No. 1, 2014.

Joseph S. Nye, "Deterrence and Dissuasion in Cyberspace," *International Security*, Vol. 41, No. 3, 2017.

Joseph S. Nye, Jr., *The Future of Power*, NY: Public Affairs, 2011.

Joseph S. Nye, Jr., *Is the American Century Over?* Cambridge, UK: Polity Press, 2015.

Keohane Robert O., and Joseph S. Nye Jr., "Power and interdependence." *Survival*, Vol. 15, No. 4, 1973.

Robert O. Keohane and Joseph S. Nye, *Power and Interdependence: World Politics in Transition*, Boston: Little, Brown, and Company, 1977.

Laura Denardis, *Global War on Internet Governance*, Yale University Press, 2014.

Laura DeNardis, *Global Internet Governance*, Routledge, 2018.

Lawrence Lessig, *Code and Other Laws of Cyberspace*, New York: Basic Books, 1999.

Ma, Xinmin, "Key Issues and Future Development of International

Cyberspace Law," *China Quarterly of International Strategic Studies*, Vol. 2, No. 1, 2016.

Martha Finnemore and Kathryn Sikkink, "International Norm Dynamics and Political Change," *International Organization*, Vol. 52, No. 4, 1998.

Martin C. Libicki, "The Strategic Uses of Ambiguity in Cyberspace," *Military and Strategic Affairs*, Vol. 3, No. 3, 2011.

Metz, S., *Rethinking Insurgency*, Carlisle: US Army War College Strategic Studies Institute, June 2007.

Michael N. Schmitt, *Tallinn Manual on International Law Applicable to Cyber Warfare*, Cambridge: Cambridge University Press, 2013.

Milton Mueller, *Will the Internet Fragment? Sovereignty, Globalization and Cyberspace*, *Cambridge*, UK: Polity Press, 2017.

Myriam Dunn Cavelty, "Unraveling the Stuxnet Effect: Of Much Persistence and Little Change in the Cyber Threats Debate," *Military and Strategic Affairs*, Vol. 3, No. 3, 2011.

Myriam Dunn Cavelty, *Cyber-Security and Threat Politics: US Efforts to Secure the Information Age*, London: Routledge, 2008.

Niall Ferguson, *The Square and the Tower: Networks and Power, from the Freemasons to Facebook*, NY: Penguin Press, 2018.

OECD, *OECD Digital Economy Outlook 2020*, Paris: OECD Publishing, 2020.

Oliver Luckett and Michael Casey, *The Social Organism: A Radical Understanding of Social Media to Transform Your Business and Life*, NY: Hachette Books, 2016.

P. W. Singer and Allan Friedman, *Cybersecurity and Cyberwar: What Everyone Needs to Know*, New York: Oxford University Press, 2014.

P. W. Singer and Emerson T. Brooking, *Like War: The Weaponization of Social Media*, Boston: Eamon Dolan/Houghton Mifflin Harcourt, 2018.

Paul A. Smith Jr., *On Political War*, Darby, PA: Diane Pub Co., 1989.

Robinson, L., Helmus, T. C., Cohen, R. S., Nader, A., Radin, A., Magnuson, M., & Migacheva, K., *Modern Political Warfare: Current Practices and Possible Responses*. St. Monica: RAND Corporation, 2018.

Schweitzer, Y., Siboni, G., and Yogev, E., "Cyberspace and Terrorist Organizations," *Military and Strategic Affairs*, Vol. 3, No. 3, December 2011.

Scott Beidleman, *Defining and Detering Cyber War*, Strategy Research Project, US Army War College, 2009.

Scott Galloway, *The Four: The Hidden DNA of Amazon, Apple, Facebook, and Google*, Portfolio, 2017.

Segal, A., *The Hacked World Order: How Nations Fight, Trade, Maneuver, and Manipulate in the Digital Age*, NY: Public Affairs, 2016.

Shawn Powers and Michael Jablonski, *The Real Cyber War: The Political Economy of Internet Freedom*, Chicago: University of Illinois Press, 2015.

Singer, P. W. and Friedman, A., *Cybersecurity and Cyberwar: What Everyone Needs to Know*, NY: Oxford University Press, 2014.

Slaughter, A. M., "Sovereignty and power in a networked world order," *Stanford Journal of International Law*, Vol. 40, No. 2, 2004.

Stenersen, A., "The Internet: A Virtual Training Camp?", *Terrorism and Political Violence*, Vol. 20, 2008.

Steven Metz, *Rethinking Insurgency*, Carlisle: US Army War College Strategic Studies Institute, June 2007.

Susan Jackson, "Turning IR Landscape in a Shifting Media Ecology: The State of IR Literature on New Media," *International Studies Review*, Vol. 21, No. 3, 2019.

Symantec Corporation, *Global Internet Security Threat Report: Trends for 2011*, Vol. 17, April 2012.

Taylor Owen, *Disruptive Power: The Crisis of the State in the Digital Age*, NY: Oxford University Press, 2015.

Thomas Rid, *Rise of the Machines: A Cybernetic History*, NY & London: W. W. Norton & Company, 2016.

U. K. Cabinet Office, *Cyber Security Strategy of the United Kingdom: Safety, Security and Resilience in Cyber Space*, London: Cabinet Office, June 2009.

UK Cabinet Office, *A Strong Britain in an Age of Uncertainty: The National Security Strategy*, London: Cabinet Office, 2010,

UN, *Report of the Working Group on Internet Governance*, 2005.

Walter Laqueur, *The Age of Terrorism*, Boston: Little Brown and Company, 1987.

Zittrain, *The Future of the Internet: And How to Stop It*, New Haven, CT: Yale University Press, 2008.

后　记

最后，我要向那些在过去十年中陪伴我一路走来的同事、朋友和家人致谢。感谢研究所良好的学术氛围和学术空间，让我得以持续推进自己的研究兴趣；感谢业内各位前辈、专家和同事的不吝赐教，是他们让我对这个新兴领域一步步加深了认识；感谢圈内一众好友经常性的交流与帮助，从学术研讨到饭局聊天都给了我很大启迪；感谢我的硕士生丁丽伟和清华大学新闻传播学院的博士生杨乐，她们在忙碌的工作和学习间隙帮助我整理文稿，感谢中国社会科学出版社王茵副总编和白天舒编辑对书稿提出的宝贵意见和辛苦的编辑工作；最后向一直陪在我身边的家人道谢，他们的支持是我在无涯学海中求索的最大底气，特别要对贴心陪伴、即将高考的儿子说，高考只是人生众多节点中的一个，希望你的努力和辛苦终有回报，走你想走的路，健康并快乐着。

郎平

2022 年 1 月于西北社区